JN116847

はじめに

Microsoft Office Specialist（以下MOSと記載）は、Officeの利用能力を証明する世界的な資格試験制度です。

本書は、MOS Word 365（一般レベル）に合格することを目的とした試験対策用教材です。出題範囲を網羅しており、的確な解説と練習問題で試験に必要なWordの機能と操作方法を学習できます。

さらに、試験の出題傾向を分析して作成したオリジナルの模擬試験を5回分用意しています。模擬試験で、様々な問題に挑戦し、実力を試しながら、合格に必要なWordのスキルを習得できます。

また、模擬試験プログラムを使うと、MOS 365の試験形式「**マルチプロジェクト**」を体験でき、試験システムに慣れることができます。試験結果は自動採点され、正答率や解答の正誤を表示できるばかりでなく、音声付きの動画で標準解答を確認することもできます。

本書をご活用いただき、MOS Word 365（一般レベル）に合格されますことを心よりお祈り申し上げます。

なお、基本操作の習得には、次のテキストをご利用ください。

●「**よくわかる Microsoft Word 2021基礎**」（FPT2206）
●「**よくわかる Microsoft Word 2021応用**」（FPT2207）

2024年1月10日
FOM出版

本書を使った学習の進め方

Wordの基礎知識を事前にチェック！

MOSの学習を始める前に、Wordの基礎知識の習得状況を確認し、足りないスキルを事前に習得しましょう。

P.15のチェックシートで習得状況を確認しよう

足りないスキルを事前に習得しよう

学習計画を立てる！

目標とする受験日を設定し、その受験日に向けて、どのような日程で学習を進めるかを考えます。

①　→　**②**　→　**③**

出題範囲の機能を理解し、操作方法をマスター！

出題範囲の機能を1つずつ理解し、その機能を実行するための操作方法を確実に習得しましょう。学習する順序は、前から順番どおりに進めなくてもかまいません。操作したことがある、興味があるといった機能から学習してみましょう。

機能の解説を理解したら、Lessonで実際に操作してみよう！

本書やご購入者特典には、試験合格に必要なWordのスキルを習得するための秘密がたくさん詰まっています。ここでは、それらを上手に活用して、基本操作ができるレベルから試験に合格できるレベルまでスキルアップするための学習方法をご紹介します。
これを参考に、前提知識や学習期間に応じてアレンジし、自分にあったスタイルで学習を進めましょう。

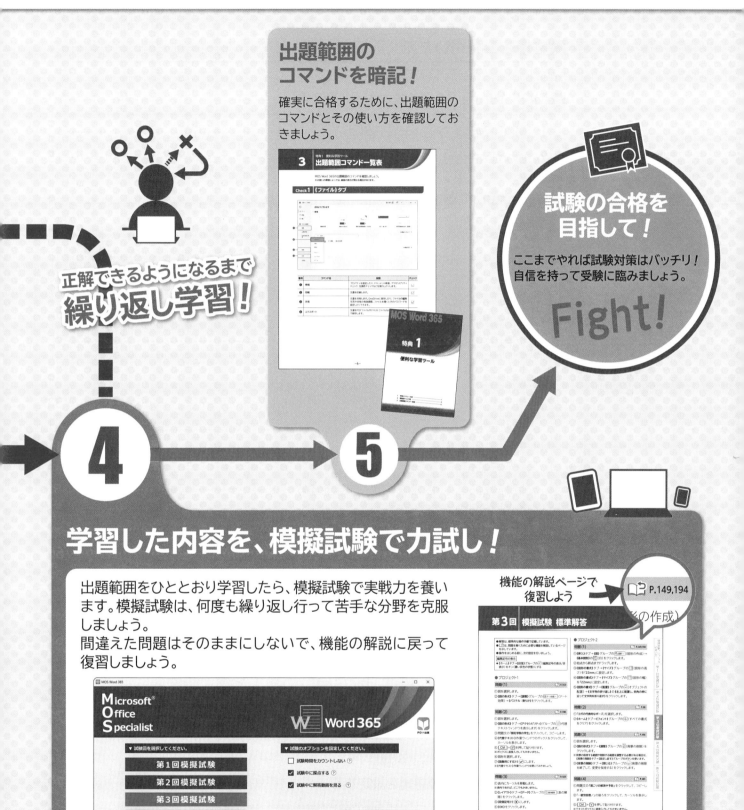

出題範囲のコマンドを暗記！

確実に合格するために、出題範囲のコマンドとその使い方を確認しておきましょう。

正解できるようになるまで繰り返し学習！

試験の合格を目指して！

ここまでやれば試験対策はバッチリ！
自信を持って受験に臨みましょう。

Fight!

④ → ⑤

学習した内容を、模擬試験で力試し！

出題範囲をひととおり学習したら、模擬試験で実戦力を養います。模擬試験は、何度も繰り返し行って苦手な分野を克服しましょう。
間違えた問題はそのままにしないで、機能の解説に戻って復習しましょう。

機能の解説ページで復習しよう　P.149,194

模擬試験プログラムを使って、試験形式にも慣れておこう！

Contents 目次

Introduction 本書をご利用いただく前に

1 製品名の記載について

本書では、次の名称を使用しています。

正式名称	本書で使用している名称
Windows 11	Windows 11 または Windows
Microsoft 365 Apps	Microsoft 365

※主な製品を挙げています。その他の製品も略称を使用している場合があります。

2 本書の学習環境について

出題範囲の各Lessonを学習するには、次のアプリが必要です。
アプリは、ご使用になる前にライセンス認証を済ませてください。
また、インターネットに接続できる環境で学習することを前提にしています。

Microsoft 365のWord、Excel

※模擬試験プログラムの動作環境については、裏表紙をご確認ください。

◆本書の開発環境

本書に記載されている操作方法や模擬試験プログラムの動作は、2023年11月時点の次の環境
で確認しております。今後のWindowsやMicrosoft 365のアップデートによって機能が更新され
た場合には、本書の記載のとおりに操作できなくなる可能性があります。

OS	Windows 11 Pro（バージョン23H2　ビルド22631.2715）
アプリ	Microsoft 365 Apps for business （バージョン2310　ビルド16.0.16924.20054）
ディスプレイの解像度	1280×768ピクセル
その他	・WindowsにMicrosoftアカウントでサインインし、インターネットに接続した状態 ・OneDriveと同期していない状態

※本書掲載の画面図は、次の環境で取得しております。
・Windows 11（バージョン22H2　ビルド22621.2361）
・Microsoft 365（バージョン2309　ビルド16.0.16827.20130）

> **❶ Point**
>
> **OneDriveの設定**
> WindowsにMicrosoftアカウントでサインインすると、同期が開始され、パソコンに保存したファイルが
> OneDriveに自動的に保存されます。初期の設定では、デスクトップ、ドキュメント、ピクチャの3つのフォルダー
> がOneDriveと同期するように設定されています。
> 本書はOneDriveと同期していない状態で操作しています。
> OneDriveと同期している場合は、一時的に同期を停止すると、本書の記載と同じ手順で学習できます。
> OneDriveとの同期を一時停止および再開する方法は、次のとおりです。
>
> **一時停止**
> ◆通知領域の（OneDrive）→（ヘルプと設定）→《同期の一時停止》→停止する時間を選択
> ※時間が経過すると自動的に同期が開始されます。
>
> **再開**
> ◆通知領域の（OneDrive）→（ヘルプと設定）→《同期の再開》

3 学習時の注意事項について

お使いの環境によっては、次のような内容について本書の記載と異なる場合があります。
ご確認のうえ、学習を進めてください。

◆ボタンの形状

本書に掲載しているボタンは、ディスプレイの解像度「**1280×768ピクセル**」、拡大率「**100%**」、ウィンドウを最大化した環境を基準にしています。ディスプレイの解像度や拡大率、ウィンドウのサイズなど、お使いの環境によっては、ボタンの形状やサイズ、位置が異なる場合があります。
ボタンの操作は、ポップヒントに表示されるボタン名を参考に操作してください。

ディスプレイの解像度が高い場合／ウィンドウのサイズが大きい場合

ボタンに名前が表示される　　一覧で表示される　　グループのボタンがすべて表示される

ディスプレイの解像度が低い場合／ウィンドウのサイズが小さい場合

ボタンだけが表示される　　ボタンをクリックすると一覧が表示される　　グループ名をクリックするとボタンが表示される

! Point

《ファイル》タブの《その他》コマンド

《ファイル》タブのコマンドは、画面の左側に一覧で表示されます。ディスプレイの解像度が低い、拡大率が高い、ウィンドウのサイズが小さいなど、お使いの環境によっては、下側のコマンドが《その他》にまとめられている場合があります。目的のコマンドが表示されていない場合は、《その他》をクリックしてコマンドを表示してください。

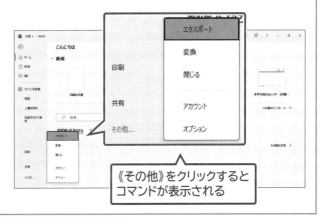

《その他》をクリックするとコマンドが表示される

! Point

ディスプレイの解像度と拡大率の設定

ディスプレイの解像度と拡大率を本書と同様に設定する方法は、次のとおりです。

解像度の設定

◆デスクトップの空き領域を右クリック→《ディスプレイ設定》→《ディスプレイの解像度》の⋁→《1280×768》
※メッセージが表示される場合は、《変更の維持》をクリックします。

拡大率の設定

◆デスクトップの空き領域を右クリック→《ディスプレイ設定》→《拡大/縮小》の⋁→《100%》

◆編集記号の表示

本書では、Wordの編集記号を表示した状態で画面を掲載しています。

「編集記号」とは、文書内の改行位置や改ページ位置、空白などを表す記号のことです。画面上に表示することで、改ページされている箇所や空白のある場所がわかりやすくなります。

編集記号を表示するには、**《ホーム》**タブ→**《段落》**グループの （編集記号の表示/非表示）をクリックします。

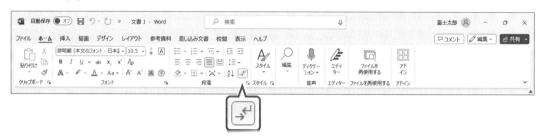

◆アップデートに伴う注意事項

WindowsやMicrosoft 365は、アップデートによって不具合が修正され、機能が向上する仕様となっています。そのため、アップデート後に、コマンドやスタイル、色などの名称が変更される場合があります。

本書に記載されているコマンドやスタイルなどの名称が表示されない場合は、掲載画面の色が付いている位置を参考に操作してください。

今後のアップデートによって機能が更新された場合には、本書の記載のとおりに操作できない、模擬試験プログラムの採点が正しく行われないなどの不整合が生じる可能性があります。

※本書の最新情報については、P.11に記載されているFOM出版のホームページにアクセスして確認してください。

---

❶ Point

お使いの環境のバージョンとビルド番号の確認方法

WindowsやMicrosoft 365はアップデートにより、バージョンやビルド番号が変わります。
お使いの環境のバージョン・ビルド番号を確認する方法は、次のとおりです。

Windows

◆ ▦ （スタート）→《設定》→《システム》→《バージョン情報》

Microsoft 365

◆《ファイル》タブ→《アカウント》→《（アプリ名）のバージョン情報》

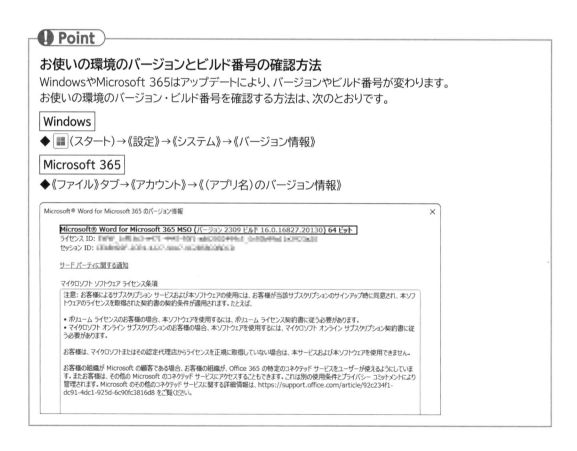

4 　学習ファイルについて

本書で使用する学習ファイルは、FOM出版のホームページで提供しています。ダウンロードしてご利用ください。

ホームページアドレス

> https://www.fom.fujitsu.com/goods/

※アドレスを入力するとき、間違いがないか確認してください。

ホームページ検索用キーワード

> FOM出版

1 学習ファイルのダウンロード

学習ファイルをダウンロードする方法は、次のとおりです。

① ブラウザーを起動し、FOM出版のホームページを表示します。
※アドレスを直接入力するか、キーワードでホームページを検索します。
②《**ダウンロード**》をクリックします。
③《**資格**》の《**MOS**》をクリックします。
④《**MOS Word 365対策テキスト&問題集　FPT2302**》をクリックします。
⑤《**書籍学習用ファイル**》の「**fpt2302.zip**」をクリックします。
⑥ ダウンロードが完了したら、ブラウザーを終了します。
※ダウンロードしたファイルは、《ダウンロード》に保存されます。

2 学習ファイルの解凍方法

ダウンロードした学習ファイルは圧縮されているので、解凍（展開）します。ダウンロードしたファイル「**fpt2302.zip**」を《**ドキュメント**》に解凍する方法は、次のとおりです。

① デスクトップ画面を表示します。
② タスクバーの ■ （エクスプローラー）をクリックします。
③ 左側の一覧から《**ダウンロード**》を選択します。
④ ファイル「**fpt2302**」を右クリックします。
⑤《**すべて展開**》をクリックします。
⑥《**参照**》をクリックします。
⑦ 左側の一覧から《**ドキュメント**》を選択します。
⑧《**フォルダーの選択**》をクリックします。
⑨《**ファイルを下のフォルダーに展開する**》が「**C：¥Users¥（ユーザー名）¥Documents**」に変更されます。
⑩《**完了時に展開されたファイルを表示する**》を ☑ にします。
⑪《**展開**》をクリックします。
⑫ ファイルが解凍され、《**ドキュメント**》が開かれます。
⑬ フォルダー「**MOS 365-Word（1）**」と「**MOS 365-Word（2）**」が表示されていることを確認します。
※すべてのウィンドウを閉じておきましょう。

求められるスキル

出題範囲1

出題範囲2

出題範囲3

出題範囲4

出題範囲5

出題範囲6

確認問題　標準解答

◆学習ファイルの一覧

《ドキュメント》の各フォルダーには、次のようなファイルが収録されています。

❶MOS 365-Word（1）

「出題範囲1」から「出題範囲6」の各Lessonで使用するファイルです。

これらのファイルは、「出題範囲1」から「出題範囲6」の学習に必要です。

Lessonを学習する前に対象のファイルを開き、学習後はファイルを保存せずに閉じてください。

❷MOS 365-Word（2）

「模擬試験」で使用するファイルです。

これらのファイルは、模擬試験プログラムで操作するファイルと同じです。

模擬試験プログラムを使用しないで学習する場合は、対象のプロジェクトのファイルを開いて操作します。

◆学習ファイル利用時の注意事項

学習ファイルの場所

本書では、学習ファイルの場所を《ドキュメント》としています。《ドキュメント》以外の場所に解凍した場合は、フォルダーを読み替えてください。

編集を有効にする

ダウンロードした学習ファイルを開く際、そのファイルが安全かどうかを確認するメッセージが表示される場合があります。学習ファイルは安全なので、《編集を有効にする》をクリックして、編集可能な状態にしてください。

自動保存をオフにする

学習ファイルをOneDriveと同期されているフォルダーに保存すると、初期の設定では自動保存がオンになり、一定の時間ごとにファイルが自動的に上書き保存されます。自動保存によって、元のファイルを上書きしたくない場合は、自動保存をオフにしてください。

5 模擬試験プログラムについて

本書で使用する模擬試験プログラムは、FOM出版のホームページで提供しています。ダウンロードしてご利用ください。

ホームページアドレス

https://www.fom.fujitsu.com/goods/

※アドレスを入力するとき、間違いがないか確認してください。

ホームページ検索用キーワード

FOM出版

1 模擬試験プログラムのダウンロード

模擬試験プログラムをダウンロードする方法は、次のとおりです。
※模擬試験プログラムは、スマートフォンやタブレットではダウンロードできません。パソコンで操作してください。

①ブラウザーを起動し、FOM出版のホームページを表示します。
※アドレスを直接入力するか、キーワードでホームページを検索します。
②《**ダウンロード**》をクリックします。
③《**資格**》の《**MOS**》をクリックします。
④《**MOS Word 365対策テキスト&問題集 FPT2302**》をクリックします。
⑤《**模擬試験プログラム ダウンロード**》の《**模擬試験プログラムのダウンロード**》をクリックします。
⑥模擬試験プログラムの利用と使用許諾契約に関する説明を確認し、《**OK**》をクリックします。
⑦《**模擬試験プログラム**》の「fpt2302mogi_setup.exe」をクリックします。
※お使いの環境によってexeファイルがダウンロードできない場合は、「fpt2302mogi_setup.zip」をクリックしてダウンロードしてください。
⑧ダウンロードが完了したら、ブラウザーを終了します。
※ダウンロードしたファイルは、《ダウンロード》に保存されます。

2 模擬試験プログラムのインストール

模擬試験プログラムのインストール方法は、次のとおりです。
※インストールは、管理者ユーザーのアカウントで行ってください。
※「fpt2302mogi_setup.zip」をダウンロードした場合は、ファイルを解凍（展開）し、ファイルの場所は解凍したフォルダーに読み替えて操作してください。

①デスクトップ画面を表示します。
②タスクバーの ■（エクスプローラー）をクリックします。
③左側の一覧から《**ダウンロード**》を選択します。
④「**fpt2302mogi_setup.exe**」をダブルクリックします。
※お使いの環境によっては、ファイルの拡張子「.exe」が表示されていない場合があります。
※《ユーザーアカウント制御》が表示される場合は、《はい》をクリックします。

⑤インストールウィザードが起動し、《ようこそ》
　が表示されます。

⑥《次へ》をクリックします。

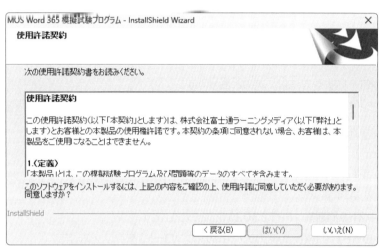

⑦《使用許諾契約》が表示されます。

⑧《はい》をクリックします。

※《いいえ》をクリックすると、セットアップが中止さ
　れます。

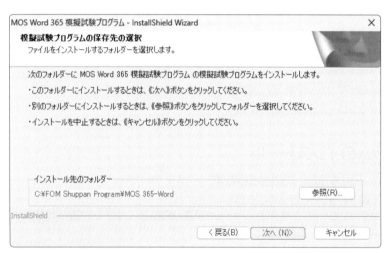

⑨《模擬試験プログラムの保存先の選択》が表示
　されます。

模擬試験のプログラムファイルのインストール
先を指定します。

⑩《インストール先のフォルダー》を確認します。

※ほかの場所にインストールする場合は、《参照》をク
　リックします。

⑪《次へ》をクリックします。

⑫インストールが開始されます。

⑬インストールが完了したら、図のようなメッ
　セージが表示されます。

⑭《完了》をクリックします。

※模擬試験プログラムの使い方については、P.237
　を参照してください。

┌─ **❶ Point** ───────────────┐

管理者以外のユーザーがインストールする場合

管理者以外のユーザーアカウントでインストール
すると、管理者ユーザーのパスワードを要求する
メッセージが表示されます。パスワードがわから
ない場合は、インストールができません。

└──────────────────────────┘

6 プリンターの設定について

本書の学習を開始する前に、パソコンにプリンターが設定されていることを確認してください。
プリンターが設定されていないと、印刷やページ設定に関する問題を解答したり、模擬試験プログラムで試験結果レポートを印刷したりできません。プリンターの取扱説明書を確認して、プリンターを設定しておきましょう。
パソコンに設定されているプリンターの確認方法は、次のとおりです。

① ■（スタート）をクリックします。
②《設定》をクリックします。
③ 左側の一覧から《Bluetoothとデバイス》を選択します。
④《プリンターとスキャナー》をクリックします。

⑤《プリンターとスキャナー》に接続されているプリンターが表示されていることを確認します。

! Point

通常使うプリンターの設定
初期の設定では、最後に使用したプリンターが通常使うプリンターとして設定されます。
通常使うプリンターを固定する方法は、次のとおりです。
◆《Windowsで通常使うプリンターを管理する》をオフにする→プリンターを選択→《既定として設定する》

! Point

仮のプリンターの設定
本書の学習には、実際のプリンターがパソコンに接続されていなくてもかまいませんが、Windows上でプリンターが設定されている必要があります。また、プリンターの種類によって印刷できる範囲などが異なるため、本書の記載のとおりに操作できない場合があります。そのような場合には、「Microsoft Print to PDF」を通常使うプリンターに設定して操作してください。
設定方法は、次のとおりです。
◆ ■（スタート）→《設定》→《Bluetoothとデバイス》→《プリンターとスキャナー》→《Windowsで通常使うプリンターを管理する》をオフにする→《Microsoft Print to PDF》を選択→《既定として設定する》

7 本書の見方について

本書の見方は、次のとおりです。

1 出題範囲

❶ 理解度チェック

学習前後の理解度を把握するために使います。本書を学習する前にすでに理解している項目は「**学習前**」に、本書を学習してから理解できた項目は「**学習後**」にチェックを付けます。「**試験直前**」は試験前の最終確認用です。

❷ 解説

出題範囲で求められている機能を解説しています。

操作 Microsoft 365での操作方法です。

出題範囲1 文書の管理
2 文書の書式を設定する

☑ 理解度チェック	習得すべき機能	参照Lesson	学習前	学習後	試験直前
	■用紙サイズや印刷の向き、余白などページ設定を変更できる。	➡Lesson1-5	☑	☑	☑
	■スタイルセットを適用できる。	➡Lesson1-6	☑	☑	☑
	■ヘッダーやフッターを挿入できる。	➡Lesson1-7	☑	☑	☑
	■奇数ページと偶数ページで、異なるヘッダーやフッターを設定できる。	➡Lesson1-8	☑	☑	☑
	■ページ番号を挿入できる。	➡Lesson1-9	☑	☑	☑
	■ページ番号の書式を設定できる。	➡Lesson1-9	☑	☑	☑
	■ページの色を設定できる。	➡Lesson1-10	☑	☑	☑
	■ページ罫線を設定できる。	➡Lesson1-10	☑	☑	☑
	■透かしを設定できる。	➡Lesson1-10	☑	☑	☑

1 文書のページ設定を行う

解説 ■ページ設定の変更

「**ページ設定**」とは、用紙サイズや印刷の向き、余白など文書全体の書式設定のことです。ページ設定は、文章を入力してから変更することもできますが、文章を入力する前にページ設定をしておくと、文書全体をイメージしながら作成できます。

操作 ◆《レイアウト》タブ→《ページ設定》グループのボタン

❶ 🔤（文字列の方向を選択）
文字列を横書きにするか、縦書きにするかを選択します。

❷ （余白の調整）
《標準》《狭い》《広い》などから選択したり、上下左右の余白を数値で設定したりします。

❸ （ページの向きを変更）
用紙を縦方向にするか、横方向にするかを選択します。

❹ （ページサイズの選択）
用紙のサイズを選択します。

❺ （ページ設定）
《ページ設定》ダイアログボックスを表示して、用紙サイズや印刷の向き、余白などを一度に設定します。また、文字数と行数の指定など詳細を設定することもできます。

28

求められるスキル / 出題範囲1 / 出題範囲2 / 出題範囲3 / 出題範囲4 / 出題範囲5 / 出題範囲6 / 確認問題 標準解答

❗ Point

本書の記述について

操作の説明のために使用している記号には、次のような意味があります。

記述	意味	例
⬚	キーボード上のキーを示します。	Shift Esc
⬚+⬚	複数のキーを押す操作を示します。	Ctrl + V （Ctrl を押しながら V を押す）
《　》	ダイアログボックス名やタブ名、項目名など画面の表示を示します。	《追加》をクリックします。《ファイル》タブを選択します。
「　」	重要な語句や機能名、画面の表示、入力する文字などを示します。	「編集記号」といいます。「横浜市」と入力します。

※本書に掲載しているボタンは、ディスプレイの解像度を「1280×768ピクセル」、ウィンドウを最大化した環境を基準にしています。

❸Lesson
出題範囲で求められている機能が習得できているかどうかを確認する練習問題です。

❹Hint
問題を解くためのヒントです。

❺操作方法
一般的かつ効率的と考えられる操作方法です。

❻その他の方法
操作方法で紹介している以外の方法がある場合に記載しています。

❼Point
用語の解説や知っていると効率的に操作できる内容など、実力アップにつながる内容を記載しています。

❽※印
補助的な内容や注意すべき内容を記載しています。

❾確認問題
各出題範囲で学習した内容を復習できる確認問題です。試験と同じような出題形式で学習できます。

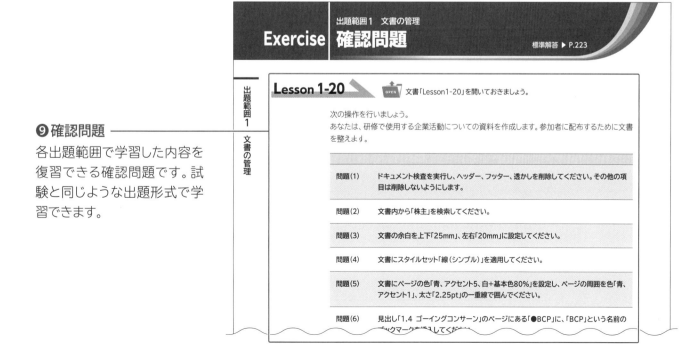

2 模擬試験

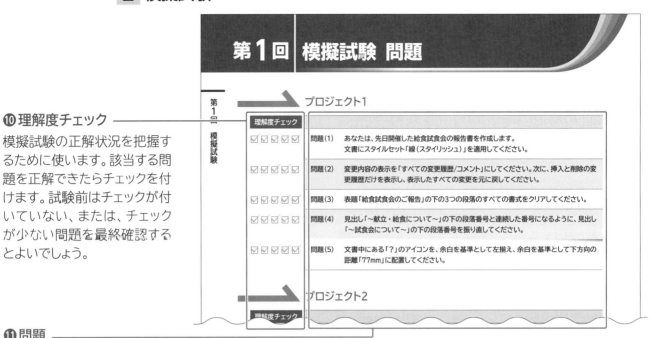

⑩理解度チェック ──

模擬試験の正解状況を把握するために使います。該当する問題を正解できたらチェックを付けます。試験前はチェックが付いていない、または、チェックが少ない問題を最終確認するとよいでしょう。

⑪問題 ──

模擬試験の各問題です。模擬試験プログラムと同じ問題を記載しています。

⑫標準解答 ──

標準的な操作手順を記載しています。

⑬ 📖 ──

問題を解くために必要な機能を解説しているページを記載しています。間違えた問題は、機能の解説に戻って復習しましょう。

---

8 本書の最新情報について

本書に関する最新のQ＆A情報や訂正情報、重要なお知らせなどについては、FOM出版のホームページでご確認ください。

ホームページアドレス

https://www.fom.fujitsu.com/goods/

※アドレスを入力するとき、間違いがないか確認してください。

ホームページ検索用キーワード

FOM出版

MOS Word 365

MOS Word 365
に求められるスキル

1 | MOS Word 365の出題範囲

MOS Word 365（一般レベル）の出題範囲は、次のとおりです。

文書の管理

文書内を移動する	• 文字列を検索する • 文書内の他の場所にリンクする • 文書内の特定の場所やオブジェクトに移動する • 編集記号の表示/非表示と隠し文字を使用する
文書の書式を設定する	• 文書のページ設定を行う • スタイルセットを適用する • ヘッダーやフッターを挿入する、変更する • ページの背景要素を設定する
文書を保存する、共有する	• 別のファイル形式で文書を保存する、エクスポートする • 組み込みの文書プロパティを変更する • 印刷の設定を変更する • 電子文書を共有する
文書を検査する	• 隠しプロパティや個人情報を見つけて削除する • アクセシビリティに関する問題を見つけて修正する • 下位バージョンとの互換性に関する問題を見つけて修正する

文字、段落、セクションの挿入と書式設定

文字列を挿入する	• 文字列を検索する、置換する • 記号や特殊文字を挿入する
文字列や段落の書式を設定する	• 文字の効果を適用する • 書式のコピー／貼り付けを使用して、書式を適用する • 行間、段落の間隔、インデントを設定する • 組み込みの文字スタイルや段落スタイルを適用する • 書式をクリアする
文書にセクションを作成する、設定する	• 文字列を複数の段に設定する • ページ、セクション、セクション区切りを挿入する • セクションごとにページ設定のオプションを変更する

表やリストの管理

表を作成する	• 文字列を表に変換する • 表を文字列に変換する • 行や列を指定して表を作成する
表を変更する	• 表のデータを並べ替える • セルの余白と間隔を設定する • セルを結合する、分割する • 表、行、列のサイズを調整する • 表を分割する • タイトル行の繰り返しを設定する
リストを作成する、変更する	• 段落を書式設定して段落番号付きのリストや箇条書きリストにする • 行頭文字や番号書式を変更する • 新しい行頭文字や番号書式を定義する • リストのレベルを変更する • 開始番号を設定する、振り直す、続けて振る

参考資料の作成と管理

脚注と文末脚注を作成する、管理する	・ 脚注や文末脚注を挿入する ・ 脚注や文末脚注のプロパティを変更する
目次を作成する、管理する	・ 目次を挿入する ・ ユーザー設定の目次を作成する

グラフィック要素の挿入と書式設定

図やテキストボックスを挿入する	・ 図形を挿入する ・ 図を挿入する ・ 3Dモデルを挿入する ・ SmartArtを挿入する ・ スクリーンショットや画面の領域を挿入する ・ テキストボックスを挿入する ・ アイコンを挿入する
図やテキストボックスを書式設定する	・ アート効果を適用する ・ 図の効果やスタイルを適用する ・ 図の背景を削除する ・ グラフィック要素を書式設定する ・ SmartArtを書式設定する ・ 3Dモデルを書式設定する
グラフィック要素にテキストを追加する	・ テキストボックスにテキストを追加する、テキストを変更する ・ 図形にテキストを追加する、テキストを変更する ・ SmartArtの内容を追加する、変更する
グラフィック要素を変更する	・ オブジェクトを配置する ・ オブジェクトの周囲の文字列を折り返す ・ オブジェクトに代替テキストを追加する

文書の共同作業の管理

コメントを追加する、管理する	・ コメントを追加する ・ コメントを閲覧する、返答する ・ コメントを解決する ・ コメントを削除する
変更履歴を管理する	・ 変更履歴を設定する ・ 変更履歴を閲覧する ・ 変更履歴を承諾する、元に戻す ・ 変更履歴をロックする、ロックを解除する

参考 | **MOS公式サイト**

MOS公式サイトでは、MOS試験の出題範囲が公開されています。出題範囲のPDFファイルをダウンロードすることもできます。また、試験の実施方法や試験環境の確認、試験の申し込みもできます。
試験の最新情報については、MOS公式サイトをご確認ください。

https://mos.odyssey-com.co.jp/

2 Wordスキルチェックシート

MOSの学習を始める前に、最低限必要とされるWordの基礎知識を習得済みかどうかを確認しましょう。

	事前に習得すべき項目	習得済み
1	新しい白紙の文書を作成できる。	☑
2	テンプレートを使って、文書を作成できる。	☑
3	表示モードを変更できる。	☑
4	文書の表示倍率を設定できる。	☑
5	ウィンドウを分割して、文書の離れた部分を同時に表示できる。	☑
6	文字列を移動できる。	☑
7	文字列をコピーできる。	☑
8	文字列にフォント・フォントサイズなどの書式を設定できる。	☑
9	中央揃えなど、段落の配置を設定できる。	☑
10	文書にテーマを適用できる。	☑
習得済み個数		個

習得済みのチェック個数に合わせて、事前に次の内容を学習することをおすすめします。

チェック個数	学習内容
10個	Wordの基礎知識を習得済みです。 本書を使って、MOS Word 365の学習を始めてください。
6～9個	Wordの基礎知識をほぼ習得済みです。 次の特典を使って、習得できていない箇所を学習したあと、MOS Word 365の学習を始めることをおすすめします。 ・特典2「MOS Word 365の事前学習」 ※特典のご利用方法については、表紙の裏側を参照してください。
0～5個	Wordの基礎知識を習得できていません。 次の書籍を使って、Wordの操作方法を学習したあと、MOS Word 365の学習を始めることをおすすめします。 ・「よくわかる Microsoft Word 2021基礎」(FPT2206) ・「よくわかる Microsoft Word 2021応用」(FPT2207)

MOS Word 365

出題範囲 1

文書の管理

1 文書内を移動する

☑ 理解度チェック	習得すべき機能	参照Lesson	学習前	学習後	試験直前
■ナビゲーションウィンドウを使って、文書内の特定の文字列を検索できる。		➡Lesson1-1	☑	☑	☑
■ブックマークを挿入できる。		➡Lesson1-2	☑	☑	☑
■ハイパーリンクを挿入できる。		➡Lesson1-2	☑	☑	☑
■ジャンプを使って、ブックマークに移動できる。		➡Lesson1-3	☑	☑	☑
■ナビゲーションウィンドウを使って、見出しに移動できる。		➡Lesson1-3	☑	☑	☑
■ナビゲーションウィンドウを使って、表に移動できる。		➡Lesson1-3	☑	☑	☑
■編集記号を表示したり、非表示にしたりできる。		➡Lesson1-4	☑	☑	☑
■隠し文字を設定できる。		➡Lesson1-4	☑	☑	☑

1 文字列を検索する

解説

■検索

「**検索**」を使うと、ナビゲーションウィンドウが表示され、文書内から特定の文字列を検索できます。

操作 ◆《**ホーム**》タブ→《**編集**》グループの [🔍検索] (検索)

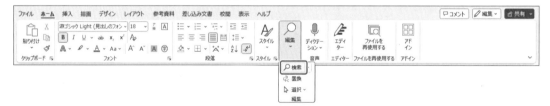

Lesson 1-1

OPEN 文書「Lesson1-1」を開いておきましょう。

次の操作を行いましょう。
(1) 文書内から「横浜市」を検索し、「◆横浜市の成長」に移動してください。

Lesson 1-1 Answer

その他の方法

検索
◆《**表示**》タブ→《**表示**》グループの
《☑**ナビゲーションウィンドウ**》
◆ [Ctrl]+[F]

(1)
① 《**ホーム**》タブ→《**編集**》グループの [🔍検索] (検索) をクリックします。

！ Point

ナビゲーションウィンドウ

❶検索ボックス
検索のキーワードを入力します。

❷ 🔍▾（さらに検索）
図（画像）や図形、表、コメントなどを検索します。

❸見出し
文書内の見出しが一覧で表示されます。一覧から見出しを選択すると、見出しが設定されている段落にカーソルが移動します。

❹ページ
ページ全体のプレビューが一覧で表示されます。

❺結果
キーワードを入力すると、検索結果が一覧で表示されます。

！ Point

ナビゲーションウィンドウ（検索結果）

検索を実行すると、ナビゲーションウィンドウの表示は次のように変わります。

❶ ×（クリックまたはタップすると検索を終了し、文書の元の場所にスクロールしてもどります。）
キーワードをクリアして、元の場所を表示します。

❷件数
検索結果の件数が表示されます。

❸ ∧
前の検索結果に移動します。

❹ ∨
次の検索結果に移動します。

❺見出し
キーワードが含まれる文章の見出しに色が付いて表示されます。

❻ページ
キーワードが含まれるページだけが表示されます。

❼結果
キーワードが含まれる周辺の文章が表示されます。

②ナビゲーションウィンドウが表示されます。

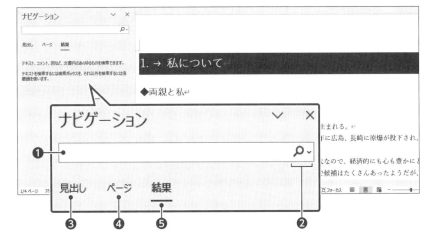

③検索ボックスに**「横浜市」**と入力します。

④ナビゲーションウィンドウに検索結果の一覧が表示され、文書内の該当する文字列に色が付きます。

※ナビゲーションウィンドウに検索結果が**《6件》**と表示されます。

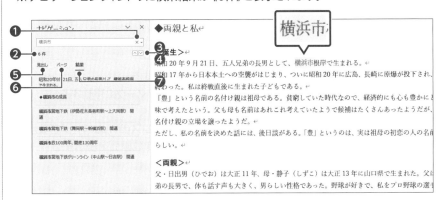

⑤検索結果の一覧から**「◆横浜市の成長」**をクリックします。

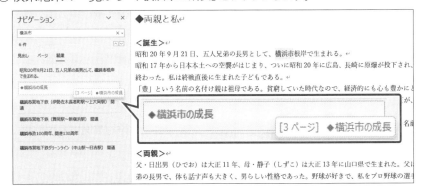

⑥該当の場所に移動します。

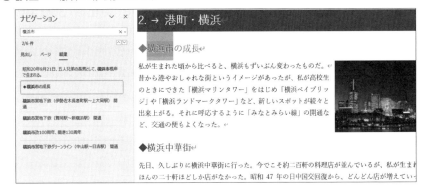

※ナビゲーションウィンドウを閉じておきましょう。

2 | 文書内の他の場所にリンクする

 解説 ■ブックマークの挿入

「ブックマーク」とは、文書内に目印を付ける機能です。本や書類などの重要な箇所に付箋を貼るように、文書内の重要な箇所にブックマークを設定しておくと、ジャンプやハイパーリンクの機能を使って、そのブックマークに素早くカーソルを移動することができます。

操作 ◆《挿入》タブ→《リンク》グループの 🔖 ブックマーク （ブックマークの挿入）

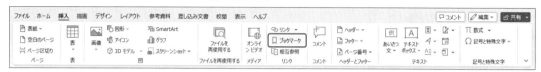

■ハイパーリンクの挿入

「ハイパーリンク」とは、文書中の文字列や図（画像）、図形、アイコンなどのオブジェクトに、別の場所の情報を結び付ける（リンクする）機能です。ハイパーリンクを挿入すると、クリックするだけで、目的の場所に移動できます。
ハイパーリンクのリンク先として、次のようなものを指定できます。

- ●同じ文書内の指定した場所に移動する
- ●別の文書を開いて、指定したブックマークに移動する
- ●別のアプリで作成したファイルを開く
- ●ブラウザーを起動し、指定したアドレスのWebページを表示する
- ●メールソフトを起動し、メッセージ作成画面を表示する

操作 ◆《挿入》タブ→《リンク》グループの 🔗 リンク （リンク）

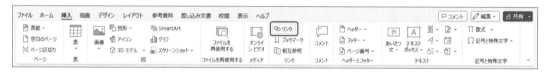

Lesson 1-2

 文書「Lesson1-2」を開いておきましょう。

次の操作を行いましょう。

(1) 1ページ目の文字列「＜中学生時代＞」に、ブックマーク「中学生時代」を挿入してください。

(2) 3ページ目の図に、見出し「3.横浜の歴史」へのハイパーリンクを挿入してください。

（1）

①「＜中学生時代＞」を選択します。

②《挿入》タブ→《リンク》グループの　🔖 ブックマーク　（ブックマークの挿入）をクリックします。

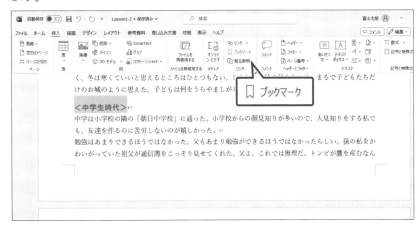

③《ブックマーク》ダイアログボックスが表示されます。

④《ブックマーク名》に「中学生時代」と入力します。

⑤《追加》をクリックします。

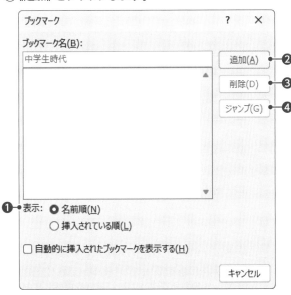

⑥「＜中学生時代＞」にブックマークが挿入されます。

※ブックマークは画面に表示されないので、見た目の変化はありません。

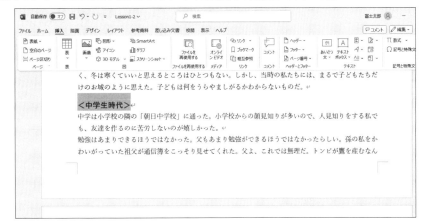

※ブックマークに移動する方法については、P.22を参照してください。

❗ Point

《ブックマーク》

❶表示
ブックマーク名を名前順（JISコード順）に表示するか、挿入されている順に表示するかを選択します。

❷追加
《ブックマーク名》に入力した名前で、ブックマークを挿入します。

❸削除
選択したブックマークを削除します。

❹ジャンプ
選択したブックマークに移動します。

❗ Point

ブックマークの表示
ブックマークが画面に表示されるように、Wordの設定を変更できます。

◆《ファイル》タブ→《オプション》→左側の一覧から《詳細設定》を選択→《構成内容の表示》の《☑ブックマークを表示する》

ブックマークは、[ ]で囲まれて表示されます。

[＜中学生時代＞]

求められるスキル

出題範囲1

出題範囲2

出題範囲3

出題範囲4

出題範囲5

出題範囲6

確認問題 標準解答

🖱 **その他の方法**

ハイパーリンクの挿入

◆文字列やオブジェクトを選択し右クリック→《リンク》

◆文字列やオブジェクトを選択→ [Ctrl] + [K]

❗ **Point**

《ハイパーリンクの挿入》

❶ **ファイル、Webページ**
ほかのファイルやWebページをリンク先として指定します。

❷ **このドキュメント内**
現在開いている文書の先頭や、文書内で見出しやブックマークが設定されている箇所をリンク先として指定します。

❸ **新規作成**
新規文書をリンク先として指定します。

❹ **電子メールアドレス**
メールアドレスをリンク先として指定します。

❺ **表示文字列**
リンク元に表示する文字列を設定します。

❻ **ヒント設定**
リンク元をポイントしたときに表示する文字列を設定します。

❗ **Point**

ハイパーリンクの編集

◆ハイパーリンクを設定した文字列やオブジェクトを右クリック→《リンクの編集》

❗ **Point**

ハイパーリンクの削除

◆ハイパーリンクを設定した文字列やオブジェクトを右クリック→《リンクの削除》

❗ **Point**

リンク先に移動

リンク先に移動するには、ハイパーリンクが設定された文字列やオブジェクトを [Ctrl] を押しながらクリックします。

---

(2)

① 図を選択します。

② 《**挿入**》タブ→《**リンク**》グループの [リンク] (リンク) をクリックします。

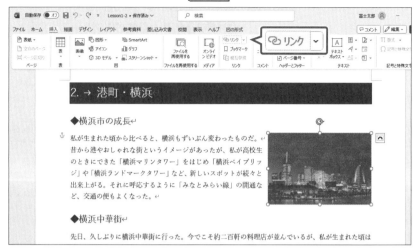

③ 《**ハイパーリンクの挿入**》ダイアログボックスが表示されます。

④ 《**このドキュメント内**》をクリックします。

⑤ 一覧から《**見出し**》の「**3.横浜の歴史**」を選択します。

⑥ 《**OK**》をクリックします。

⑦ 図にハイパーリンクが挿入されます。

※図をポイントすると、ポップヒントにリンク先が表示されます。

※図以外の場所をクリックし、選択を解除しておきましょう。

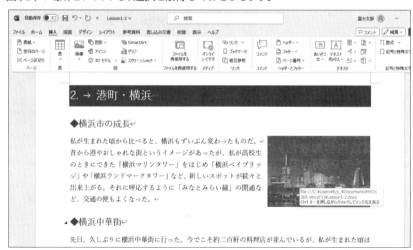

※ [Ctrl] を押しながら図をクリックし、リンク先に移動することを確認しておきましょう。

解説 ■ジャンプを使った移動

「**ジャンプ**」を使うと、文書内の指定した位置に効率よく移動できます。移動先には、ページやセクション、ブックマーク、表などを指定できます。

操作 ◆《ホーム》タブ→《編集》グループの [🔍検索 ▾] (検索) の [▾]→《ジャンプ》

■ナビゲーションウィンドウを使った移動

「**ナビゲーションウィンドウ**」を使うと、見出し、ページ、図や表などに効率よく移動できます。

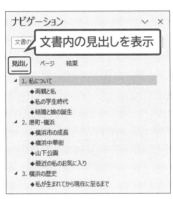
文書内の見出しを表示

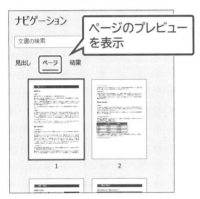
ページのプレビューを表示

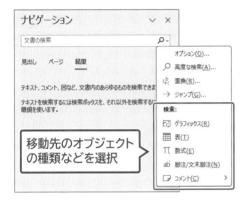
移動先のオブジェクトの種類などを選択

Lesson 1-3

 文書「Lesson1-3」を開いておきましょう。

次の操作を行いましょう。

(1) ジャンプを使って、ブックマーク「中学生時代」に移動してください。

(2) ナビゲーションウィンドウを使って、見出し「◆両親と私」に移動してください。

(3) ナビゲーションウィンドウを使って、文書内の2つ目の表に移動してください。

Lesson 1-3 Answer

● その他の方法

ジャンプ

◆ [Ctrl]+[G]

◆ [F5]

(1)

①《ホーム》タブ→《編集》グループの [🔍検索 ▾] (検索) の [▾]→《ジャンプ》をクリックします。

求められるスキル

出題範囲1

出題範囲2

出題範囲3

出題範囲4

出題範囲5

出題範囲6

確認問題 標準解答

②《**検索と置換**》ダイアログボックスが表示されます。

③《**ジャンプ**》タブを選択します。

④《**移動先**》の一覧から《**ブックマーク**》を選択します。

⑤《**ブックマーク名**》の ☑ をクリックし、一覧から《**中学生時代**》を選択します。

⑥《**ジャンプ**》をクリックします。

⑦指定したブックマークの位置に移動します。

※ブックマークの位置が隠れている場合は、《**検索と置換**》ダイアログボックスを移動して確認します。

⑧《**閉じる**》をクリックします。

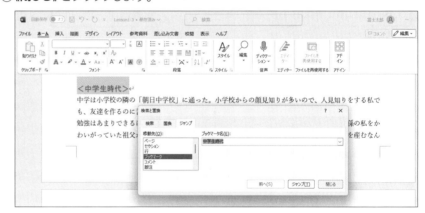

(2) (3)

①《**ホーム**》タブ→《**編集**》グループの 〔🔍 検索〕（検索）をクリックします。

②ナビゲーションウィンドウが表示されます。

③ナビゲーションウィンドウの《**見出し**》をクリックします。

④一覧から「**◆両親と私**」を選択します。

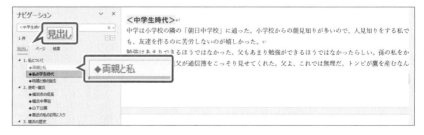

❗Point

ジャンプの移動先

ジャンプの移動先には、ページや行、ブックマークなどを指定できます。指定した移動先に合わせて、右側の表示が変わり、ページ番号や行番号、ブックマーク名などを設定できます。

🖱その他の方法

ナビゲーションウィンドウの表示

◆《**表示**》タブ→《**表示**》グループの《☑ ナビゲーションウィンドウ》

◆ ⌨Ctrl + F

⑤指定した見出しに移動します。

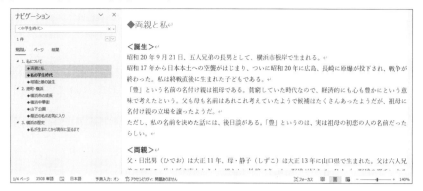

⑥ナビゲーションウィンドウの ̇ (さらに検索) をクリックします。

⑦《検索》の《表》をクリックします。

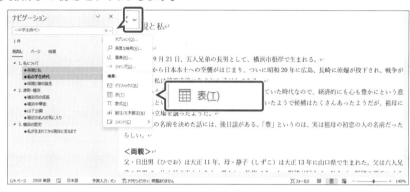

※ナビゲーションウィンドウに検索結果が《1/2件》と表示されます。

⑧文書内の1つ目の表に移動します。

⑨ナビゲーションウィンドウの □✓ をクリックします。

※文書内の1つ目の表が選択されていない場合は、ナビゲーションウィンドウの □✓ を再度クリックします。

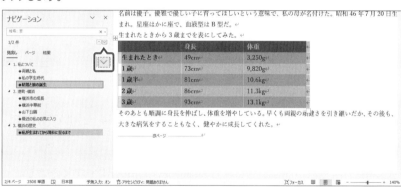

⑩文書内の2つ目の表に移動します。

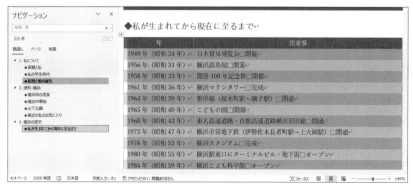

※ナビゲーションウィンドウを閉じておきましょう。

⚠ Point

ジャンプを使って表に移動

ジャンプを使って表に移動することもできます。
表に移動するには、《移動先》を「表」にし、《表番号》を指定します。
《表番号》は、現在のカーソルの位置から数えた表の位置を表します。
例えば、文書の先頭にカーソルがある場合、文書内の2つ目の表に移動するには《表番号》に「+2」と入力します。

求められるスキル
出題範囲1
出題範囲2
出題範囲3
出題範囲4
出題範囲5
出題範囲6
確認問題 標準解答

4 ｜ 編集記号の表示/非表示と隠し文字を使用する

解 説　■編集記号の表示/非表示

↵（段落記号）や →（タブ）、□（全角空白）など、文書内に表示される記号を「**編集記号**」といいます。編集記号は、画面上に表示されるだけで印刷はされません。

操作　◆《ホーム》タブ→《段落》グループの ⬚ （編集記号の表示/非表示）

■隠し文字の設定

「**隠し文字**」とは、表示・印刷しない文字列のことで、編集記号の1つです。隠し文字に設定した箇所は、点線の下線が表示されます。

操作　◆《ホーム》タブ→《フォント》グループの ⬚ （フォント）

Lesson 1-4

 文書「Lesson1-4」を開いておきましょう。

次の操作を行いましょう。
(1) 編集記号を非表示にしてください。
(2) 2ページ目の「昭和46年7月20日生まれ。」を隠し文字に設定してください。

Lesson 1-4 Answer

(1)
① 《**ホーム**》タブ→《**段落**》グループの ⬚ （編集記号の表示/非表示）がオン（濃い灰色の状態）になっていることを確認します。

② →（タブ）や□（全角空白）などの編集記号が表示されていることを確認します。

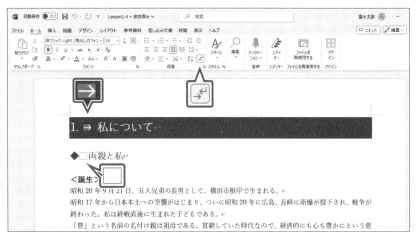

③《ホーム》タブ→《段落》グループの編集記号の表示/非表示）をクリックします。

④編集記号が非表示になります。

※ ←（段落記号）は、常に表示する設定になっているため、非表示になりません。

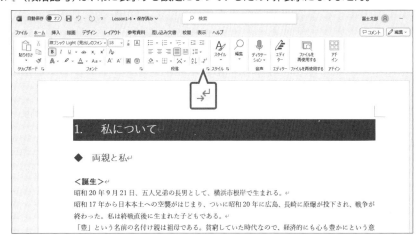

(2)

①《ホーム》タブ→《段落》グループの（編集記号の表示/非表示）をクリックして、オン（濃い灰色の状態）にします。

②「昭和46年7月20日生まれ。」を選択します。

③《ホーム》タブ→《フォント》グループの（フォント）をクリックします。

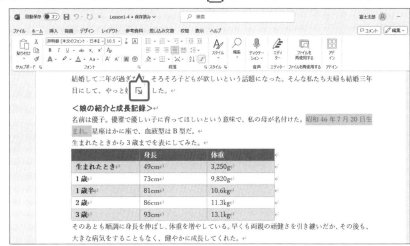

求められるスキル

出題範囲1

出題範囲2

出題範囲3

出題範囲4

出題範囲5

出題範囲6

確認問題 標準解答

④《**フォント**》ダイアログボックスが表示されます。

⑤《**フォント**》タブを選択します。

⑥《**文字飾り**》の《**隠し文字**》を✔にします。

⑦《**OK**》をクリックします。

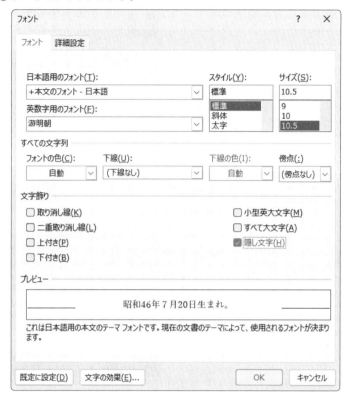

⑧隠し文字が設定されます。

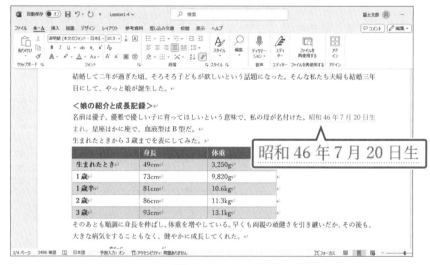

※《ホーム》タブ→《段落》グループの（編集記号の表示/非表示）をクリックし、隠し文字が非表示になることを確認しておきましょう。確認後、編集記号を表示しておきましょう。

2 文書の書式を設定する

☑ 理解度チェック	習得すべき機能	参照Lesson	学習前	学習後	試験直前
	■ 用紙サイズや印刷の向き、余白などページ設定を変更できる。	➡Lesson1-5	☑	☑	☑
	■ スタイルセットを適用できる。	➡Lesson1-6	☑	☑	☑
	■ ヘッダーやフッターを挿入できる。	➡Lesson1-7	☑	☑	☑
	■ 奇数ページと偶数ページで、異なるヘッダーやフッターを設定できる。	➡Lesson1-8	☑	☑	☑
	■ ページ番号を挿入できる。	➡Lesson1-9	☑	☑	☑
	■ ページ番号の書式を設定できる。	➡Lesson1-9	☑	☑	☑
	■ ページの色を設定できる。	➡Lesson1-10	☑	☑	☑
	■ ページ罫線を設定できる。	➡Lesson1-10	☑	☑	☑
	■ 透かしを設定できる。	➡Lesson1-10	☑	☑	☑

1 文書のページ設定を行う

解説

■ページ設定の変更

「**ページ設定**」とは、用紙サイズや印刷の向き、余白など文書全体の書式設定のことです。ページ設定は、文章を入力してから変更することもできますが、文章を入力する前にページ設定をしておくと、文書全体をイメージしながら作成できます。

操作 ◆《レイアウト》タブ→《ページ設定》グループのボタン

❶ （**文字列の方向を選択**）

文字列を横書きにするか、縦書きにするかを選択します。

❷ （**余白の調整**）

《**標準**》《**狭い**》《**広い**》などから選択したり、上下左右の余白を数値で設定したりします。

❸ （**ページの向きを変更**）

用紙を縦方向にするか、横方向にするかを選択します。

❹ （**ページサイズの選択**）

用紙のサイズを選択します。

❺ （**ページ設定**）

《**ページ設定**》ダイアログボックスを表示して、用紙サイズや印刷の向き、余白などを一度に設定します。また、文字数と行数の指定など詳細を設定することもできます。

求められるスキル

出題範囲1

出題範囲2

出題範囲3

出題範囲4

出題範囲5

出題範囲6

確認問題 標準解答

Lesson 1-5

💡Hint

用紙サイズ、印刷の向き、余白をまとめて設定するには、《ページ設定》ダイアログボックスを使います。

Lesson 1-5 Answer

🖱その他の方法

《ページ設定》ダイアログボックスを使ったページ設定の変更

◆《レイアウト》タブ→《ページ設定》グループの（余白の調整）→《ユーザー設定の余白》

◆《レイアウト》タブ→《ページ設定》グループの（ページサイズの選択）→《その他の用紙サイズ》

❗Point

ページ設定の既定値

用紙サイズ	：A4
印刷の向き	：縦
文字方向	：横書き
余白	：標準
	上35mm
	下30mm
	左30mm
	右30mm
1ページの行数	：36行
1行の文字数	：40字

❗Point

《ページ設定》の《用紙》タブ

❶用紙サイズ
用紙サイズを選択します。任意のサイズを設定することもできます。

❷設定対象
設定した内容を文書全体に反映させるか、選択しているセクションだけに反映させるかなどを選択します。
※セクションについては、P.94を参照してください。

❸印刷オプション
印刷に関するオプションを設定します。
※印刷オプションについては、P.54を参照してください。

OPEN　文書「Lesson1-5」を開いておきましょう。

次の操作を行いましょう。

(1) 用紙サイズを「B5」、印刷の向きを「横」、上下左右の余白を「15mm」に変更してください。

(1)

①《レイアウト》タブ→《ページ設定》グループの（ページ設定）をクリックします。

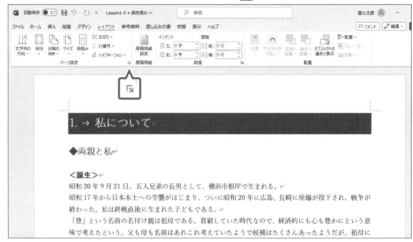

②《ページ設定》ダイアログボックスが表示されます。

③《用紙》タブを選択します。

④《用紙サイズ》の をクリックし、一覧から《B5》を選択します。
※表示されていない場合は、スクロールして調整します。

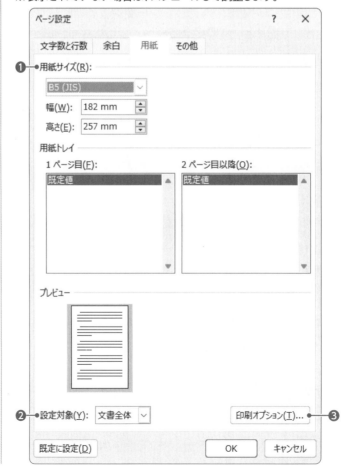

⑤《余白》タブを選択します。

⑥《印刷の向き》の《横》をクリックします。

⑦《余白》の《上》《下》《左》《右》を「15mm」に設定します。

⑧《OK》をクリックします。

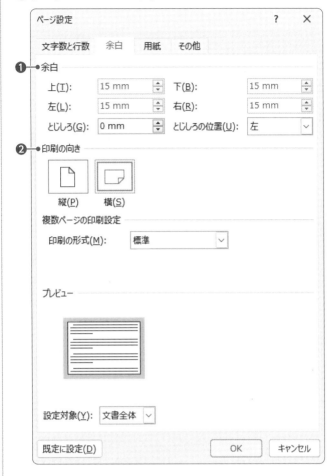

⑨ ページ設定が変更されます。

求められるスキル

出題範囲1

出題範囲2

出題範囲3

出題範囲4

出題範囲5

出題範囲6

確認問題 標準解答

30

2 スタイルセットを適用する

 解説 ■スタイル

「**スタイル**」とは、フォントやフォントサイズ、太字、下線、インデントなど複数の書式をまとめて登録して、名前を付けたものです。Wordには、「**見出し1**」「**見出し2**」「**表題**」「**引用文**」など、一般的な文書を作成する際に必要となるスタイルが用意されています。文書を構成する要素に応じてスタイルを適用すれば、簡単に体裁を整えることができます。

※スタイルの適用については、P.86を参照してください。

操作 ◆《ホーム》タブ→《スタイル》グループの [A/スタイル]（スタイル）

※《スタイル》グループが展開されている場合は、▽をクリックすると一覧が表示されます。

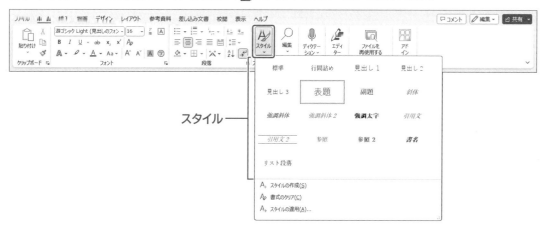

スタイル──

■スタイルセットの適用

スタイルを組み合わせてまとめたものを「**スタイルセット**」といいます。作成中の文書に適用されているスタイルセットは、《**デザイン**》タブ→《**ドキュメントの書式設定**》グループに表示されます。スタイルセットには、「**カジュアル**」や「**基本（エレガント）**」などの種類が用意されており、適用するだけで文書の雰囲気が変更されます。スタイルセットを適用すると、スタイルが一括して差し替えられるため、文書の雰囲気が一瞬で変更されます。

操作 ◆《デザイン》タブ→《ドキュメントの書式設定》グループのボタン

スタイルセット「カジュアル」 スタイルセット「影付き」

Lesson 1-6

OPEN 文書「Lesson1-6」を開いておきましょう。
※文書「Lesson1-6」には、表題や見出しなどのスタイルが設定されています。

次の操作を行いましょう。

(1) 文書にスタイルセット「線（スタイリッシュ）」を適用してください。

Lesson 1-6 Answer

(1)

①《**デザイン**》タブ→《**ドキュメントの書式設定**》グループの 🔽 →《**組み込み**》の《**線（ス
タイリッシュ）**》をクリックします。

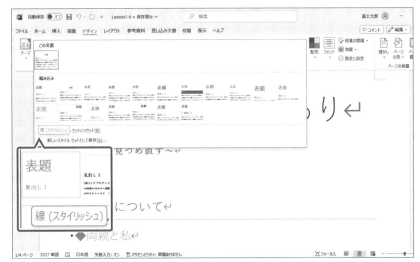

②スタイルセットが適用されます。

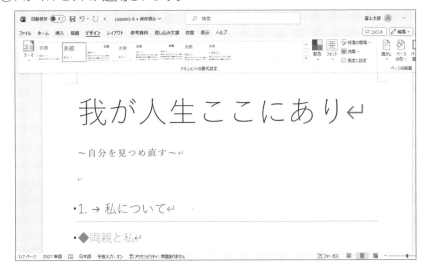

求められるスキル

出題範囲1

出題範囲2

出題範囲3

出題範囲4

出題範囲5

出題範囲6

確認問題 標準解答

32

3　ヘッダーやフッターを挿入する、変更する

解説　■ヘッダーやフッターの挿入

「**ヘッダー**」はページの上部、「**フッター**」はページの下部にある余白部分の領域です。通常、ページ番号や日付、文書のタイトル、会社のロゴマークなどを表示します。

ヘッダーやフッターはすべてのページに共通の内容が表示されます。

Wordでは、デザインされた組み込みのヘッダーやフッターが登録されているので、一覧から選択するだけで簡単に挿入できます。

操作　◆《挿入》タブ→《ヘッダーとフッター》グループの ヘッダー（ヘッダーの追加）／ フッター（フッターの追加）

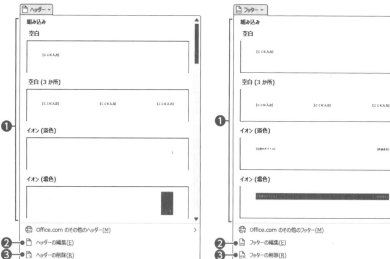

ヘッダーの追加　　　　　　　　　フッターの追加

❶組み込み

文字列の配置や書式が設定されているヘッダーやフッターを挿入します。

❷ヘッダーの編集／フッターの編集

ヘッダーやフッターを編集します。また、文字や図などを自由に挿入する場合にも使います。

❸ヘッダーの削除／フッターの削除

ヘッダーやフッターをすべて削除します。

Lesson 1-7

 文書「Lesson1-7」を開いておきましょう。

次の操作を行いましょう。

(1) すべてのページに、ヘッダー「サイドライン」を挿入し、文書のタイトルに「我が人生ここにあり」と入力してください。

(2) すべてのページのフッターに、「著者：田原□豊」を表示してください。

※□は全角空白を表します。

Lesson 1-7 Answer

(1)

① 《**挿入**》タブ→《**ヘッダーとフッター**》グループの （ヘッダーの追加）→《**組み込み**》の《**サイドライン**》をクリックします。

※表示されていない場合は、スクロールして調整します。

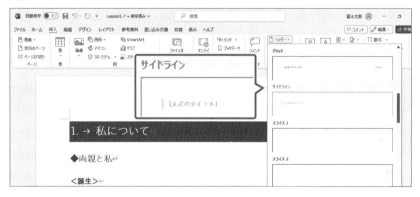

② ヘッダーが挿入され、ヘッダーやフッターが編集できる状態になります。

※このとき、本文は淡色で表示され、編集できません。

③ 《**[文書のタイトル]**》をクリックします。

※[文書のタイトル]が選択されます。

④ 「**我が人生ここにあり**」と入力します。

⑤ 《**ヘッダーとフッター**》タブ→《**閉じる**》グループの（ヘッダーとフッターを閉じる）をクリックします。

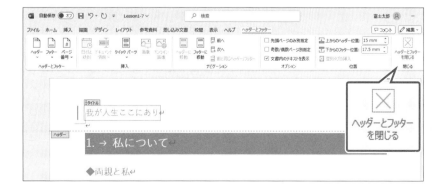

Point

文書のタイトル

《[文書のタイトル]》に入力した文字列は、文書のプロパティの「タイトル」としても設定されます。

※文書のプロパティについては、P.51を参照してください。

その他の方法

ヘッダーとフッターを閉じる

◆本文をダブルクリック

Point

ヘッダーやフッターの編集

本文の編集中に、ヘッダーやフッターをダブルクリックすると、ヘッダー／フッターが編集できる状態に切り替わります。

求められるスキル

出題範囲1

出題範囲2

出題範囲3

出題範囲4

出題範囲5

出題範囲6

確認問題 標準解答

⑥ヘッダーが淡色で表示され、本文が編集できる状態に戻ります。

※2ページ目以降にもヘッダーが表示されていることを確認しておきましょう。

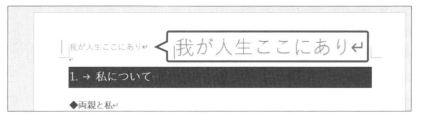

(2)

①《**挿入**》タブ→《**ヘッダーとフッター**》グループの ⬚ フッター ▾ （フッターの追加）→
《**フッターの編集**》をクリックします。

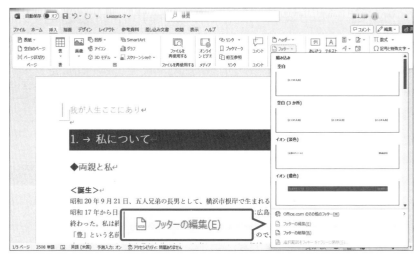

②フッターにカーソルが表示されていることを確認します。

③「**著者：田原　豊**」と入力します。

④《**ヘッダーとフッター**》タブ→《**閉じる**》グループの ⬚（ヘッダーとフッターを閉じ
る）をクリックします。

⑤フッターが淡色で表示され、本文が編集できる状態に戻ります。

※2ページ目以降にもフッターが表示されていることを確認しておきましょう。

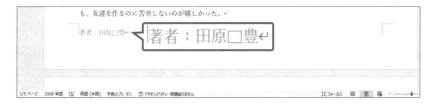

■ヘッダーやフッターの編集

ヘッダーやフッターの編集中、リボンに《ヘッダーとフッター》タブが表示されます。このタブには、ヘッダーやフッターを効率的に編集できるボタンが用意されています。

操作 ◆《ヘッダーとフッター》タブ→各グループのボタン

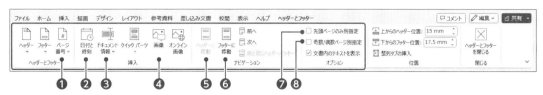

❶ （ページ番号の追加）
ページ番号を挿入します。

❷ （日付と時刻）
本日の日付や現在の時刻を挿入します。

❸ （ドキュメント情報）
ファイル名やファイルの保存場所などの情報を挿入します。
文書のプロパティに設定されている作成者やタイトルなどを挿入することもできます。

❹ （ファイルから）
図（画像）を挿入します。

❺ （ヘッダーに移動）
フッターからヘッダーにカーソルを移動します。

❻ （フッターに移動）
ヘッダーからフッターにカーソルを移動します。

❼ 先頭ページのみ別指定
先頭ページだけ異なるヘッダーやフッターを指定する場合に、☑にします。

❽ 奇数/偶数ページ別指定
奇数ページと偶数ページに異なるヘッダーやフッターを指定する場合に、☑にします。

Lesson 1-8

OPEN 文書「Lesson1-8」を開いておきましょう。
※文書「Lesson1-8」のプロパティには、タイトル「我が人生ここにあり」が設定されています。

次の操作を行いましょう。

(1) すべてのページにヘッダーを表示してください。奇数ページのヘッダーにはドキュメントのタイトルを表示します。偶数ページのヘッダーには日付を「YYYY年M月D日」の形式で表示し、右揃えで配置します。

Lesson1-8 Answer

(1)
①《挿入》タブ→《ヘッダーとフッター》グループの ヘッダー～ （ヘッダーの追加）→
《ヘッダーの編集》をクリックします。

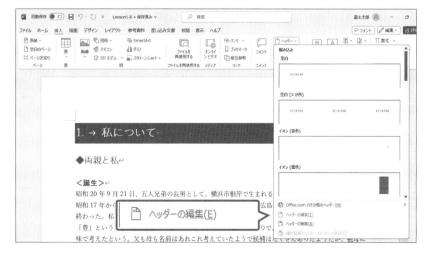

求められるスキル

出題範囲1

出題範囲2

出題範囲3

出題範囲4

出題範囲5

出題範囲6

確認問題 標準解答

②《ヘッダーとフッター》タブ→《オプション》グループの《奇数/偶数ページ別指定》を ✓ にします。

③《奇数ページのヘッダー》にカーソルが表示されていることを確認します。

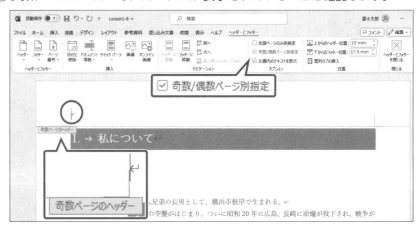

④《ヘッダーとフッター》タブ→《挿入》グループの ▤(ドキュメント情報)→《ドキュメントタイトル》をクリックします。

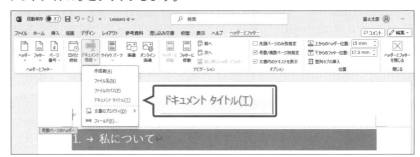

⑤ヘッダーにタイトルが挿入されます。

⑥《ヘッダーとフッター》タブ→《ナビゲーション》グループの ▤ 次へ (次へ) をクリックします。

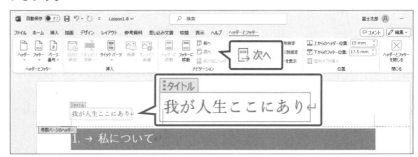

⑦《偶数ページのヘッダー》にカーソルが移動します。

⑧《ヘッダーとフッター》タブ→《挿入》グループの ▤(日付と時刻)をクリックします。

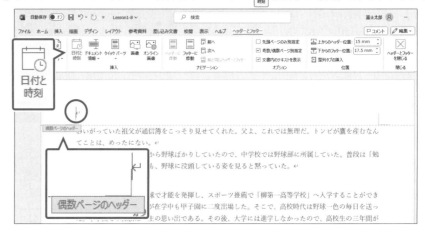

⑨《日付と時刻》ダイアログボックスが表示されます。

⑩《カレンダーの種類》の ∨ をクリックし、一覧から《グレゴリオ暦》を選択します。

⑪《表示形式》の一覧から《YYYY年M月D日》を選択します。

※本日の日付で表示されます。

⑫《OK》をクリックします。

求められるスキル

出題範囲1

出題範囲2

出題範囲3

出題範囲4

出題範囲5

出題範囲6

確認問題 標準解答

Point

《日付と時刻》

❶ 表示形式
日付や時刻の表示形式を選択します。

❷ 言語の選択
日本語か英語かを選択します。

❸ カレンダーの種類
和暦かグレゴリオ暦（西暦）かを選択します。

❹ 全角文字を使う
数字を全角文字で入力します。

❺ 自動的に更新する
文書を開くたびに、現在の日付や時刻に更新します。

⑬ ヘッダーに日付が挿入されます。

⑭ 日付の行にカーソルがあることを確認します。

⑮《ホーム》タブ→《段落》グループの ≡ （右揃え）をクリックします。

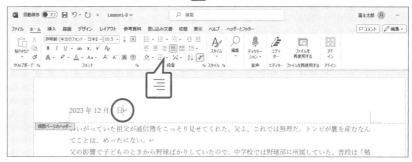

⑯《ヘッダーとフッター》タブ→《閉じる》グループの （ヘッダーとフッターを閉じる）をクリックします。

⑰ 奇数ページと偶数ページで異なるヘッダーが表示されます。

※スクロールして、奇数ページと偶数ページのヘッダーを確認しておきましょう。

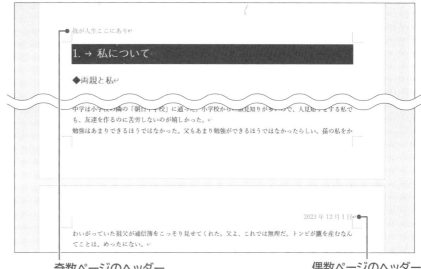

奇数ページのヘッダー　　　　　　　　　　　偶数ページのヘッダー

 **解説** ■ページ番号の挿入

すべてのページに連続したページ番号を挿入できます。ページ番号を挿入すると、途中でページが増えたり減ったりしたときも自動的に振り直されます。

また、罫線や配置などがデザインされたページ番号が用意されており、選択するだけで簡単に挿入できます。

操作 ◆《挿入》タブ→《ヘッダーとフッター》グループの［ページ番号 ∨］（ページ番号の追加）

❶ページの上部
ページの上部に、組み込みのページ番号を挿入します。

❷ページの下部
ページの下部に、組み込みのページ番号を挿入します。

❸ページの余白
ページの余白に、組み込みのページ番号を挿入します。

❹現在の位置
カーソルのある位置に、組み込みのページ番号を挿入します。

❺ページ番号の書式設定
挿入されているページ番号の番号書式や開始番号を変更します。

❻ページ番号の削除
挿入されているページ番号を削除します。

Lesson 1-9

 文書「Lesson1-9」を開いておきましょう。

次の操作を行いましょう。
(1) ページの下部にページ番号「細い線」を挿入し、ページ番号の書式を半角の「1,2,3,…」に変更してください。

Lesson 1-9 Answer

(1)
①《挿入》タブ→《ヘッダーとフッター》グループの［ページ番号 ∨］（ページ番号の追加）→《ページの下部》→《番号のみ》の《細い線》をクリックします。
※表示されていない場合は、スクロールして調整します。

②フッターにページ番号が挿入されます。

③《ヘッダーとフッター》タブ→《ヘッダーとフッター》グループの（ページ番号の追加）→《ページ番号の書式設定》をクリックします。

④《ページ番号の書式》ダイアログボックスが表示されます。

⑤《番号書式》の∨をクリックし、一覧から半角の《1,2,3,…》を選択します。

⑥《OK》をクリックします。

! Point

《ページ番号の書式》

❶番号書式

「1, 2, 3, …」「a, b, c, …」「Ⅰ, Ⅱ, Ⅲ, …」などの番号の種類を選択します。

❷連続番号

セクションで区切られている文書の場合に、セクションごとに開始番号を設定するか、前のセクションから継続するかを選択します。

※セクションについては、P.94を参照してください。

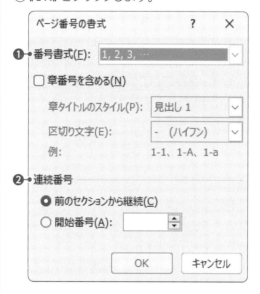

⑦ページ番号の書式が変更されます。

⑧《ヘッダーとフッター》タブ→《閉じる》グループの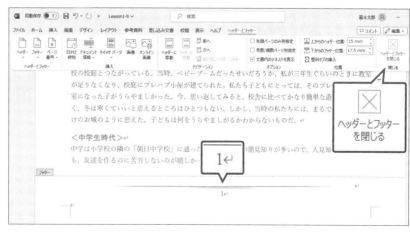（ヘッダーとフッターを閉じる）をクリックします。

※2ページ目以降にもページ番号が表示されていることを確認しておきましょう。

求められるスキル

出題範囲1

出題範囲2

出題範囲3

出題範囲4

出題範囲5

出題範囲6

確認問題 標準解答

4 ページの背景要素を設定する

 解説

■ページの背景の設定

透かしやページの色、ページ罫線など、ページの背景の書式を設定できます。

操作 ◆《デザイン》タブ→《ページの背景》グループのボタン

❶  **(透かし)**

ページの背景に「**社外秘**」や「**緊急**」、「**下書き**」などの文字列を透かしとして設定します。社内文書や草稿など、取り扱いに注意が必要な文書に利用すると、ひと目で注意を促すことができます。透かしは用意されている文字列のほか、自分で好きな文字列を入力したり、会社のロゴマークなど図（画像）を設定したりすることもできます。

❷  **(ページの色)**

ページの背景に色を設定します。チラシやポスターなどを作成する場合にページの色を設定すると見栄えのする文書に仕上げることができます。ページの背景には、色以外にもグラデーションやテクスチャ、パターン、図などの塗りつぶし効果を設定することもできます。

❸ 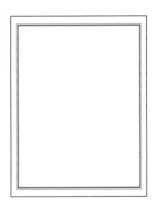 **(罫線と網掛け)**

ページの周囲に枠線を設定します。線の種類や色、太さを設定したり、Wordが用意している絵柄を使ったりして、見栄えのする文書に仕上げることができます。

Lesson 1-10

 文書「Lesson1-10」を開いておきましょう。

次の操作を行いましょう。

(1) ページの色を「緑、アクセント6、白+基本色80％」に設定してください。

(2) ページの周囲を色「灰色、アクセント3」、太さ「1pt」の線で囲んでください。

(3) ページに透かしを設定してください。表示する文字列は「回覧」、フォントは「MSPゴシック」、色は「白、背景1」とし、半透明にしません。

Lesson 1-10 Answer

(1)

①《デザイン》タブ→《ページの背景》グループの →《テーマの色》の《緑、アクセント6、白+基本色80％》をクリックします。

②ページの色が設定されます。

Point

ページの色の解除

◆《デザイン》タブ→《ページの背景》グループの →《色なし》

(2)

①《デザイン》タブ→《ページの背景》グループの をクリックします。

その他の方法

ページ罫線の設定

◆《ホーム》タブ→《段落》グループの の ![]→《線種とページ罫線と網かけの設定》→《ページ罫線》タブ

求められるスキル

出題範囲1

出題範囲2

出題範囲3

出題範囲4

出題範囲5

出題範囲6

確認問題 標準解答

②《線種とページ罫線と網かけの設定》ダイアログボックスが表示されます。

③《ページ罫線》タブを選択します。

④《種類》の《囲む》をクリックします。

⑤《種類》の一覧から《――――――――》を選択します。

⑥《色》の ⌄ をクリックし、一覧から《テーマの色》の《灰色、アクセント3》を選択します。

⑦《線の太さ》の ⌄ をクリックし、一覧から《1pt》を選択します。

⑧《設定対象》が《文書全体》になっていることを確認します。

⑨《OK》をクリックします。

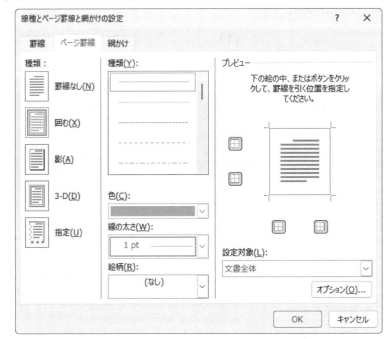

⑩ ページ罫線が設定されます。

！ Point

《罫線とページ罫線のオプション》

《罫線とページ罫線と網かけの設定》ダイアログボックスの《オプション》をクリックすると、ページ罫線の位置を詳細に設定することができます。

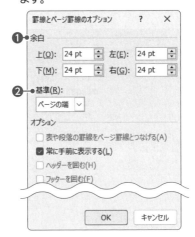

❶**余白**
❷で選択した基準からどのくらい余白をとるかを設定します。

❷**基準**
ページの端を基準とするか、本文を基準とするかを選択します。

！ Point

ページ罫線の削除

◆《デザイン》タブ→《ページの背景》グループの ▨ (罫線と網掛け)→《ページ罫線》タブ→《種類》の《罫線なし》

(3)

①《デザイン》タブ→《ページの背景》グループの （透かし）→《ユーザー設定の透かし》をクリックします。

②《透かし》ダイアログボックスが表示されます。

③《テキスト》を ⦿ にします。

④《テキスト》の ✓ をクリックし、一覧から《回覧》を選択します。

⑤《フォント》の ✓ をクリックし、一覧から《MSPゴシック》を選択します。

⑥《色》の ✓ をクリックし、一覧から《テーマの色》の《白、背景1》を選択します。

⑦《半透明にする》を ☐ にします。

⑧《OK》をクリックします。

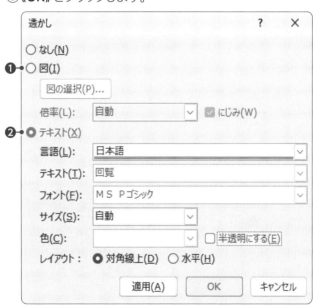

⑨透かしが設定されます。

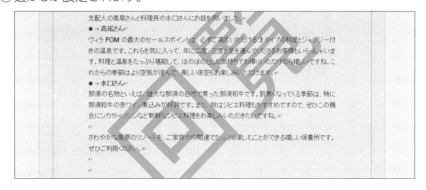

求められるスキル

出題範囲1

出題範囲2

出題範囲3

出題範囲4

出題範囲5

出題範囲6

確認問題 標準解答

3 文書を保存する、共有する

☑ 理解度チェック

習得すべき機能	参照Lesson	学習前	学習後	試験直前
■ 文書を PDF ファイルとして保存できる。	➡Lesson1-11	☑	☑	☑
■ 文書をテキストファイルとして保存できる。	➡Lesson1-11	☑	☑	☑
■ 文書にパスワードを設定して、マクロ有効文書として保存できる。	➡Lesson1-12	☑	☑	☑
■ 文書のプロパティを設定できる。	➡Lesson1-13	☑	☑	☑
■ 用紙サイズを指定して印刷できる。	➡Lesson1-14	☑	☑	☑
■ ページの色を印刷できる。	➡Lesson1-14	☑	☑	☑
■ 1枚の用紙に複数ページを印刷できる。	➡Lesson1-14	☑	☑	☑
■ 電子文書を共有できる。	➡Lesson1-15	☑	☑	☑

1 別のファイル形式で文書を保存する、エクスポートする

解説　■別のファイル形式で保存

Wordで作成した文書をPDFファイルや書式なしのテキストファイルなど、別のファイル形式で保存できます。Wordで作成した文書を、別のファイル形式で保存することを「**エクスポート**」といいます。

操作　◆《ファイル》タブ→《エクスポート》

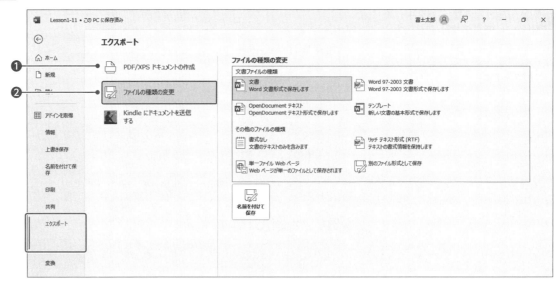

❶PDF/XPSドキュメントの作成

PDFファイルまたはXPSファイルとして保存します。

種類	説明
PDFファイル	パソコンの機種や環境に関わらず、元のアプリで作成したとおりに正確に表示できるファイル形式です。拡張子は「.pdf」です。
XPSファイル	PDFファイルと同様にパソコンの機種や環境に関わらず、元のアプリで作成したとおりに正確に表示できるファイル形式です。拡張子は「.xps」です。

❷ファイルの種類の変更

ファイルの種類を変更して保存します。

種類	説明
Word 97-2003文書	Word 2007よりも前のバージョンで作成されたファイル形式です。拡張子は「.doc」です。 ※Word 2007以降の新機能を利用している箇所は一部再現したり編集したりできない可能性があります。
テンプレート	文書に繰り返し使うタイトルや項目などを用意し、テンプレートとして保存しておくと、一部を編集するだけで繰り返し利用できます。議事録や送付状、案内状などの定型文書はテンプレートとして保存しておくと便利です。拡張子は「.dotx」です。
書式なし(テキスト)	書式や図(画像)などの情報がすべて削除され、文字データだけを保存できるファイル形式です。拡張子は「.txt」です。
リッチテキスト形式	文字データのほかに、書式や図(画像)、表などを含めて保存できるファイル形式です。拡張子は「.rtf」です。
単一ファイルWebページ	文書内に含まれるグラフィックや行頭文字などを含めて、Webページを単一ファイルとして保存できるファイル形式です。拡張子は「.mht」です。
Wordマクロ有効文書	マクロを含む文書を保存できるファイル形式です。マクロとは、一連の操作を記録しておき、記録した操作をまとめて実行できるようにしたものです。拡張子は「.docm」です。《別のファイル形式として保存》を選択し、《名前を付けて保存》ダイアログボックスの《ファイルの種類》で設定します。

■ パスワードの設定

セキュリティを高めるために文書に「**パスワード**」を設定して暗号化できます。
文書に設定できるパスワードには、「**読み取りパスワード**」と「**書き込みパスワード**」があります。

種類	説明
読み取りパスワード	パスワードを知っているユーザーだけが文書を開いて編集できます。パスワードを知らないユーザーは文書を開くことができません。
書き込みパスワード	パスワードを知っているユーザーだけが文書を開いて編集できます。パスワードを知らないユーザーでも、読み取り専用(編集できない状態)で文書を開くことができます。

操作 ◆《ファイル》タブ→《名前を付けて保存》→《参照》→《ツール》→《全般オプション》

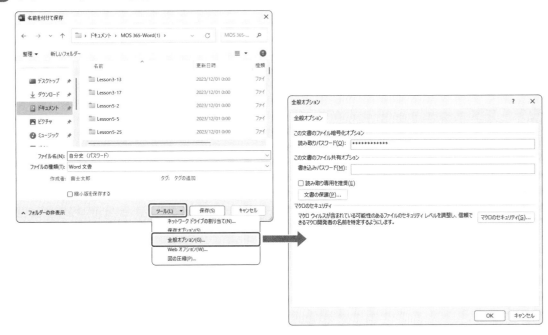

求められるスキル

出題範囲1

出題範囲2

出題範囲3

出題範囲4

出題範囲5

出題範囲6

確認問題 標準解答

Lesson 1-11

 文書「Lesson1-11」を開いておきましょう。

次の操作を行いましょう。

(1) 文書に「自分史」という名前を付けて、フォルダー「MOS 365-Word(1)」にPDFファイルとして保存してください。発行後にファイルを開いて確認します。

(2) 文書に「自分史（文字のみ）」という名前を付けて、フォルダー「MOS 365-Word(1)」にテキストファイルとして保存してください。ファイルの変換は既定値のままにします。

Lesson 1-11 Answer

(1)

①《ファイル》タブを選択します。

②《エクスポート》→《PDF/XPSドキュメントの作成》→《PDF/XPSの作成》をクリックします。

③《PDFまたはXPS形式で発行》ダイアログボックスが表示されます。

④フォルダー「**MOS 365-Word(1)**」を開きます。

※《ドキュメント》→「MOS 365-Word(1)」を選択します。

⑤《ファイル名》に「**自分史**」と入力します。

⑥《ファイルの種類》の⌄をクリックし、一覧から《**PDF**》を選択します。

⑦《**発行後にファイルを開く**》を☑にします。

⑧《**発行**》をクリックします。

⑨PDFファイルを表示するアプリが起動し、PDFファイルが表示されます。

※PDFファイルを閉じておきましょう。

● その他の方法

PDFファイルとして保存

◆《ファイル》タブ→《名前を付けて保存》→《参照》→《ファイルの種類》の⌄→《PDF》

◆[F12]→《ファイルの種類》の⌄→《PDF》

● Point

《PDFまたはXPS形式で発行》

❶ファイルの種類
作成するファイル形式を選択します。

❷発行後にファイルを開く
PDFファイルまたはXPSファイルとして保存したあとに、そのファイルを開いて表示する場合は、☑にします。

❸最適化
ファイルの用途に合わせて、ファイルのサイズを選択します。
ファイルをネットワーク上で参照する場合は、《標準》または《最小サイズ》を選択します。ファイルを印刷する場合は、《標準》を選択します。

❹オプション
PDFファイルまたはXPSファイルとして保存する場合のページ範囲を設定したり、プロパティの情報を含めるかどうかを設定したりします。

❺発行
PDFファイルまたはXPSファイルとして保存します。

(2)

①《ファイル》タブを選択します。

②《エクスポート》→《ファイルの種類の変更》→《その他のファイルの種類》の《書式なし》→《名前を付けて保存》をクリックします。

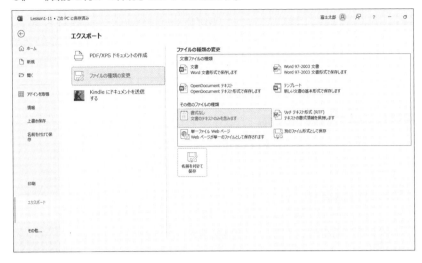

③《名前を付けて保存》ダイアログボックスが表示されます。

④フォルダー「MOS 365-Word(1)」を開きます。

※《ドキュメント》→「MOS 365-Word(1)」を選択します。

⑤《ファイル名》に「自分史(文字のみ)」と入力します。

⑥《ファイルの種類》が《書式なし》になっていることを確認します。

⑦《保存》をクリックします。

⑧《ファイルの変換》ダイアログボックスが表示されます。

⑨《OK》をクリックします。

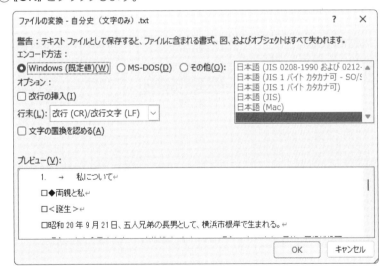

⑩テキストファイル「自分史(文字のみ)」が作成されます。

※ファイルを開いて確認しておきましょう。

Lesson 1-12

 文書「Lesson1-12」を開いておきましょう。

次の操作を行いましょう。

(1) 文書に「自分史（パスワード）」という名前を付けて、フォルダー「MOS 365-Word（1）」にWordマクロ有効文書として保存してください。保存の際に、読み取りパスワード「password1234」を設定します。保存後、ファイルを閉じます。

(2) 文書「自分史（パスワード）」を開いてください。（1）で設定した読み取りパスワードで開きます。

Lesson 1-12 Answer

(1)

① 《ファイル》タブを選択します。

② 《エクスポート》→《ファイルの種類の変更》→《その他のファイルの種類》の《別のファイル形式として保存》→《名前を付けて保存》をクリックします。

③ 《名前を付けて保存》ダイアログボックスが表示されます。

④ フォルダー「**MOS 365-Word（1）**」を開きます。

※《ドキュメント》→「MOS 365-Word（1）」を選択します。

⑤ 《ファイル名》に「**自分史（パスワード）**」と入力します。

⑥ 《ファイルの種類》の▽をクリックし、《**Wordマクロ有効文書**》を選択します。

⑦ 《ツール》をクリックします。

⑧ 《全般オプション》をクリックします。

⑨ 《全般オプション》ダイアログボックスが表示されます。

⑩ 《読み取りパスワード》に「**password1234**」と入力します。

※入力したパスワードは、「＊（アスタリスク）」で表示されます。

⑪ 《OK》をクリックします。

 その他の方法

Wordマクロ有効文書として保存

◆《ファイル》タブ→《名前を付けて保存》→《参照》→《ファイルの種類》の▽→《Wordマクロ有効文書》

◆ [F12]→《ファイルの種類》の▽→《Wordマクロ有効文書》

その他の方法

読み取りパスワードの設定

◆《ファイル》タブ→《情報》→《文書の保護》→《パスワードを使用して暗号化》→《パスワード》にパスワードを入力→《OK》→《パスワードの再入力》にパスワードを入力→《OK》→《上書き保存》

※「パスワードを使用して暗号化」を使って設定したパスワードは、読み取りパスワードになります。

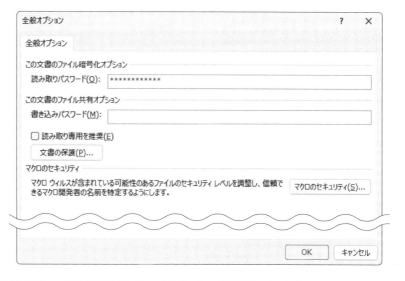

⑫《パスワードの確認》ダイアログボックスが表示されます。

⑬《読み取りパスワードをもう一度入力してください》に「password1234」と入力します。

⑭《OK》をクリックします。

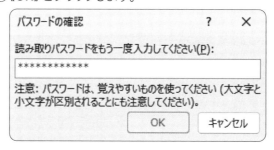

⑮《名前を付けて保存》ダイアログボックスに戻ります。

⑯《保存》をクリックします。

⑰Wordマクロ有効文書「自分史（パスワード）」が作成されます。

⑱《ファイル》タブ→《閉じる》をクリックします。

(2)

①《ファイル》タブ→《開く》→《参照》をクリックします。

②《ファイルを開く》ダイアログボックスが表示されます。

③フォルダー「MOS 365-Word(1)」を開きます。

※《ドキュメント》→「MOS 365-Word(1)」を選択します。

④一覧から「自分史（パスワード）」を選択します。

⑤《開く》をクリックします。

⑥《パスワード》ダイアログボックスが表示されます。

⑦《パスワードを入力してください。》に「password1234」と入力します。

⑧《OK》をクリックします。

⑨Wordマクロ有効文書「自分史（パスワード）」が開かれます。

Point

パスワードの解除

文書に設定したパスワードは、解除できます。

◆《ファイル》タブ→《名前を付けて保存》→《参照》→《ツール》→《全般オプション》→設定されているパスワードを削除→《OK》

◆《ファイル》タブ→《情報》→《文書の保護》→《パスワードを使用して暗号化》→《パスワード》のパスワードを削除→《OK》

※「パスワードを使用して暗号化」を使って設定したパスワードは、読み取りパスワードになります。

Point

マクロの有効化

Lesson1-12で作成した文書には、マクロは含まれていません。マクロが含まれる場合、ファイルを開くと《セキュリティの警告》メッセージバーが表示されます。マクロが信頼できる場合、《コンテンツの有効化》をクリックして、マクロを有効にします。

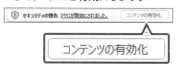

求められるスキル

出題範囲1

出題範囲2

出題範囲3

出題範囲4

出題範囲5

出題範囲6

確認問題 標準解答

2 組み込みの文書プロパティを変更する

 解説 ■ 文書のプロパティの設定

「**プロパティ**」は一般に「**属性**」といわれ、性質や特性を表す言葉です。文書のプロパティには、文書のファイルサイズ、作成日時、作成者などがあります。文書にプロパティを設定しておくとWindowsのファイル一覧でプロパティの内容を表示したり、プロパティの値をもとに文書を検索したりできます。

操作 ◆《ファイル》タブ→《情報》

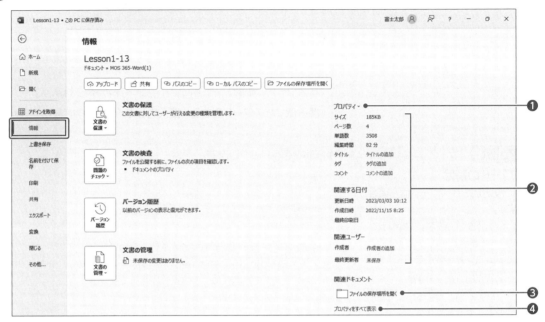

❶詳細プロパティ

《プロパティ》ダイアログボックスが表示されます。各プロパティの値を変更します。

❷プロパティの一覧

主なプロパティが一覧で表示されます。「**タイトル**」や「**タグ**」などはポイントすると、テキストボックスが表示されるので、直接入力して、プロパティの値を変更できます。複数の要素を設定する場合は、「**；(セミコロン)**」で区切って入力します。

❸ファイルの保存場所を開く

文書が保存されている場所を開きます。
※《Microsoft Wordのセキュリティに関する通知》が表示された場合は、《はい》をクリックします。

❹プロパティをすべて表示

プロパティの一覧にすべてのプロパティを表示します。

Lesson 1-13

 文書「Lesson1-13」を開いておきましょう。

次の操作を行いましょう。

(1) 文書のプロパティのタイトルに「我が人生ここにあり」、サブタイトルに「横浜とともに」、タグに「自分史」と「横浜」、作成者に「田原□豊」を設定してください。
※□は全角空白を表します。

(1)

①《**ファイル**》タブを選択します。

②《**情報**》→《**プロパティをすべて表示**》をクリックします。

※表示されていない場合は、スクロールして調整します。

③《**タイトルの追加**》をクリックし、「**我が人生ここにあり**」と入力します。

④《**タグの追加**》をクリックし、「**自分史；横浜**」と入力します。

※「；(セミコロン)」は半角で入力します。

⑤《**サブタイトルの指定**》をクリックし、「**横浜とともに**」と入力します。

⑥《**作成者の追加**》をクリックし、「**田原　豊**」を入力します。

⑦《**作成者の追加**》以外の場所をクリックします。

※入力内容が確定されます。

⑧プロパティの一覧に設定したプロパティが表示されていることを確認します。

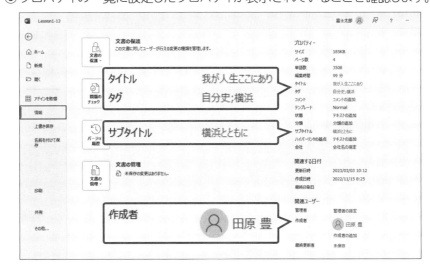

！ Point

詳細プロパティ

プロパティの値は、《プロパティ》ダイアログボックスを使って設定したり、変更したりできます。

※《プロパティ》ダイアログボックスでは、プロパティの一覧の《タグ》は《キーワード》、《会社》は《会社名》に表示されます。

！ Point

文書の表示に戻す

プロパティを設定後、文書の表示に戻すには、[Esc]を押します。

求められるスキル

出題範囲1

出題範囲2

出題範囲3

出題範囲4

出題範囲5

出題範囲6

確認問題　標準解答

3 ┃ 印刷の設定を変更する

 解説 ■印刷対象の設定

文書を印刷する場合、文書全体はもちろん、選択した範囲や特定のページを印刷対象に設定することができます。

操作 ◆《ファイル》タブ→《印刷》→ すべてのページを印刷 ドキュメント全体

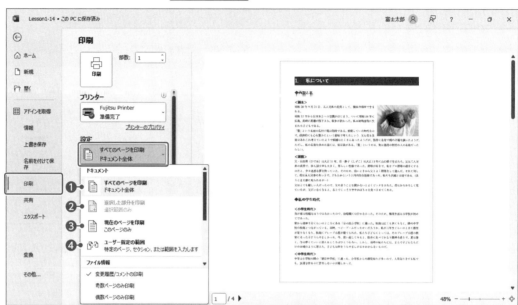

❶すべてのページを印刷

文書全体を印刷します。

❷選択した部分を印刷

範囲選択した部分だけを印刷します。

❸現在のページを印刷

表示しているページだけを印刷します。

❹ユーザー指定の範囲

特定のページを指定して印刷します。

■印刷の設定の変更

文書を印刷するときに、A4サイズで作成した文書をB5サイズで印刷したり、1枚の用紙に複数ページを印刷したりすることができます。

操作 ◆《ファイル》タブ→《印刷》→ 1 ページ/枚

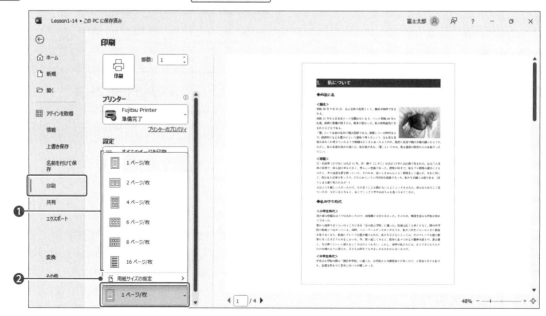

❶1枚の用紙に複数ページを印刷

1枚の用紙に複数ページ（1〜16）を割り付けて印刷します。1枚の用紙に収まるように自動的に印刷倍率が調整されます。

❷用紙サイズの指定

作成している文書のサイズに関わらず、指定した用紙サイズに合わせて拡大または縮小して印刷します。

■印刷オプションの設定

ページの色を印刷するかどうかや文書のプロパティを印刷するかどうかなど、印刷に関するオプションを設定できます。

操作 ◆《ファイル》タブ→《オプション》→《表示》

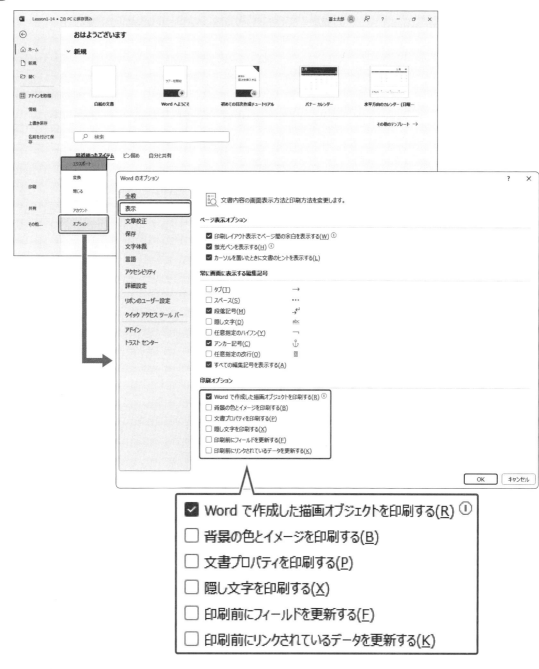

求められるスキル

出題範囲1

出題範囲2

出題範囲3

出題範囲4

出題範囲5

出題範囲6

確認問題 標準解答

Lesson 1-14

 文書「Lesson1-14」を開いておきましょう。

次の操作を行いましょう。

(1) 《ファイル》タブを使って、印刷の設定の用紙サイズを「B5」に変更し、縮小して印刷してください。

(2) ページの色が印刷されるように設定し、1枚の用紙に4ページ分印刷してください。

Lesson 1-14 Answer

印刷

◆ [Ctrl] + [P]

(1)

①《ファイル》タブを選択します。

②《印刷》→ [1 ページ/枚] →《用紙サイズの指定》→《B5》をクリックします。

※表示されていない場合は、スクロールして調整します。

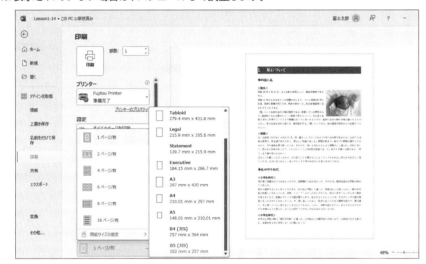

③《印刷》をクリックします。

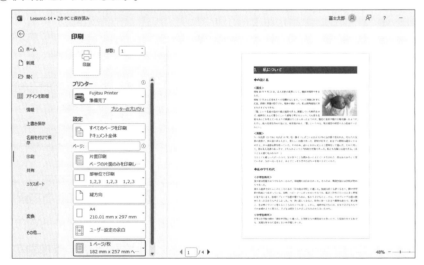

④B5サイズで印刷されます。

※文書「Lesson1-14」の用紙サイズはA4に設定されていますが、B5用紙に縮小して印刷されます。

Point

印刷しない場合

印刷を実行すると、文書の表示に自動的に戻ります。印刷しないで文書の表示に戻すには、[Esc]を押します。

(2)

① 《ファイル》タブを選択します。

② 《オプション》をクリックします。

③ 《Wordのオプション》ダイアログボックスが表示されます。

④ 左側の一覧から《表示》を選択します。

⑤ 《印刷オプション》の《背景の色とイメージを印刷する》を☑にします。

⑥ 《OK》をクリックします。

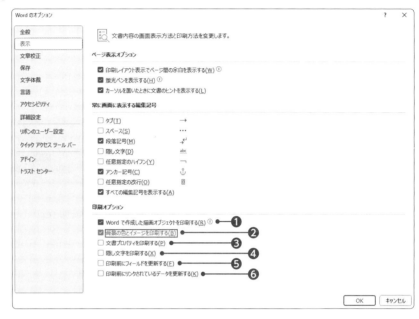

⑦ 《ファイル》タブを選択します。

⑧ 《印刷》→ 1ページ/枚 →《4ページ/枚》をクリックします。

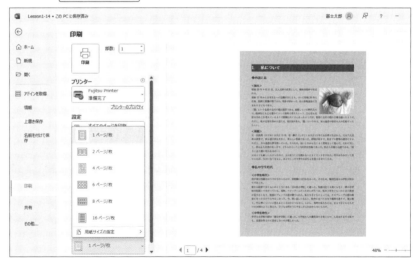

⑨ 《印刷》をクリックします。

⑩ ページの色が設定された状態で、1枚の用紙に4ページ分が印刷されます。

※ 《Wordのオプション》ダイアログボックスの左側の一覧から《表示》を選択し、《印刷オプション》の設定を元に戻しておきましょう。

> **❗Point**
>
> **《Wordのオプション》の《印刷オプション》**
>
> ❶ **Wordで作成した描画オブジェクトを印刷する**
> 図（画像）や図形などのオブジェクトを印刷します。
>
> ❷ **背景の色とイメージを印刷する**
> 文書のページの色を印刷します。
>
> ❸ **文書プロパティを印刷する**
> 本文のあとにプロパティを印刷します。
>
> ❹ **隠し文字を印刷する**
> 隠し文字を本文と一緒に印刷します。
>
> ❺ **印刷前にフィールドを更新する**
> 印刷前に日付やページ番号などのフィールドを更新します。
>
> ❻ **印刷前にリンクされているデータを更新する**
> 別のファイルとリンクされている場合、印刷前に最新の内容に更新します。

> **❗Point**
>
> **部単位／ページ単位で印刷**
>
> 複数ページの文書を複数部数印刷する場合、次の2つの方法から選択できます。
>
> ※初期の設定では、「部単位で印刷」に設定されています。
>
> ● **部単位で印刷**
>
>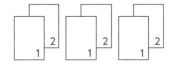
>
> ● **ページ単位で印刷**
>
>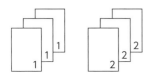

4　電子文書を共有する

 解 説　■電子文書の共有

文書をOneDriveに保存し、共有リンクを送信すると、ほかのユーザーと共有することができます。共有する相手がファイルを編集できるかどうかを設定したり、ファイルの共有の有効期限やファイルを開くときのパスワードを設定したりできます。

※2023年11月時点の操作手順を記載しています。Microsoft 365のアップデートによって機能が更新された場合には、記載のとおりに操作できなくなる可能性があります。

操作 ◆《ファイル》タブ→《共有》

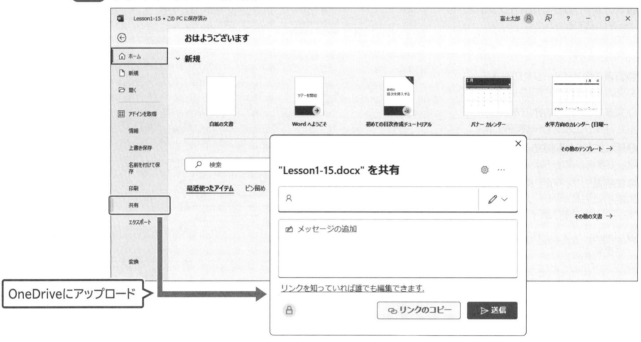

OneDriveにアップロード

Lesson 1-15

 文書「Lesson1-15」を開いておきましょう。

次の操作を行いましょう。

(1) 文書「Lesson1-15」を共有してください。リンクを知っているすべてのユーザーがファイルを表示可能とし、OneDriveに保存します。

※インターネットに接続できる環境が必要です。

※共有する相手のメールアドレスが必要です。共有する相手を自分のメールアドレスとして操作してもかまいません。

Lesson 1-15 Answer

! Point

Microsoftアカウントの作成

Microsoftアカウントは、メールアドレスがあれば、誰でも無料で作成できます。購入したパソコンを最初にセットアップする際、Microsoftアカウントのサインインが要求され、セットアップしながらMicrosoftアカウントを作成できます。セットアップ時以外のMicrosoftアカウントの作成は、次のマイクロソフト社のホームページから行います。

https://account.microsoft.com/

(1)

①《ファイル》タブを選択します。

②《共有》をクリックします。

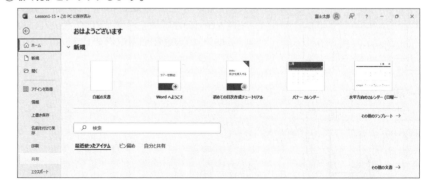

求められるスキル

出題範囲1

出題範囲2

出題範囲3

出題範囲4

出題範囲5

出題範囲6

確認問題 標準解答

!Point

Officeにサインイン

OneDriveを利用するには、MicrosoftアカウントでOfficeにサインインしておく必要があります。Officeにサインインしているかどうかは、画面右上にアカウント名が表示されているかどうかで確認します。サインインしていない場合は、《サインイン》をクリックしてサインインします。

!Point

《リンクの送信》

お使いの環境によっては、《(ファイル名)を共有》ダイアログボックスが表示されず、次のようなダイアログボックスが表示される場合があります。その場合、 (共有の設定)が表示されないため、《リンクの送信》の《リンクを知っていれば誰でも編集できます。》をクリックしてください。

!Point

《共有の設定》

❶リンクを共有する
共有する相手を指定します。
※職場や学校など組織の管理者によって設定されている場合、表示が異なる場合があります。

❷編集可能／表示可能
共有するユーザーに文書の編集を許可するか、表示だけ許可するかを指定します。

❸有効期限
リンクの有効期限を指定します。

❹パスワードの設定
ファイルにアクセスするためのパスワードを指定します。

③《共有》ダイアログボックスが表示されます。

④《文書を共有する場合は、それをアップロードしてください。》の《OneDrive》をクリックします。

※お使いの環境によっては、表示が異なる場合があります。

⑤《(ファイル名)を共有》ダイアログボックスが表示されます。

⑥ (共有の設定) をクリックします。

※ (共有の設定) が表示されていない場合は、《リンクの送信》の《リンクを知っていれば誰でも編集できます。》をクリックします。

⑦《共有の設定》ダイアログボックスが表示されます。

※お使いの環境によっては、表示が異なる場合があります。

⑧《リンクを共有する》の《すべてのユーザー》を にします。

⑨《その他の設定》の《編集可能》をクリックします。

⑩一覧から《表示可能》を選択します。

⑪《適用》をクリックします。

※表示されていない場合は、スクロールして調整します。

Point

《(ファイル名)を共有》

❶共有の設定
《共有の設定》ダイアログボックスを表示します。

❷宛先
共有するユーザーのメールアドレスなどを指定します。

※職場や学校など組織の管理者によって設定されている場合、ユーザー名やグループ名などを指定できます。

❸編集可能／表示可能
共有するユーザーに文書の編集を許可するか、表示だけ許可するかを指定します。

❹メッセージ
共有するユーザーへのメッセージを指定します。

❺リンクのコピー
共有可能なリンクを作成します。作成したリンクは、チャットなどで相手に知らせるときに使用します。

⑫《(ファイル名)を共有》ダイアログボックスに戻ります。

⑬共有する相手のメールアドレスを入力します。

⑭《送信》をクリックします。

⑮メッセージが表示されます。

⑯ × をクリックします。

⑰文書がOneDriveに保存されます。

※タイトルバーの自動保存がオン、🖫 が 🖫 に変わります。

※共有者に届いたメールのリンクをクリックし、ファイルを開いて編集できることを確認しておきましょう。

共有者の画面

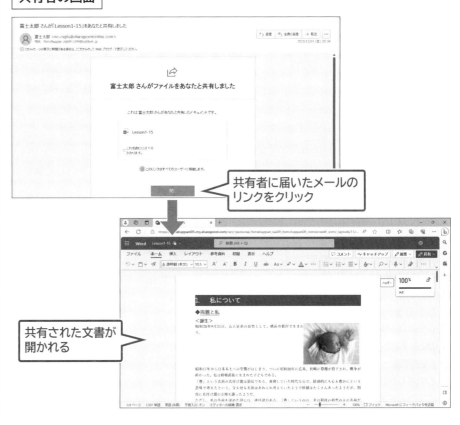

共有者に届いたメールのリンクをクリック

共有された文書が開かれる

4 文書を検査する

1 隠しプロパティや個人情報を見つけて削除する

 **解説**

■ドキュメント検査

「**ドキュメント検査**」を使うと、文書に個人情報や隠し文字、コメントなどが含まれていないかどうかをチェックして、必要に応じてそれらの情報を削除します。作成した文書を配布する場合、事前にドキュメント検査を行うと、情報漏えいの防止につながります。

ドキュメント検査では、次のような内容をチェックできます。

内容	説明
コメント・変更履歴	コメントや変更履歴には、それを入力したユーザー名や内容そのものが含まれています。 ※コメントについてはP.201、変更履歴についてはP.208を参照してください。
プロパティ	プロパティには、作成者の情報や作成日時などが含まれています。
ヘッダー・フッター	ヘッダー・フッターには、作成者の情報が含まれている可能性があります。
隠し文字	隠し文字として設定されている部分に知られたくない情報が含まれている可能性があります。
インク	《描画》タブの描画ツールで書き加えたペンや蛍光ペンがある場合、知られたくない情報が含まれている可能性があります。

操作 ◆《ファイル》タブ→《情報》→《問題のチェック》→《ドキュメント検査》

Lesson 1-16

 OPEN 文書「Lesson1-16」を開いておきましょう。

※文書「Lesson1-16」には、ヘッダーにタイトル、文書のプロパティにタイトルと作成者とタグが設定されています。

次の操作を行いましょう。

(1) ドキュメント検査を実行し、ヘッダーとプロパティの情報を削除してください。

Lesson 1-16 Answer

(1)

①《ファイル》タブを選択します。

②《情報》→《問題のチェック》→《ドキュメント検査》をクリックします。

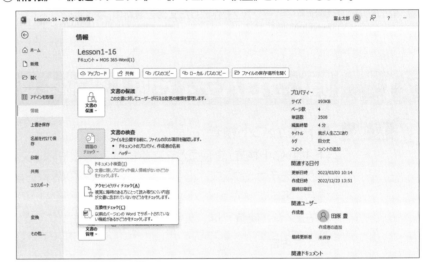

③《ドキュメントの検査》ダイアログボックスが表示されます。

④《ドキュメントのプロパティと個人情報》が ☑ になっていることを確認します。

⑤《ヘッダー、フッター、透かし》が ☑ になっていることを確認します。

⑥《検査》をクリックします。

⑦ ドキュメント検査が実行されます。

⑧《ドキュメントのプロパティと個人情報》の《すべて削除》をクリックします。

⑨ 同様に、《ヘッダー、フッター、透かし》の《すべて削除》をクリックします。

⑩《閉じる》をクリックします。

※ プロパティとヘッダーの情報が削除されていることを確認しておきましょう。

求められるスキル

出題範囲1

出題範囲2

出題範囲3

出題範囲4

出題範囲5

出題範囲6

確認問題 標準解答

2　アクセシビリティに関する問題を見つけて修正する

 解説

■アクセシビリティチェック

「**アクセシビリティ**」とは、すべての人が不自由なく情報を手に入れられるかどうか、使いこなせるかどうかを表す言葉です。

「**アクセシビリティチェック**」を使うと、視覚に障がいのある方などにとって読み取りにくい情報が含まれていないかどうかをチェックできます。

アクセシビリティチェックでは、次のような内容をチェックできます。

内容	説明
代替テキスト （不足オブジェクトの説明）	図形、図（画像）などのオブジェクトに代替テキストが設定されているかどうかをチェックします。オブジェクトの内容を代替テキストで示しておくと、情報を理解しやすくなります。 ※代替テキストについては、P.198を参照してください。
文字列の折り返し	オブジェクトの文字列の折り返しをチェックします。行内（インライン）に設定されていない場合、判別しにくくなる可能性があります。 ※文字列の折り返しについては、P.192を参照してください。
表のタイトル行	表の1行目にタイトル行（ヘッダー行）が設定されているかどうかをチェックします。見出し行がない場合、表の内容が読み取りにくくなる可能性があります。
表の構造	表の構造がシンプルかどうかをチェックします。結合されたセルが含まれていると、判別しにくくなる可能性があります。 ※セルの結合と分割については、P.111を参照してください。
読み取りにくいテキストのコントラスト	文字列の色が背景の色と酷似しているかどうかをチェックします。コントラストの差を付けることで、文字列が読み取りやすくなります。

操作 ◆《ファイル》タブ→《情報》→《問題のチェック》→《アクセシビリティチェック》

Lesson 1-17

 文書「Lesson1-17」を開いておきましょう。

次の操作を行いましょう。

(1) アクセシビリティチェックを実行し、結果を確認してください。
　　次に、おすすめアクションから、エラーのオブジェクトに代替テキスト「誕生時の写真」を設定し、オブジェクトの配置を「行内」に変更してください。

(1)

① 《ファイル》タブを選択します。

② 《情報》→《問題のチェック》→《アクセシビリティチェック》をクリックします。

③ アクセシビリティチェックが実行され、《アクセシビリティ》作業ウィンドウに検査結果が表示されます。

※エラーが2つ表示されます。

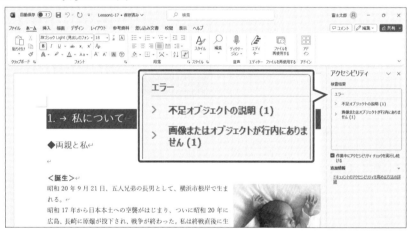

④ 《エラー》の《不足オブジェクトの説明》をクリックします。

※お使いの環境によっては、《代替テキストがありません》と表示される場合があります。

⑤「図1」をクリックします。

⑥ 1ページ目の図が選択されていることを確認します。

⑦ 《おすすめアクション》の《説明を追加》をクリックします。

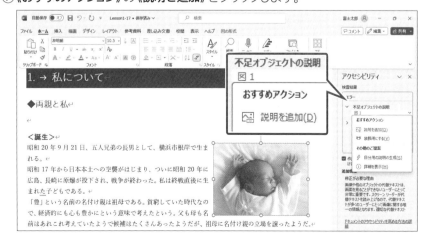

Point

アクセシビリティチェックの結果

アクセシビリティチェックを実行して、問題があった場合は、次の3つのレベルに分類して表示されます。

レベル	説明
エラー	障がいがある方にとって、理解が難しい、または理解できないことを意味します。
警告	障がいがある方にとって、理解できない可能性が高いことを意味します。
ヒント	障がいがある方にとって、理解はできるが改善した方がよいことを意味します。

⑧《代替テキスト》作業ウィンドウが表示されます。

⑨ボックスに「**誕生時の写真**」と入力します。

⑩ 🔳 (アクセシビリティ) をクリックします。

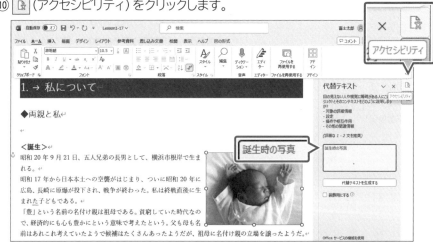

⑪《アクセシビリティ》作業ウィンドウの《**エラー**》の《**不足オブジェクトの説明**》が非表示になったことを確認します。

⑫《**エラー**》の《**画像またはオブジェクトが行内にありません**》をクリックします。

⑬「**図1**」をクリックします。

⑭1ページ目の図が選択されていることを確認します。

⑮《**おすすめアクション**》の《**このインラインを配置**》をクリックします。

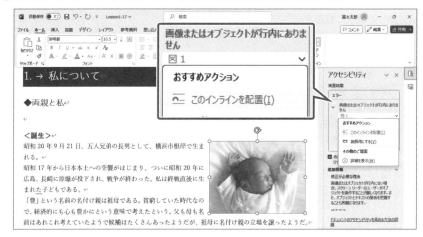

⑯図の折り返しが行内に設定されます。

⑰《アクセシビリティ》作業ウィンドウの《**エラー**》の《**画像またはオブジェクトが行内にありません**》が非表示になったことを確認します。

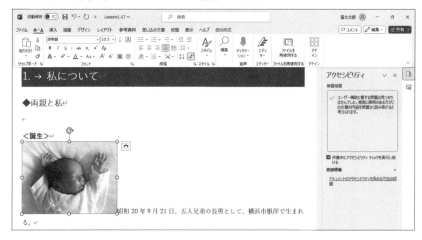

❶ Point

作業中にアクセシビリティチェックを実行する

アクセシビリティチェックを常に実行し、結果を確認しながら文書を作成することができます。結果はステータスバーに表示され、クリックすると《アクセシビリティ》作業ウィンドウで詳細を確認できます。

◆《アクセシビリティ》作業ウィンドウの《☑作業中にアクセシビリティチェックを実行し続ける》

◆ステータスバーを右クリック→《☑アクセシビリティチェック》

※《アクセシビリティ》作業ウィンドウと《代替テキスト》作業ウィンドウを閉じておきましょう。

3 下位バージョンとの互換性に関する問題を見つけて修正する

 解説 ■互換性チェック

ほかのユーザーとファイルをやり取りしたり、複数のパソコンでファイルをやり取りしたりする場合、ファイルの互換性を考慮しなければなりません。

「互換性チェック」を使うと、Microsoft 365のWordで作成した文書に、以前のバージョンのWordでサポートされていない機能が含まれているかどうかをチェックできます。

操作 ◆《ファイル》タブ→《情報》→《問題のチェック》→《互換性チェック》

Lesson 1-18

 文書「Lesson1-18」を開いておきましょう。

次の操作を行いましょう。
(1) 文書の互換性をチェックしてください。

Lesson 1-18 Answer

(1)
①《ファイル》タブを選択します。
②《情報》→《問題のチェック》→《互換性チェック》をクリックします。
③《Microsoft Word互換性チェック》ダイアログボックスが表示されます。
④《概要》にサポートされていない機能が表示されます。
⑤《OK》をクリックします。

Point

《Microsoft Word互換性チェック》

❶表示するバージョンを選択
クリックすると、Word 97-2003、Word 2007、Word 2010の3つのバージョンを選択できます。✓が付いているバージョンでサポートされていない機能を確認できます。

❷概要と出現数
チェック結果の概要と文書内に該当する箇所がいくつあるかが表示されます。

❸文書を保存するときに互換性を確認する
ファイル形式を変更して文書を保存するときに、互換性を確認するかどうかを設定します。

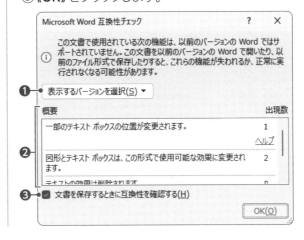

解説　■ファイル形式の変換

以前のバージョンのWordで作成した文書をMicrosoft 365のWordで開くと、**「互換モード」** で表示される場合があります。

互換モードでは、以前のバージョンのWordでも引き続き編集できるように、Microsoft 365のWordの新機能の利用が制限されます。

以前のバージョンのWordで編集することがない場合は、Microsoft 365のWordのすべての機能を利用できるように、最新のファイル形式に変換するとよいでしょう。

操作 ◆《ファイル》タブ→《情報》→《変換》

Lesson 1-19

OPEN 文書「Lesson1-19」を開いておきましょう。
※文書「Lesson1-19」はWord 97-2003形式の文書です。

(1) 文書を最新のファイル形式に変換してください。

Lesson 1-19 Answer

(1)

① タイトルバーに**《互換モード》** と表示されていることを確認します。

②**《ファイル》** タブを選択します。

その他の方法

ファイル形式の変換

◆《ファイル》タブ→《エクスポート》→《ファイルの種類の変更》→《文書ファイルの種類》の《文書》→《名前を付けて保存》

③《情報》→《変換》をクリックします。

④図のようなメッセージが表示されます。

⑤《OK》をクリックします。

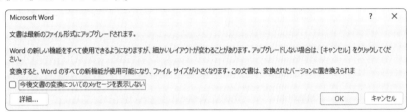

⑥ファイル形式が変換されます。

⑦タイトルバーに《互換モード》と表示されていないことを確認します。

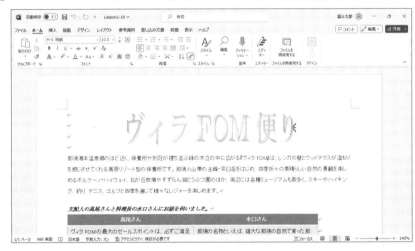

求められるスキル

出題範囲1

出題範囲2

出題範囲3

出題範囲4

出題範囲5

出題範囲6

確認問題 標準解答

Lesson 1-20

 文書「Lesson1-20」を開いておきましょう。

次の操作を行いましょう。

あなたは、研修で使用する企業活動についての資料を作成します。参加者に配布するために文書を整えます。

問題(1)	ドキュメント検査を実行し、ヘッダー、フッター、透かしを削除してください。その他の項目は削除しないようにします。
問題(2)	文書内から「株主」を検索してください。
問題(3)	文書の余白を上下「25mm」、左右「20mm」に設定してください。
問題(4)	文書にスタイルセット「線(シンプル)」を適用してください。
問題(5)	文書にページの色「青、アクセント5、白+基本色80%」を設定し、ページの周囲を色「青、アクセント1」、太さ「2.25pt」の一重線で囲んでください。
問題(6)	見出し「1.4　ゴーイングコンサーン」のページにある「●BCP」に、「BCP」という名前のブックマークを挿入してください。
問題(7)	文書のプロパティのタイトルに「経営について」、分類に「経営資源」を設定してください。
問題(8)	ヘッダーにドキュメントのタイトルを表示してください。タイトルは右揃えで配置します。
問題(9)	ページの下部に、ページ番号「太字の番号2」を挿入してください。
問題(10)	アクセシビリティチェックを実行し、エラーや警告を修正してください。おすすめアクションから、ヘッダー行が設定されていない表の最初の行をヘッダーとして使用するようにします。また、テキストのコントラストが判別しにくい図表は、色を「枠線のみ-濃色2」に設定します。
問題(11)	文書の互換性をチェックしてください。
問題(12)	《ホーム》タブを使って、編集記号を非表示にしてください。
問題(13)	文書に「Lesson1-20完成」という名前を付けて、フォルダー「MOS 365-Word(1)」にWordマクロ有効文書として保存してください。保存の際に、読み取りパスワード「password」を設定します。

※編集記号を表示しておきましょう。

出題範囲 2

文字、段落、セクションの挿入と書式設定

1 | 文字列を挿入する

☑ 理解度チェック	習得すべき機能	参照Lesson	学習前	学習後	試験直前
■記号や特殊文字を挿入できる。	→Lesson2-1	☑	☑	☑
■文字列を他の文字列に置換できる。	→Lesson2-2	☑	☑	☑
■文字列の書式を置換できる。	→Lesson2-2	☑	☑	☑
■大文字／小文字、半角／全角を区別して文字列を検索できる。	→Lesson2-2	☑	☑	☑

1 | 記号や特殊文字を挿入する

 **解説**

■記号や特殊文字の挿入

文書に、キーボードにない「¼」や「☎」などの記号、コピーライト「©」や商標「™」などの特殊文字を挿入できます。

操作 ◆《挿入》タブ→《記号と特殊文字》グループの [Ω 記号と特殊文字 ∨] （記号の挿入）

記号と特殊文字

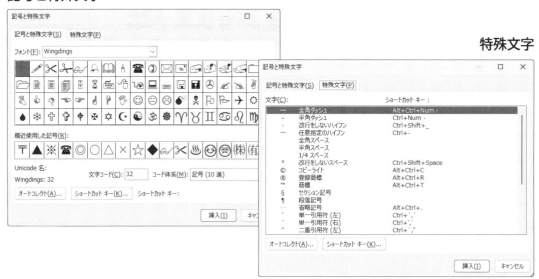

特殊文字

Lesson 2-1

 文書「Lesson2-1」を開いておきましょう。

次の操作を行いましょう。

(1)「◆FOM健康支援室…」の下にある「03-5555-XXXX」の前に、記号「White Telephone」を挿入してください。フォントは「Segoe UI Emoji」、文字コードは「260F」とします。

(2)文末の「2023 FOM LIMITED」の前に特殊文字「©」を挿入してください。

(1)

①「03-5555-XXXX」の前にカーソルを移動します。

②《挿入》タブ→《記号と特殊文字》グループの〔Ω 記号と特殊文字 ▾〕（記号の挿入）→
《その他の記号》をクリックします。

③《記号と特殊文字》ダイアログボックスが表示されます。

④《記号と特殊文字》タブを選択します。

⑤《フォント》の〔▾〕をクリックし、一覧から《Segoe UI Emoji》を選択します。

⑥《文字コード》に「260F」と入力します。

⑦《Unicode名》に《White Telephone》と表示され、記号が選択されていること
を確認します。

⑧《挿入》をクリックします。

⑨《閉じる》をクリックします。

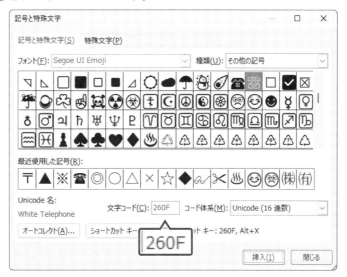

⑩記号が挿入されます。

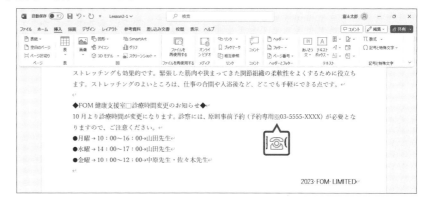

(2)

①「2023 FOM LIMITED」の前にカーソルを移動します。

②《挿入》タブ→《記号と特殊文字》グループの「Ω 記号と特殊文字 ˅」（記号の挿入）→
《その他の記号》をクリックします。

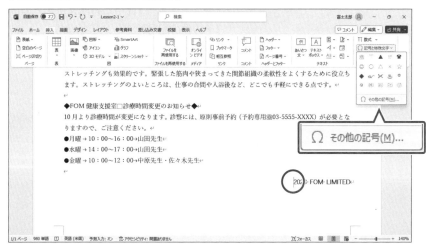

③《記号と特殊文字》ダイアログボックスが表示されます。

④《特殊文字》タブを選択します。

⑤一覧から《© コピーライト》を選択します。

⑥《挿入》をクリックします。

⑦《閉じる》をクリックします。

⑧「©」が挿入されます。

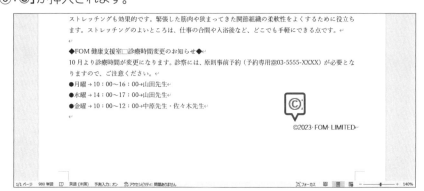

2　文字列を検索する、置換する

 解説　■高度な検索

「高度な検索」を使うと、全角と半角を区別したり、文字列に設定されている書式を検索したりするなど、詳細な検索ができます。

操作　◆《ホーム》タブ→《編集》グループの $\boxed{\text{検索} ～}$（検索）の $\boxed{～}$→《高度な検索》

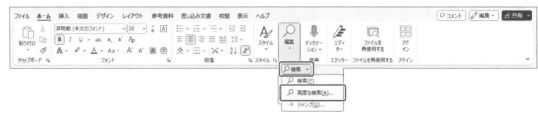

■置換

「置換」を使うと、文書内から特定の文字列を検索して、別の文字列に置き換えることができます。全角と半角を区別して置換したり、文字列はそのままで書式だけを置換したりなど、高度な置換もできます。

操作　◆《ホーム》タブ→《編集》グループの $\boxed{\text{置換}}$（置換）

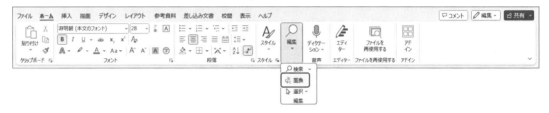

Lesson 2-2

OPEN　文書「Lesson2-2」を開いておきましょう。

次の操作を行いましょう。
(1) 文書内のすべての「事故」を「怪我」に置換してください。
(2) 文書内のすべての「＜事例＞」の書式を、斜体、フォントの色「濃い青」に置換してください。
(3) 半角小文字の「fom」を検索してください。

Lesson 2-2 Answer

その他の方法

置換
◆ナビゲーションウィンドウを表示→
　検索ボックスの $\boxed{～}$（さらに検索）→
　《置換》
◆ $\boxed{\text{Ctrl}}$ ＋ $\boxed{\text{H}}$

(1)
①《ホーム》タブ→《編集》グループの $\boxed{\text{置換}}$（置換）をクリックします。

②《検索と置換》ダイアログボックスが表示されます。

③《置換》タブを選択します。

④《検索する文字列》に「事故」と入力します。

⑤《置換後の文字列》に「怪我」と入力します。

⑥《すべて置換》をクリックします。

⑦メッセージを確認し、《OK》をクリックします。

⑧《検索と置換》ダイアログボックスに戻ります。

⑨《閉じる》をクリックします。

⑩文字列が置換されます。

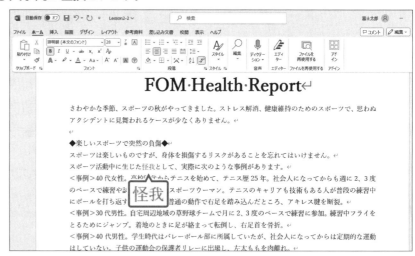

(2)

①《ホーム》タブ→《編集》グループの [置換] (置換) をクリックします。

②《検索と置換》ダイアログボックスが表示されます。

③《置換》タブを選択します。

④《検索する文字列》に「<事例>」と入力します。

※前回検索した文字が表示されるので、削除します。

⑤《置換後の文字列》に表示されている文字列を削除します。

⑥《オプション》をクリックします。

---

① Point

文字列の削除

《置換後の文字列》を空欄にして置換すると、《検索する文字列》に指定した文字列を削除することができます。

⑦《検索オプション》が表示されます。

⑧《置換後の文字列》にカーソルを移動します。

⑨《書式》をクリックします。

⑩《フォント》をクリックします。

⑪《置換後の文字》ダイアログボックスが表示されます。

⑫《フォント》タブを選択します。

⑬《スタイル》の一覧から《斜体》を選択します。

⑭《フォントの色》の ∨ をクリックし、一覧から《標準の色》の《濃い青》を選択します。

⑮《OK》をクリックします。

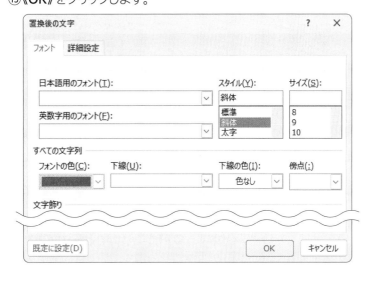

求められるスキル

出題範囲1

出題範囲2

出題範囲3

出題範囲4

出題範囲5

出題範囲6

確認問題 標準解答

⑯《検索と置換》ダイアログボックスに戻ります。

※《置換後の文字列》の《書式》に「フォント：斜体, フォントの色：濃い青」と表示されます。

⑰《すべて置換》をクリックします。

⑱ メッセージを確認し、《OK》をクリックします。

※3個の項目が置換されます。

⑲《検索と置換》ダイアログボックスに戻ります。

⑳《閉じる》をクリックします。

㉑ 書式が置換されます。

(3)

① 文書の先頭にカーソルを移動します。

② 《ホーム》タブ→《編集》グループの [🔍 検索 ▾] (検索) の ▾ →《高度な検索》をクリックします。

③《検索と置換》ダイアログボックスが表示されます。

④《検索》タブを選択します。

⑤《検索する文字列》に「fom」と入力します。

※半角小文字で入力します。

❗ Point

書式の削除

書式の検索や書式の置換を行うと、《検索と置換》ダイアログボックスには直前に指定した書式の内容が表示されます。書式を削除するには、《検索する文字列》または《置換後の文字列》にカーソルを移動し、《書式の削除》をクリックします。

🖱 その他の方法

高度な検索

◆ ナビゲーションウィンドウを表示→検索ボックスの ▾ (さらに検索)→《高度な検索》

⑥《**検索オプション**》が表示されていることを確認します。

※表示されていない場合は、《オプション》をクリックします。

⑦《**あいまい検索（日）**》を ☐ にします。

⑧《**大文字と小文字を区別する**》を ✔ にします。

⑨《**半角と全角を区別する**》を ✔ にします。

※《検索する文字列》の《オプション》に「大文字と小文字を区別, 半角と全角を区別」と表示されます。

⑩《**次を検索**》をクリックします。

⑪半角小文字の「**fom**」が検索されます。

※検索結果が隠れている場合は、《検索と置換》ダイアログボックスを移動して確認しましょう。

⑫《**次を検索**》をクリックします。

⑬メッセージを確認し、《**OK**》をクリックします。

※《キャンセル》をクリックして、《検索と置換》ダイアログボックスを閉じておきましょう。

求められるスキル

出題範囲1

出題範囲2

出題範囲3

出題範囲4

出題範囲5

出題範囲6

確認問題 標準解答

❗ Point

《検索オプション》

❶検索方向

カーソルの位置から下方向、または上方向に検索するか、文書全体を検索するかを選択します。

❷大文字と小文字を区別する

英字の大文字と小文字を区別して検索します。「pen」で検索しても「Pen」は検索されません。

❸完全に一致する単語だけを検索する

同じ英単語だけを検索します。「pen」で検索しても「pencil」は検索されません。

❹ワイルドカードを使用する

検索したり置換したりするときに使う特殊文字（ワイルドカード）を使用して検索します。「pe＊」で検索すると「pen」や「pencil」が検索されます。

❺あいまい検索（英）

「be」で検索した場合に、「bee」など読みの似た英単語が検索されます。

❻英単語の異なる活用形も検索する

「eat」で検索した場合に、「ate」や「eating」など英語の活用形も検索されます。

❼半角と全角を区別する

英数字やカタカナの半角と全角を区別して検索します。半角の「トラベル」で検索しても全角の「トラベル」は検索されません。

❽句読点を無視する

句読点やピリオドなどを無視して検索します。

❾空白文字を無視する

単語内に含まれる全角空白や半角空白を無視して検索します。

❿あいまい検索（日）

日本語の表記のゆれも含めて検索します。

2 文字列や段落の書式を設定する

 理解度チェック

習得すべき機能	参照Lesson	学習前	学習後	試験直前
■文字の効果を適用できる。	➡Lesson2-3	☑	☑	☑
■行間を設定できる。	➡Lesson2-4	☑	☑	☑
■段落の間隔を設定できる。	➡Lesson2-4	☑	☑	☑
■インデントを設定できる。	➡Lesson2-5	☑	☑	☑
■書式のコピー/貼り付けができる。	➡Lesson2-6	☑	☑	☑
■スタイルを適用できる。	➡Lesson2-7	☑	☑	☑
■書式をクリアできる。	➡Lesson2-8	☑	☑	☑

1 文字の効果を適用する

解説 ■文字の効果の適用

「文字の効果と体裁」を使うと、文字列に色や輪郭、影、反射などの効果を設定できます。
用意されている一覧から選択したり、輪郭、影、反射などの効果を個別に設定したりできます。

操作 ◆《ホーム》タブ→《フォント》グループの [Ａ～] （文字の効果と体裁）

Lesson 2-3

 文書「Lesson2-3」を開いておきましょう。

次の操作を行いましょう。

(1)「FOM Health Report」に、文字の効果「塗りつぶし（グラデーション）：ゴールド、アクセントカラー4；輪郭：ゴールド、アクセントカラー4」、影の効果「透視投影：右上」を適用してください。

(1)

① 「FOM Health Report」を選択します。

② 《ホーム》タブ→《フォント》グループの [A ﹀] （文字の効果と体裁）→《塗りつぶし （グラデーション）：ゴールド、アクセントカラー4；輪郭：ゴールド、アクセントカラー4》 をクリックします。

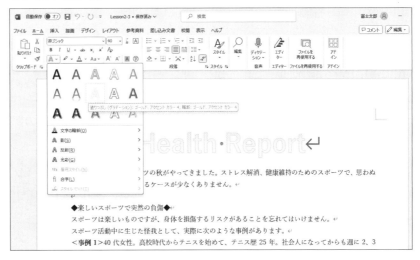

③ 《ホーム》タブ→《フォント》グループの [A ﹀] （文字の効果と体裁）→《影》→《透視 投影》の《透視投影：右上》をクリックします。

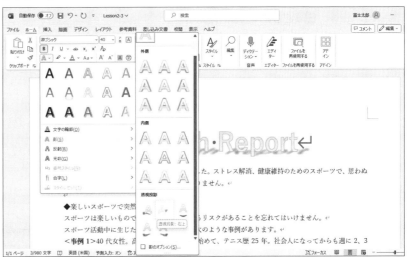

④ 文字に効果が適用されます。

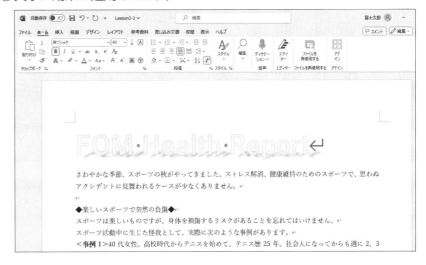

求められるスキル

出題範囲1

出題範囲2

出題範囲3

出題範囲4

出題範囲5

出題範囲6

確認問題 標準解答

2 ｜ 行間、段落の間隔、インデントを設定する

解説

■行間の設定

行の上端から、次の行の上端までの間隔を**「行間」**といいます。

行間は設定されているフォントサイズによって自動的に調整されますが、標準の行間を基準にして1.5倍や2倍など部分的に変更できます。一覧に表示されている《**1.5**》や《**2.0**》は、標準の行間の倍数を表しています。

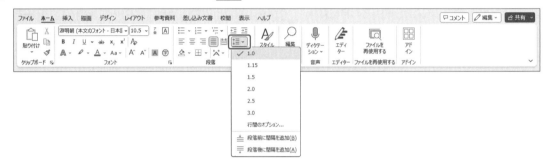

操作 ◆《ホーム》タブ→《段落》グループの (行と段落の間隔)

■段落の間隔の設定

段落の前後の間隔は、個別に変更できます。間隔を広げると、空白が生まれて、情報のまとまりを区別しやすくなります。

操作 ◆《レイアウト》タブ→《段落》グループの (前の間隔) ／ (後の間隔)

Lesson 2-4

 文書「Lesson2-4」を開いておきましょう。

次の操作を行いましょう。

(1)「さわやかな季節…」から「…少なくありません。」までの行間を「1.5行」に設定してください。

(2)「＜事例1＞…」「＜事例2＞…」「＜事例3＞…」の段落前の間隔を「0.5行」に設定してください。

❗ Point

段落書式の設定

段落書式を設定する場合は、段落内にカーソルを移動して操作します。段落全体を選択する必要はありません。

🖱 その他の方法

行間の設定

◆ 段落を選択→《ホーム》タブ→《段落》グループの ▣（段落の設定）→《インデントと行間隔》タブ→《行間》

◆ 段落を右クリック→《段落》→《インデントと行間隔》タブ→《行間》

❗ Point

行間のオプション

▤▾（行と段落の間隔）の一覧に適切な行間がない場合は、《行間のオプション》を選択し、《段落》ダイアログボックスの《行間》で設定します。《最小値》や《固定値》、《倍数》を選択し、《間隔》で値を設定します。

例：行間を「1.7」行に設定

行間(N):	間隔(A):
倍数 ⌄	1.7 ⬍
1 行	
1.5 行	
2 行	
最小値	
固定値	
倍数	

🖱 その他の方法

段落の間隔の設定

◆ 段落を選択→《ホーム》タブ→《段落》グループの ▣（段落の設定）→《インデントと行間隔》タブ→《段落前》／《段落後》

◆ 段落を右クリック→《段落》→《インデントと行間隔》タブ→《段落前》／《段落後》

（1）

① 「**さわやかな季節…**」の段落にカーソルを移動します。

※段落内であれば、どこでもかまいません。

② 《**ホーム**》タブ→《**段落**》グループの ▤▾（行と段落の間隔）→《**1.5**》をクリックします。

③ 行間が変更されます。

（2）

① 「**＜事例1＞…**」「**＜事例2＞…**」「**＜事例3＞…**」の段落を選択します。

※複数の段落を選択するには、段落の左側の余白部分を開始位置から終了位置までドラッグします。

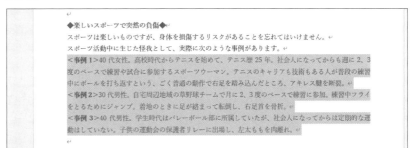

② 《**レイアウト**》タブ→《**段落**》グループの ⬍☰前:（前の間隔）を「**0.5行**」に設定します。

③ 段落前の間隔が変更されます。

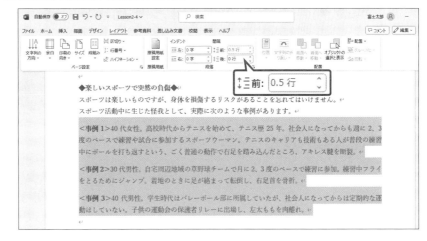

 **解 説** ■インデントの設定

「**インデント**」とは、行頭や行末を特定の位置にそろえる機能のことで、段落単位で設定できます。

「**左インデント**」は、段落全体の行頭位置を設定します。

> ＜事例1＞40代女性。高校時代からテニスを始めて、テニス歴25年。社会人になってからも週に2、3度のペースで練習や試合に参加するスポーツウーマン。テニスのキャリアも技術もある人が普段の練習中にボールを打ち返すという、ごく普通の動作で右足を踏み込んだところ、アキレス腱を断裂。↵
>
> ＜事例2＞30代男性。自宅周辺地域の草野球チームで月に2、3度のペースで練習に参加。練習中フライをとるためにジャンプ。着地のときに足が絡まって転倒し、右足首を骨折。↵

「**右インデント**」は、段落全体の行末位置を設定します。

右インデント

> ＜事例1＞40代女性。高校時代からテニスを始めて、テニス歴25年。社会人になってからも週に2、3度のペースで練習や試合に参加するスポーツウーマン。テニスのキャリアも技術もある人が普段の練習中にボールを打ち返すという、ごく普通の動作で右足を踏み込んだところ、アキレス腱を断裂。↵
>
> ＜事例2＞30代男性。自宅周辺地域の草野球チームで月に2、3度のペースで練習に参加。練習中フライをとるためにジャンプ。着地のときに足が絡まって転倒し、右足首を骨折。↵

「**字下げインデント**」は、段落の先頭行の行頭位置を設定します。

字下げインデント

> ＜事例1＞40代女性。高校時代からテニスを始めて、テニス歴25年。社会人になってからも週に2、3度のペースで練習や試合に参加するスポーツウーマン。テニスのキャリアも技術もある人が普段の練習中にボールを打ち返すという、ごく普通の動作で右足を踏み込んだところ、アキレス腱を断裂。↵
>
> ＜事例2＞30代男性。自宅周辺地域の草野球チームで月に2、3度のペースで練習に参加。練習中フライをとるためにジャンプ。着地のときに足が絡まって転倒し、右足首を骨折。↵

「**ぶら下げインデント**」は、段落の2行目以降の行頭位置を設定します。

ぶら下げインデント

> ＜事例1＞40代女性。高校時代からテニスを始めて、テニス歴25年。社会人になってからも週に2、3度のペースで練習や試合に参加するスポーツウーマン。テニスのキャリアも技術もある人が普段の練習中にボールを打ち返すという、ごく普通の動作で右足を踏み込んだところ、アキレス腱を断裂。↵
>
> ＜事例2＞30代男性。自宅周辺地域の草野球チームで月に2、3度のペースで練習に参加。練習中フライをとるためにジャンプ。着地のときに足が絡まって転倒し、右足首を骨折。↵

操作 ◆《ホーム》タブ→《段落》グループの ⌐ （段落の設定）

Lesson 2-5

 文書「Lesson2-5」を開いておきましょう。

次の操作を行いましょう。

(1)「＜事例1＞…」「＜事例2＞…」「＜事例3＞…」の段落に、左インデント「1字」、ぶら下げインデント「5字」を設定してください。

求められるスキル

出題範囲1

出題範囲2

出題範囲3

出題範囲4

出題範囲5

出題範囲6

確認問題 標準解答

🖱 **その他の方法**

インデントの設定

◆ 段落を右クリック→《段落》→《イン
デントと行間隔》タブ

❗ **Point**

インデントマーカーを使った
インデントの設定

ルーラーを表示すると、水平ルー
ラー上に「インデントマーカー」が表示
されます。インデントマーカーをドラッ
グするとインデントを設定できます。

※ [Alt] を押しながらドラッグする
と、微調整できます。

※ルーラーを表示するには、《表示》
タブ→《表示》グループの《ルー
ラー》を ✓ にします。

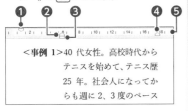

❶ ◔1行目のインデント

❷ △ぶら下げインデント

❸ □左インデント

❹ △右インデント

❺水平ルーラー

❗ **Point**

左右のインデントの設定

左インデントと右インデントだけを設
定する場合は、《レイアウト》タブのボ
タンを使うと効率的です。

◆ 段落を選択→《レイアウト》タブ→
《段落》グループの 三左: （左イン
デント）／ 三右: （右インデント）

(1)

① 「＜事例1＞…」「＜事例2＞…」「＜事例3＞…」の段落を選択します。

② 《ホーム》タブ→《段落》グループの ⬛ （段落の設定） をクリックします。

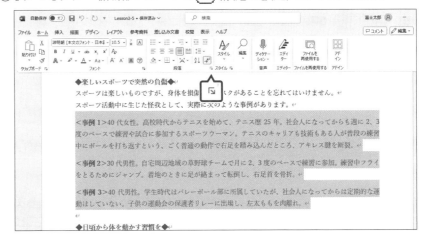

③ 《段落》ダイアログボックスが表示されます。

④ 《インデントと行間隔》タブを選択します。

⑤ 《左》を「1字」に設定します。

⑥ 《最初の行》の ⌄ をクリックし、一覧から《ぶら下げ》を選択します。

⑦ 《幅》を「5字」に設定します。

⑧ 《OK》をクリックします。

⑨ インデントが設定されます。

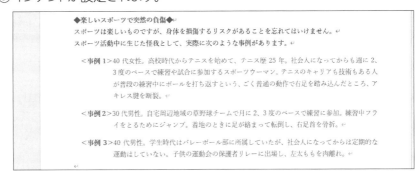

3 　書式のコピー／貼り付けを使用して、書式を適用する

解説　■書式のコピー/貼り付け
文字列や段落に設定されている書式を別の文字列や段落にコピーできます。

操作　◆《ホーム》タブ→《クリップボード》グループの [🖌] (書式のコピー/貼り付け)

Lesson 2-6

OPEN　文書「Lesson2-6」を開いておきましょう。

次の操作を行いましょう。
(1)「◆楽しいスポーツで…」の段落に設定されている書式を、「◆日頃から…」と
「◆FOM健康支援室…」の段落にコピーしてください。

Lesson 2-6 Answer

出題範囲2　文字、段落、セクションの挿入と書式設定

(1)
①「◆楽しいスポーツで…」の段落を選択します。
②《ホーム》タブ→《クリップボード》グループの [🖌] (書式のコピー/貼り付け) を
　ダブルクリックします。
※マウスポインターの形が 🖌I に変わります。

③「◆日頃から…」の段落を選択します。
④書式が貼り付けられます。
⑤「◆FOM健康支援室…」の段落を選択します。
⑥書式が貼り付けられます。
⑦[Esc] を押します。
※書式のコピー/貼り付けが解除されます。

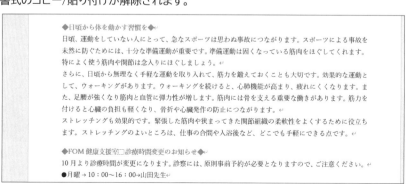

① Point
書式の連続コピー
複数の箇所に連続して書式をコピーするには、コピー元を選択し、[🖌] (書式のコピー/貼り付け)をダブルクリックして、貼り付け先を選択する操作を繰り返します。
書式のコピー/貼り付けを解除するには、再度 [🖌] (書式のコピー/貼り付け)をクリックするか、[Esc]を押します。

4　組み込みの文字スタイルや段落スタイルを適用する

解説　■スタイルの適用

「**スタイル**」とは、フォントやフォントサイズ、太字、下線、インデントなど複数の書式をまとめて登録し、名前を付けたものです。「**見出し1**」や「**見出し2**」といった見出しのスタイルや、「**表題**」や「**引用文**」といった長文に便利なスタイルなどの組み込みのスタイルが用意されています。一覧からスタイルを選択するだけで、簡単に書式を設定できます。

操作　◆《ホーム》タブ→《スタイル》グループの [A̲̅/̲] (スタイル)

※《スタイル》グループが展開されている場合は、[▽]をクリックすると一覧が表示されます。

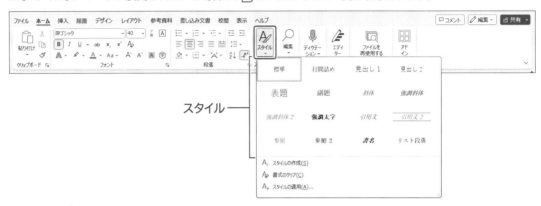

■スタイルの種類

スタイルには次のような種類があり、《**スタイル**》作業ウィンドウで確認できます。

●文字スタイル

フォントやフォントサイズ、フォントの色などの文字書式を設定できます。文字スタイルは、文字列に対して適用します。

●段落スタイル

文字書式のほか、段落の配置や行間隔、インデントなどの段落書式を設定できます。段落スタイルは、段落に対して適用します。

●リンクスタイル

文字書式と段落書式を設定できます。リンクスタイルは、文字列や段落に対して適用しますが、適用する箇所によって文字スタイルとして適用されたり、段落スタイルとして適用されたりします。

操作　◆《ホーム》タブ→《スタイル》グループの [◣] (スタイル)

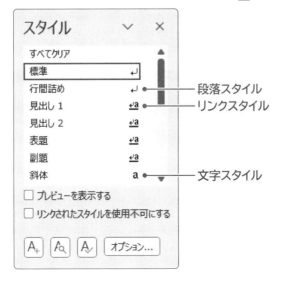

求められるスキル

出題範囲1

出題範囲2

出題範囲3

出題範囲4

出題範囲5

出題範囲6

確認問題　標準解答

Lesson 2-7

 文書「Lesson2-7」を開いておきましょう。

次の操作を行いましょう。

(1)「◆楽しいスポーツで…」「◆日頃から…」「◆FOM健康支援室…」の段落に
スタイル「見出し1」を適用してください。

Lesson 2-7 Answer

(1)

①「**◆楽しいスポーツで…**」の段落にカーソルを移動します。

※段落内であれば、どこでもかまいません。

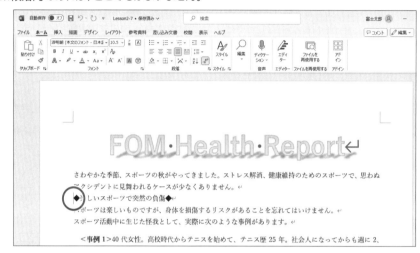

②《**ホーム**》タブ→《**スタイル**》グループの （スタイル）→《**見出し1**》をクリックします。

※《スタイル》グループが展開されている場合は、《**見出し1**》をクリックします。

③スタイルが適用されます。

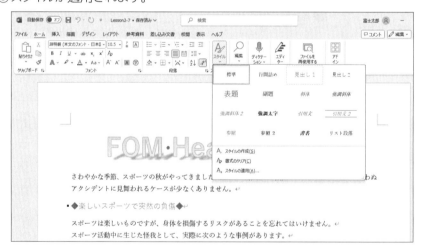

④同様に、「**◆日頃から…**」、「**◆FOM健康支援室…**」の段落に「**見出し1**」を設定します。

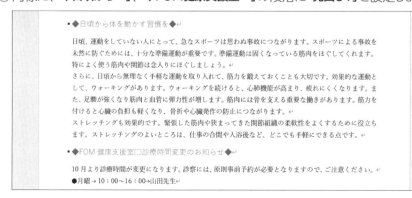

その他の方法

段落スタイルの適用

◆段落を選択→《ホーム》タブ→《ス
タイル》グループの（スタイル）

Point

適用したスタイルを元に戻す

◆段落を選択→《ホーム》タブ→《ス
タイル》グループの（スタイル）
→《標準》

5 書式をクリアする

求められるスキル

出題範囲 1

出題範囲 2

出題範囲 3

出題範囲 4

出題範囲 5

出題範囲 6

確認問題 標準解答

解説 ■書式のクリア

「すべての書式をクリア」を使うと、文字列や段落に設定されている書式をすべて解除できます。

操作 ◆《ホーム》タブ→《フォント》グループの (すべての書式をクリア)

Lesson 2-8

OPEN 文書「Lesson2-8」を開いておきましょう。

次の操作を行いましょう。

(1) 文書全体の書式をクリアしてください。

Lesson 2-8 Answer

その他の方法

すべて選択

◆文書の左余白をポイントし、マウスポインターの形が に変わったら、3回クリック

◆ Ctrl + A

(1)

①《ホーム》タブ→《編集》グループの 選択 (選択)→《すべて選択》をクリックします。

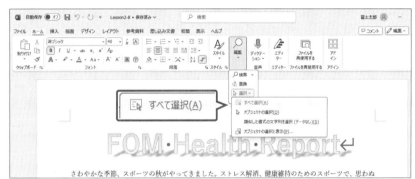

②文書内の文字列がすべて選択されます。

③《ホーム》タブ→《フォント》グループの (すべての書式をクリア)をクリックします。

その他の方法

書式のクリア

◆文字列や段落を選択→《ホーム》タブ→《スタイル》グループの (スタイル)→《書式のクリア》

④文書全体の書式がクリアされます。

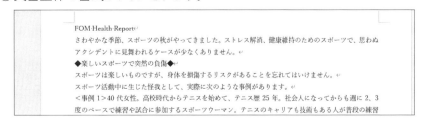

3 文書にセクションを作成する、設定する

✓ 理解度チェック	習得すべき機能	参照Lesson	学習前	学習後	試験直前
■ ページ区切りを挿入できる。		➡Lesson2-9	✓	✓	✓
■ 段組みを設定できる。		➡Lesson2-10	✓	✓	✓
■ 段区切りを挿入できる。		➡Lesson2-10	✓	✓	✓
■ セクション区切りを挿入できる。		➡Lesson2-11	✓	✓	✓
■ セクションごとにページ設定を変更できる。		➡Lesson2-11	✓	✓	✓

1 ページ区切りを挿入する

 **解説**

■ ページ区切りの挿入

任意の位置から強制的にページを改める場合は、「**ページ区切り**」を挿入します。

ページ区切りを挿入すると、カーソルの位置に区切り線が表示されます。この区切り線は画面上だけで確認できる線で印刷はされません。

ストレッチングも効果的です。緊張した筋肉や狭まってきた関節組織の柔軟性をよくするために役立ちます。ストレッチングのよいところは、仕事の合間や入浴後など、どこでも手軽にできる点です。↵

————改ページ————————↵

————————————改ページ————————↵

◆FOM 健康支援室□診療時間変更のお知らせ◆↵

10月より診療時間が変更になります。診察には、原則事前予約が必要となりますので、ご注意ください。↵

●月曜　→　10：00〜16：00→山田先生↵

●水曜　→　14：00〜17：00→山田先生↵

操作 ◆《挿入》タブ→《ページ》グループの ［ページ区切り］（ページ区切りの挿入）

Lesson 2-9

 文書「Lesson2-9」を開いておきましょう。

次の操作を行いましょう。

(1)「◆FOM健康支援室…」の前で改ページしてください。

Lesson 2-9 Answer

(1)

①「◆FOM健康支援室…」の前にカーソルを移動します。

②《挿入》タブ→《ページ》グループの ［ページ区切り］（ページ区切りの挿入）をクリックします。

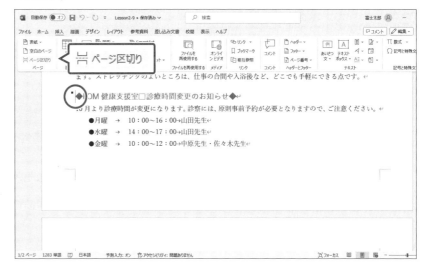

③ ページ区切りが挿入され、改ページされます。

※ページ区切りが表示されていない場合は、《ホーム》タブ→《段落》グループの［編集記号の表示/非表示）をクリックしてオン（濃い灰色の状態）にします。

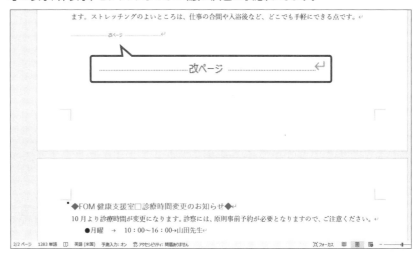

🖱 **その他の方法**

ページ区切りの挿入

◆《レイアウト》タブ→《ページ設定》グループの ［区切り▼］（ページ/セクション区切りの挿入）→《ページ区切り》の《改ページ》

◆ [Ctrl] + [Enter]

❗ Point

区切り線の表示／非表示

◆《ホーム》タブ→《段落》グループの［編集記号の表示/非表示）

❗ Point

ページ区切りの削除

◆区切り線を選択→[Delete]

❗ Point

その他の《ページ》グループのボタン

《挿入》タブの《ページ》グループには、［ページ区切り］（ページ区切りの挿入）以外に次のようなボタンがあります。

❶ ［表紙▼］（表紙の追加）
文書の先頭ページに表紙を挿入します。一覧から選択するだけで、洗練されたデザインの表紙を作成できます。

❷ ［空白のページ］（空白のページを追加）
文書に空白ページを挿入します。カーソルの位置にページ区切りが挿入され、その次のページに空白ページが挿入されます。

求められるスキル

出題範囲1

出題範囲2

出題範囲3

出題範囲4

出題範囲5

出題範囲6

確認問題 標準解答

2 | 文字列を複数の段に設定する

解説

■段組みの設定

1行の文字数が長い場合や、文章全体の文字量が多い場合は、「**段組み**」を設定して、複数の段に分けると読みやすくなります。段数や段の幅、段と段の間隔などは、個別に設定できます。また、段と段の間に境界線を引くこともできます。

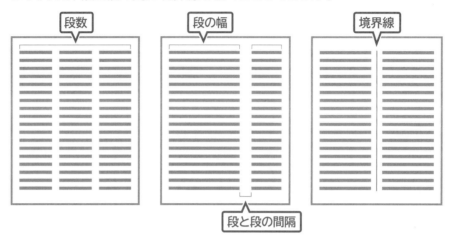

操作 ◆《レイアウト》タブ→《ページ設定》グループの （段の追加または削除）

■段区切りの挿入

段組みを設定すると、設定する段数に応じて自動的に文章が次の段に送られます。任意の場所で段を変更する場合は、「**段区切り**」を挿入します。

操作 ◆《レイアウト》タブ→《ページ設定》グループの 区切り （ページ/セクション区切りの挿入）→《ページ区切り》の《段区切り》

Lesson2-10

 文書「Lesson2-10」を開いておきましょう。

次の操作を行いましょう。

(1)「＜事例1＞…」から「…左太ももを肉離れ。」までの段落を2段組みに設定してください。段の間隔は「3字」にし、境界線を表示します。

(2)「＜事例2＞…」の前に段区切りを挿入してください。

Lesson 2-10 Answer

(1)

① 「＜事例1＞…」から「…**左太ももを肉離れ。**」までの段落を選択します。

②《**レイアウト**》タブ→《**ページ設定**》グループの ▦（段の追加または削除）→《**段組みの詳細設定**》をクリックします。

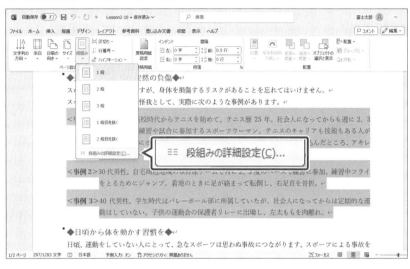

③《**段組み**》ダイアログボックスが表示されます。

④《**2段**》をクリックします。

⑤《**間隔**》を「**3字**」に設定します。

⑥《**境界線を引く**》を ✔ にします。

⑦《**OK**》をクリックします。

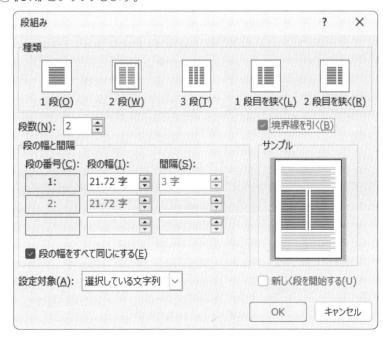

求められるスキル

出題範囲1

出題範囲2

出題範囲3

出題範囲4

出題範囲5

出題範囲6

確認問題 標準解答

! Point

段数の設定

設定できる段数は用紙サイズによって異なります。

! Point

段組みの解除

◆ 段組み内にカーソルを移動→《レイアウト》タブ→《ページ設定》グループの ▦（段の追加または削除）→《1段》

※ 段組みを解除してもセクション区切りや段区切りは残ります。
セクション区切りや段区切りは [Delete] で削除します。

❗ Point

セクション

段組みを設定した範囲は、「セクション」として前後の文章と区切られます。

※セクションについては、P.94を参照してください。

🖱 その他の方法

段区切りの挿入

◆ Ctrl + Shift + Enter

❗ Point

ページ区切りの種類

❶ 改ページ
カーソルの位置から次のページが始まります。

❷ 段区切り
カーソルの位置から次の段に送られます。

※段組みを設定している段落で挿入します。

❸ 文字列の折り返し
図や図形などのオブジェクトの周囲にある文字列の折り返しをカーソルの位置から解除します。

※文字列の折り返しについては、P.192を参照してください。

❗ Point

段区切りの削除

◆ 区切り線を選択→ Delete

---

⑧選択した範囲の前後にセクション区切りが挿入され、2段組みが設定されます。

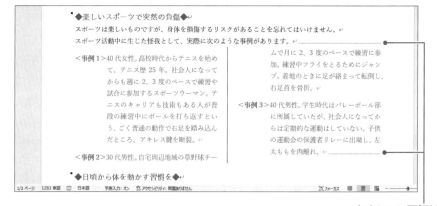

セクション区切り

(2)

①「<事例2>…」の前にカーソルを移動します。

②《レイアウト》タブ→《ページ設定》グループの [⊟ 区切り ▾](ページ/セクション区切りの挿入)→《ページ区切り》の《段区切り》をクリックします。

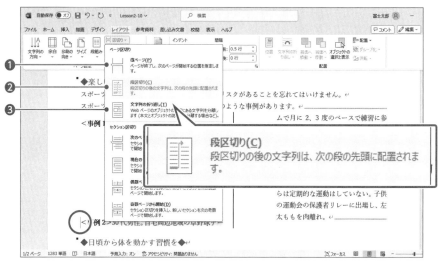

③段区切りが挿入されます。

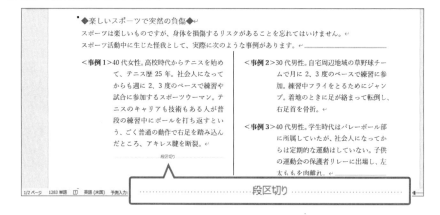

3　セクション区切りを挿入する

解説

■セクション区切りの挿入

通常、文書は1つの「**セクション**」で構成されています。「**セクション区切り**」を挿入すると、文書を区切り、複数のセクションに分けることができます。セクションを分けると、余白や印刷の向き、ページ罫線などのページ設定をセクションごとに変更することができます。例えば、印刷の向きが縦に設定されている文書の中で、あるページだけを横に変更したり、あるページだけ余白のサイズを変更したりできます。

操作◆《レイアウト》タブ→《ページ設定》グループの [品 区切り～] (ページ/セクション区切りの挿入)

❶次のページから開始

改ページして、次のページの先頭から新しいセクションを開始します。同じ文書内で、セクションごとにヘッダーとフッター、印刷の向き、用紙サイズを変更する場合などに使います。

❷現在の位置から開始

改ページせず、同じページ内でカーソルのある位置から新しいセクションを開始します。同じページ内で、異なる段組みの書式や余白を設定する場合などに使います。

❸偶数ページから開始

次の偶数ページから新しいセクションを開始します。偶数ページから新しい章が始まる場合などに使います。
例) カーソルが2ページ目にある場合
　　→4ページ目から新しいセクションを開始

❹奇数ページから開始

次の奇数ページから新しいセクションを開始します。奇数ページから新しい章が始まる場合などに使います。
例) カーソルが1ページ目にある場合
　　→3ページ目から新しいセクションを開始

■セクションごとのページ設定の変更

セクションごとに設定を変更する場合は、対象のセクション内にカーソルを移動して設定します。《ページ設定》ダイアログボックスを使って設定を変更する場合は、《設定対象》を《このセクション》にします。

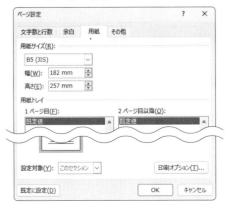

Lesson 2-11

 文書「Lesson2-11」を開いておきましょう。

次の操作を行いましょう。

(1)「◆運動前のチェックシート◆」が2ページ目の先頭に表示されるように、次のページから開始するセクション区切りを挿入してください。

(2)「◆運動前のチェックシート◆」で始まるセクションの用紙サイズを「B5」に変更してください。

Lesson 2-11 Answer

(1)

①「◆運動前のチェックシート◆」の前にカーソルを移動します。

②《レイアウト》タブ→《ページ設定》グループの [区切り▾] （ページ/セクション区切りの挿入）→《セクション区切り》の《次のページから開始》をクリックします。

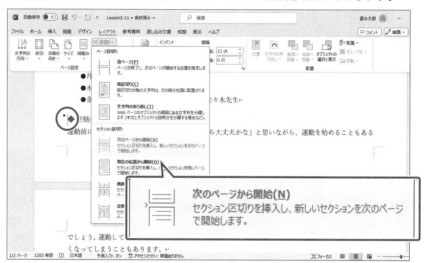

③セクション区切りが挿入されます。

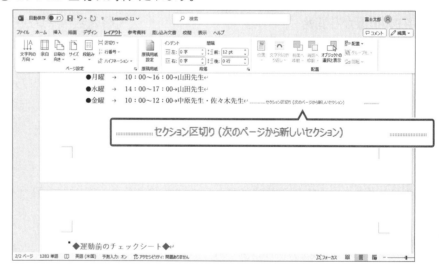

Point

セクション区切りの削除

◆区切り線を選択→[Delete]

セクションごとの用紙サイズの設定

◆セクション内にカーソルを移動→《レイアウト》タブ→《ページ設定》グループの⬚(ページ設定)→《用紙》タブ→《用紙サイズ》→《設定対象》が《このセクション》になっていることを確認

(2)

①「**◆運動前のチェックシート◆**」で始まるセクション内にカーソルを移動します。

※「**◆運動前のチェックシート◆**」で始まるセクション内(2ページ目)であれば、どこでもかまいません。

②《**レイアウト**》タブ→《**ページ設定**》グループの⬚(ページサイズの選択)→《**B5**》をクリックします。

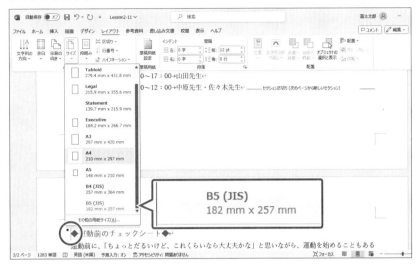

③「**◆運動前のチェックシート◆**」で始まるセクションの用紙サイズがB5に変更されます。

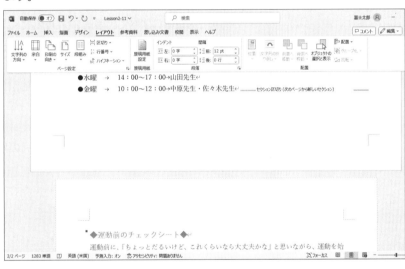

💡Point

セクションごとに設定できる書式

セクションごとに設定できる書式には、次のようなものがあります。

・余白
・印刷の向き
・用紙サイズ
・プリンターの用紙トレイ
・文字列の垂直方向の配置
・ページ罫線
・段組み
・ヘッダーとフッター
・ページ番号
・脚注と文末脚注

Exercise | 確認問題

標準解答 ▶ P.226

Lesson 2-12

 文書「Lesson2-12」を開いておきましょう。

次の操作を行いましょう。

あなたは、防災に関する啓発資料を作成しています。読みやすくするために、セクションごとのページ設定をしたり、文字や段落の書式を設定したりします。

問題(1)	この文書は複数のセクションで構成されています。「家族で決めておこう　連絡のルール」で始まるセクションの用紙サイズを「B5」に設定してください。
問題(2)	文書内のすべての「名前」を太字に置換してください。
問題(3)	2ページ目の「災害に備えよう」に、組み込みの文字の効果「塗りつぶし(グラデーション)、灰色」を適用してください。
問題(4)	2ページ目の「災害が起こったとき、どう対処すれば…」から「…大切さを考えてみましょう。」までの段落のすべての書式をクリアしてください。
問題(5)	2ページ目の「災害が起こったとき、どう対処すれば…」から「…大切さを考えてみましょう。」までの段落の左インデントを「9字」に設定してください。
問題(6)	2ページ目の「〜地震が発生した場合〜」、3ページ目の「〜災害用伝言ダイヤルの使い方〜」「〜家族の連絡先〜」「〜家族の避難場所〜」の段落に、スタイル「見出し1」を適用してください。
問題(7)	2ページ目の「身の安全の確保」「火の始末」「脱出口の確保」の段落に、スタイル「見出し2」を適用してください。
問題(8)	3ページ目の「伝言を残すには…」の段落に設定されている書式を、「伝言を聞くには…」の段落にコピーしてください。
問題(9)	3ページ目の「伝言を残すには…」から「④伝言を聞く」までの行間を「1.7」行に設定してください。
問題(10)	3ページ目の「伝言を残すには…」から「④伝言を聞く」までの段落を2段組みに設定してください。境界線を表示します。
問題(11)	3ページ目の「伝言を残すには…」と「伝言を聞くには…」の下にある「171」の前に、記号「Wingdings：40」を挿入してください。フォントは「Wingdings」、文字コードは「40」とします。

MOS Word 365

出題範囲 **3**

表やリストの管理

1 表を作成する

習得すべき機能	参照Lesson	学習前	学習後	試験直前
■行数や列数を指定して表を作成できる。	➡Lesson3-1	☑	☑	☑
■文字列を表に変換できる。	➡Lesson3-2	☑	☑	☑
■表を解除し、文字列に変換できる。	➡Lesson3-3	☑	☑	☑

1 行や列を指定して表を作成する

解説 ■行数と列数を指定した表の作成

行数と列数を指定して表を作成することができます。

操作 ◆《挿入》タブ→《表》グループの 🔲（表の追加）

❶マス目
マス目をドラッグして行数と列数を指定します。
8行×10列までの表を作成できます。

❷表の挿入
《表の挿入》ダイアログボックスを表示して、行数と列数を指定します。列の幅を自動調整するかどうかも設定できます。
マス目を使うより、行数や列数が多い表を作成できます。

Lesson 3-1

 文書「Lesson3-1」を開いておきましょう。

次の操作を行いましょう。

(1)「■目次情報」の下に10行2列の表を作成してください。列の幅は文字列に合わせて自動調整されるように設定します。次に、1行目に左から「第1章」「情報化社会のモラルとセキュリティ」と入力してください。

(1)

①「■目次情報」の次の行にカーソルを移動します。

②《挿入》タブ→《表》グループの（表の追加）→《表の挿入》をクリックします。

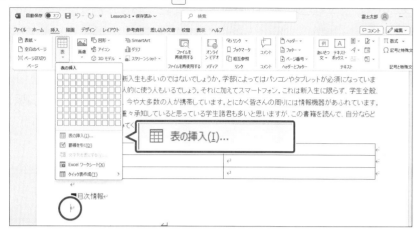

③《表の挿入》ダイアログボックスが表示されます。

④《列数》を「2」、《行数》を「10」に設定します。

⑤《文字列の幅に合わせる》を◉にします。

⑥《OK》をクリックします。

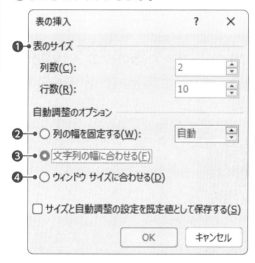

⑦表が作成されます。

⑧1行目に左から「第1章」「情報化社会のモラルとセキュリティ」と入力します。

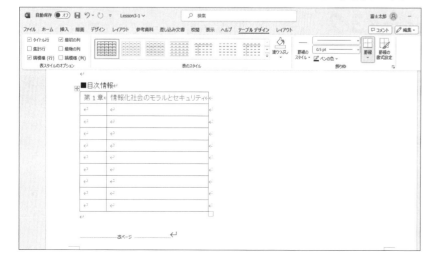

求められるスキル
出題範囲1
出題範囲2
出題範囲3
出題範囲4
出題範囲5
出題範囲6
確認問題 標準解答

2　文字列を表に変換する

 解説　■文字列を表に変換

入力済みの文字列を表に変換できます。文字列を表に変換する場合は、列や行の区切りとなる位置に記号を入力しておく必要があります。

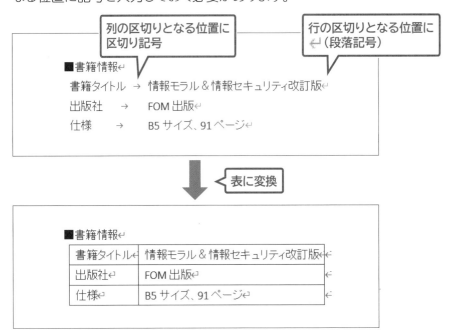

操作　◆《挿入》タブ→《表》グループの（表の追加）→《文字列を表にする》

Lesson 3-2

 文書「Lesson3-2」を開いておきましょう。

次の操作を行いましょう。

(1) 2ページ目の「タイトル」から「…恋愛バイブルです。」までのタブで区切られた段落を、ウィンドウのサイズに合わせて11行3列の表に変換してください。

Lesson 3-2 Answer

(1)

① 「**タイトル**」から「**…恋愛バイブルです。**」までの段落を選択します。

②《挿入》タブ→《表》グループの 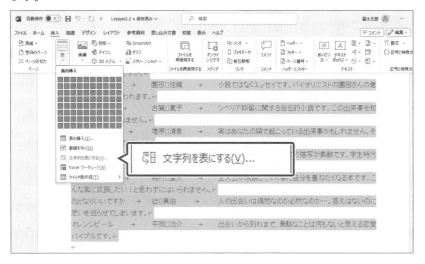（表の追加）→《文字列を表にする》をクリックします。

③《文字列を表にする》ダイアログボックスが表示されます。

④《列数》が「3」、《行数》が「11」になっていることを確認します。

⑤《ウィンドウサイズに合わせる》を ⦿ にします。

⑥《タブ》を ⦿ にします。

⑦《OK》をクリックします。

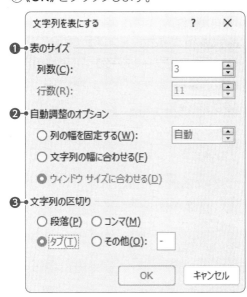

⑧文字列が表に変換されます。

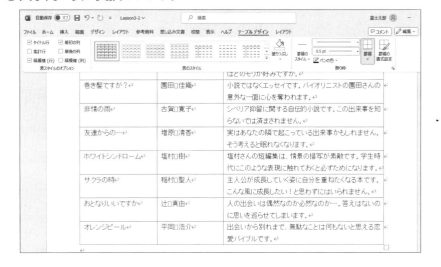

！Point

《文字列を表にする》

❶表のサイズ
文字列の区切りを読み取って、列数と行数が表示されます。

❷自動調整のオプション
表に変換する際に、列の幅をどのように調整するかを選択します。

❸文字列の区切り
文字列の区切り記号を選択します。段落記号、コンマ（カンマ）、タブから選択したり、任意の文字を選択したりできます。

！Point

表のスタイル

表のスタイルを適用すると、罫線の種類や色、セルの網かけ、表内のフォントなど表全体の書式をまとめて設定できます。

◆《テーブルデザイン》タブ→表のスタイルの一覧から選択

求められるスキル

出題範囲1

出題範囲2

出題範囲3

出題範囲4

出題範囲5

出題範囲6

確認問題 標準解答

3 表を文字列に変換する

解説 ■表の解除

表内に入力されている文字列を残したまま、表を解除できます。表の列や行の区切り位置に、「→(タブ)」「,(コンマ)」「↵(段落記号)」などの記号を挿入して文字列に変換します。

操作 ◆《レイアウト》タブ→《データ》グループの 表の解除 (表の解除)

Lesson3-3

OPEN 文書「Lesson3-3」を開いておきましょう。

次の操作を行いましょう。

(1) 1ページ目の「■目次情報」の下の表を解除してください。文字列はタブで区切ります。

Lesson 3-3 Answer

(1)

① 「**■目次情報**」の下の表内にカーソルを移動します。

※表内であれば、どこでもかまいません。

②《**レイアウト**》タブ→《**データ**》グループの 表の解除 (表の解除) をクリックします。

③《**表の解除**》ダイアログボックスが表示されます。

④《**タブ**》を ⦿ にします。

⑤《**OK**》をクリックします。

⑥ 表が解除され、列の区切り位置に →(タブ)、行の区切り位置に ↵(段落記号) が表示されます。

2 表を変更する

理解度チェック	習得すべき機能	参照Lesson	学習前	学習後	試験直前
	■表のデータを並べ替えることができる。	➡Lesson3-4	☑	☑	☑
	■セルの余白を設定できる。	➡Lesson3-5	☑	☑	☑
	■セルの間隔を設定できる。	➡Lesson3-5	☑	☑	☑
	■セルを結合できる。	➡Lesson3-6	☑	☑	☑
	■セルを分割できる。	➡Lesson3-6	☑	☑	☑
	■表の列の幅を変更できる。	➡Lesson3-7	☑	☑	☑
	■表の列の幅や行の高さをそろえることができる。	➡Lesson3-7	☑	☑	☑
	■表の幅を変更できる。	➡Lesson3-8	☑	☑	☑
	■表を分割できる。	➡Lesson3-9	☑	☑	☑
	■タイトル行を繰り返して表示できる。	➡Lesson3-10	☑	☑	☑

1 表のデータを並べ替える

 解説

■表の並べ替え

特定の列を基準にして、表を行方向に並べ替えることができます。
並べ替える順序には**「昇順」**と**「降順」**があり、種類によって次のように並び替わります。

種類	昇順	降順
JISコード	小→大	大→小
数値	小→大	大→小
日付	古→新	新→古
五十音順	A→Z あ→ん	Z→A ん→あ

操作 ◆《レイアウト》タブ→《データ》グループの （並べ替え）

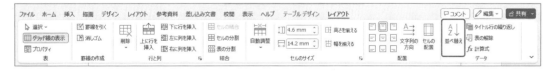

Lesson 3-4

📂 文書「Lesson3-4」を開いておきましょう。

次の操作を行いましょう。
(1) 2ページ目の表を「順位」の数値の昇順に並べ替えてください。
(2) 3ページ目の表を「入荷日」の日付の昇順、入荷日が同じ場合は「分類番号」のJISコードの昇順に並べ替えてください。

(1)

①2ページ目の表内にカーソルを移動します。

※表内であれば、どこでもかまいません。

②《レイアウト》タブ→《データ》グループの （並べ替え）をクリックします。

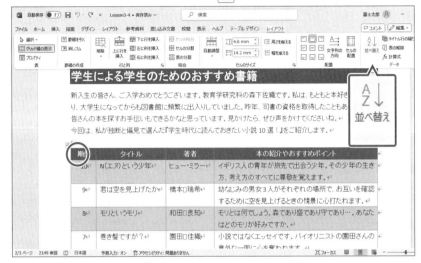

③《並べ替え》ダイアログボックスが表示されます。

④《最優先されるキー》の ▽ をクリックし、一覧から《順位》を選択します。

⑤《種類》が《数値》になっていることを確認します。

⑥《昇順》を ⦿ にします。

⑦《OK》をクリックします。

⑧表のデータが並び替わります。

🖱 その他の方法

表の並べ替え

◆《ホーム》タブ→《段落》グループの 📊（並べ替え）

❗ Point

《並べ替え》

❶ 優先されるキー
並べ替えの基準となる列見出しを指定します。キーは3つまで指定できます。

❷ 種類と並べ替える順序
データの種類と並べ替える順序を指定します。

❸ タイトル行
表に列見出しが含まれる場合は《あり》、含まれない場合は《なし》にします。

❗ Point

部分的な並べ替え
表の一部を範囲選択して並べ替えを行うと、選択した行だけを並べ替えることができます。

(2)

①3ページ目の表内にカーソルを移動します。

※表内であれば、どこでもかまいません。

②《レイアウト》タブ→《データ》グループの $\begin{smallmatrix}A\\Z\end{smallmatrix}\downarrow$ （並べ替え）をクリックします。

③《並べ替え》ダイアログボックスが表示されます。

④《最優先されるキー》の ∨ をクリックし、一覧から《入荷日》を選択します。

⑤《種類》が《日付》になっていることを確認します。

⑥《昇順》を ◉ にします。

⑦《2番目に優先されるキー》の ∨ をクリックし、一覧から《分類番号》を選択します。

⑧《種類》が《JISコード》になっていることを確認します。

⑨《昇順》を ◉ にします。

⑩《OK》をクリックします。

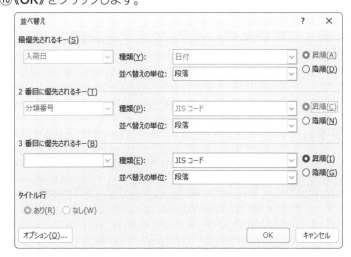

⑪表のデータが並び替わります。

入荷日	分類番号	分野	書籍タイトル	著者
2024/4/8	1 類	哲学	細かいことにとらわれない人	佐々木□智子
2024/4/8	1 類	哲学	ジャカルタで考えた 100 のこと	佐田□博
2024/4/8	2 類	歴史	暮らすように過ごしたパリ 10 日間	アラマン□君江
2024/4/8	3 類	社会科学	学生時代に身に付ける社会常識	中村□明弘
2024/4/8	4 類	自然科学	統計学のすべて	濱田□恵里子
2024/4/8	8 類	芸術	戦火をくぐった芸術	岩谷□敬一郎
2024/4/15	1 類	哲学	宗教ってどんなもの	弘田□もこ
2024/4/15	3 類	社会科学	君はリーダーになれるのか	井原□優
2024/4/15	3 類	社会科学	みんなちがって、みんないい世の中とは？	草場□真由美
2024/4/15	3 類	社会科学	お金の動きから何がわかる？	東□雄太
2024/4/15	4 類	自然科学	おもしろいほどわかる自然のしくみ	今野□隆弘
2024/4/15	7 類	芸術	これを見ずして死ねるか	金子□真也
2024/4/24	1 類	哲学	死ぬまで生き抜く	幸田□佳世
2024/4/24	1 類	哲学	四国八十八カ所めぐりを終えて	実森□香苗

求められるスキル

出題範囲1

出題範囲2

出題範囲3

出題範囲4

出題範囲5

出題範囲6

確認問題 標準解答

2　セルの余白と間隔を設定する

解説　■表の構成要素

Wordの表は、次のような要素から構成されています。

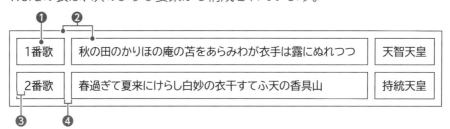

❶セル

行と列で区切られた領域です。

❷罫線

行や列を区切る線です。
表全体を囲む罫線とセルを囲む罫線があります。

❸セルの余白

文字列と罫線の間の余白です。

❹セルの間隔

セルとセルの間の間隔です。

■セルの余白や間隔の設定

セルの余白は、初期の設定では上下「0mm」、左右「1.9mm」です。この上下左右の余白は個別に変更できます。

また、セルの間隔は、初期の設定では「0mm」です。この間隔を広げると、セルとセルを離して表示できます。

表全体のセルの余白や間隔の設定

操作　◆《レイアウト》タブ→《配置》グループの 🔲（セルの配置）

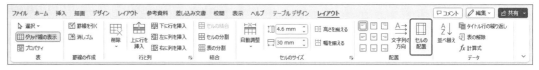

表の一部のセルの余白の設定

操作　◆変更するセルを選択→《レイアウト》タブ→《表》グループの　🔲 プロパティ（表のプロパティ）→《セル》タブ→《オプション》

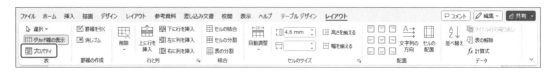

Lesson 3-5

 文書「Lesson3-5」を開いておきましょう。

次の操作を行いましょう。

(1) 1ページ目の表のセルの左の余白を「5mm」、間隔を「0.5mm」に設定してください。

(2) 3ページ目の表のタイトル行を除くセルの上下の余白をそれぞれ「1mm」、左の余白を「3mm」に設定してください。

Lesson 3-5 Answer

(1)

① 1ページ目の表内にカーソルを移動します。

※表内であれば、どこでもかまいません。

② 《レイアウト》タブ→《配置》グループの (セルの配置) をクリックします。

③ 《表のオプション》ダイアログボックスが表示されます。

④ 《既定のセルの余白》の《左》を「5mm」に設定します。

⑤ 《セルの間隔を指定する》を ☑ にし、「0.5mm」に設定します。

⑥ 《OK》をクリックします。

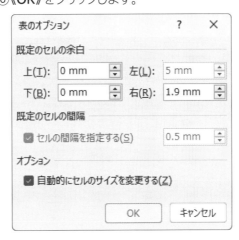

● その他の方法

セルの間隔の設定

◆ 表内にカーソルを移動→《レイアウト》タブ→《表》グループの [プロパティ] (表のプロパティ)→《表》タブ→《オプション》

◆ 表を右クリック→《表のプロパティ》→《表》タブ→《オプション》

求められるスキル

出題範囲1

出題範囲2

出題範囲3

出題範囲4

出題範囲5

出題範囲6

確認問題 標準解答

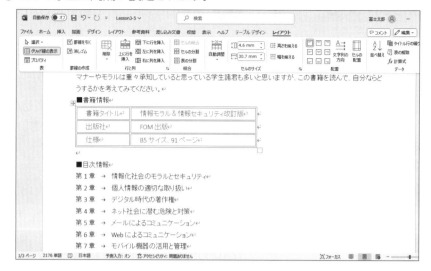

❶ Point

セルの余白

セルの余白が上下「0mm」でも、文字列と罫線の間に若干の余白を確認できます。これは、文字列のフォントサイズより行間が大きいためです。文字列のフォントサイズと行間がまったく同じ場合には、余白は完全になくなります。

書籍タイトル↵
出版社↵
仕様↵

フォントサイズ：10.5ポイント
行間：固定値10.5ポイント

🖱️ その他の方法

表の一部のセルの余白の設定

◆ 表を右クリック→《表のプロパティ》
　→《セル》タブ→《オプション》

(2)

① 3ページ目の表の2行目から最終行までを選択します。

② 《レイアウト》タブ→《表》グループの 📋 プロパティ （表のプロパティ）をクリックします。

③ 《表のプロパティ》ダイアログボックスが表示されます。

④ 《セル》タブを選択します。

⑤ 《オプション》をクリックします。

⑥《セルのオプション》ダイアログボックスが表示されます。

⑦《表全体を同じ設定にする》を □ にします。

⑧《セル内の配置》の《上》と《下》を「1mm」、《左》を「3mm」に設定します。

⑨《OK》をクリックします。

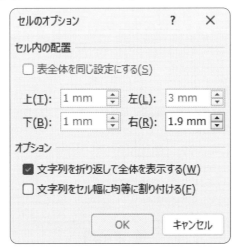

⑩《表のプロパティ》ダイアログボックスに戻ります。

⑪《OK》をクリックします。

⑫ セルの余白が変更されます。

分野	書籍タイトル	著者
芸術	戦火をくぐった芸術	岩谷□敬一郎
芸術	これを見ずして死ねるか	金子□真也
芸術	僕が好きな印象派	高橋□佳宏
自然科学 (数学・理科・動植物分野)	統計学のすべて	濱田□恵里子
自然科学 (数学・理科・動植物分野)	おもしろいほどわかる自然のしくみ	今野□隆弘
自然科学 (数学・理科・動植物分野)	遺伝子諸事情	関根□健太郎
自然科学 (数学・理科・動植物分野)	量子論を学ぼう	三原□亘
社会科学 (政治・経済・教育分野)	学生時代に身に付ける社会常識	中村□明弘
社会科学 (政治・経済・教育分野)	君はリーダーになれるのか	井原□優
社会科学 (政治・経済・教育分野)	みんなちがって・みんないい世の中とは？	草場□真由美

❗ Point

セル内の文字の配置

セル内の文字は、水平方向の位置や垂直方向の位置を調整できます。
《レイアウト》タブの《配置》グループにある各ボタンを使って設定します。

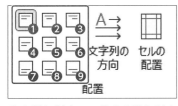

❶上揃え（左）　　❻中央揃え（右）

❷上揃え（中央）　❼下揃え（左）

❸上揃え（右）　　❽下揃え（中央）

❹中央揃え（左）　❾下揃え（右）

❺中央揃え

求められるスキル

出題範囲1

出題範囲2

出題範囲3

出題範囲4

出題範囲5

出題範囲6

確認問題 標準解答

3 | セルを結合する、分割する

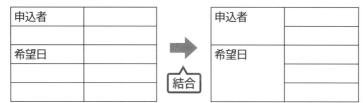

解説 ■セルの結合と分割

隣り合った複数のセルを1つに結合したり、1つまたは隣り合った複数のセルを、指定した行数や列数に分割したりできます。

結合

申込者	
希望日	

→ 結合 →

申込者	
希望日	

分割

申込者	

↓ 分割

申込者		

操作 ◆《レイアウト》タブ→《結合》グループの [セルの結合] (セルの結合) ／ [セルの分割] (セルの分割)

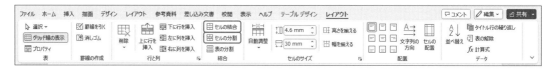

Lesson 3-6

 文書「Lesson3-6」を開いておきましょう。

次の操作を行いましょう。

(1)「■書籍情報」の下にある表の1行1列目から2行1列目のセル、3行1列目から5行1列目のセルをそれぞれ結合してください。

(2)「■目次情報」の下にある表の2列目を2列に分割し、1行3列目に「ページ数」と入力してください。

Lesson 3-6 Answer

(1)

①「■書籍情報」の下にある表の1行1列目から2行1列目のセルを選択します。

②《レイアウト》タブ→《結合》グループの [セルの結合] (セルの結合) をクリックします。

 その他の方法

セルの結合

◆セルを選択し右クリック→《セルの結合》

出題範囲3　表やリストの管理

③3行1列目から5行1列目のセルを選択します。
④[F4]を押します。
⑤セルが結合されます。

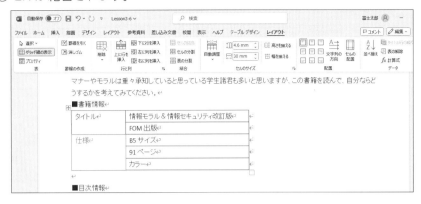

(2)

①「■**目次情報**」の下にある表の2列目を選択します。
②《**レイアウト**》タブ→《**結合**》グループの[⊞ セルの分割](セルの分割)をクリックします。

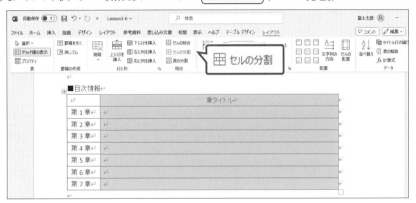

③《**セルの分割**》ダイアログボックスが表示されます。
④《**列数**》を「**2**」に設定します。
⑤《**行数**》が「**8**」になっていることを確認します。
⑥《**OK**》をクリックします。

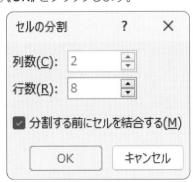

⑦セルが分割されます。
⑧1行3列目のセルに「**ページ数**」と入力します。

■目次情報	章タイトル	ページ数
第1章		
第2章		
第3章		
第4章		
第5章		
第6章		
第7章		

! Point
繰り返し
[F4]を押すと、直前に実行したコマンドを繰り返すことができます。
ただし、[F4]を押してもコマンドが繰り返し実行できない場合もあります。

🖱 その他の方法
セルの分割
◆セルを右クリック→《セルの分割》

! Point
行や列の挿入
◆《レイアウト》タブ→《行と列》グループの[⊞](上に行を挿入)／
[⊞ 下に行を挿入](下に行を挿入)／
[⊞ 左に列を挿入](左に列を挿入)／
[⊞ 右に列を挿入](右に列を挿入)
◆行の罫線の左側／列の罫線の上側をポイント→⊕／⊕をクリック

! Point
表・行・列の削除
◆《レイアウト》タブ→《行と列》グループの[⊞](表の削除)→《表の削除》／《行の削除》／《列の削除》
◆削除する表／行／列を選択→[Back Space]
※[Delete]を押すと、表内の文字列が削除されます。

4　表、行、列のサイズを調整する

解説

■行の高さや列の幅の変更

表の行の高さや列の幅は、行の下側や列の右側の境界線をドラッグして自由に変更できます。列の幅はダブルクリックすると、文字列の長さに合わせて調整できます。

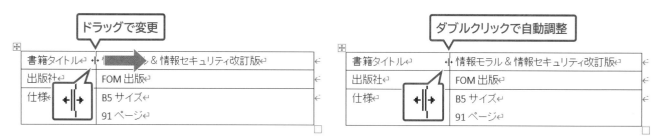

行の高さや列の幅を数値で正確に指定したり、複数の行の高さや列の幅を同じにしたりすることもできます。

操作 ◆《レイアウト》タブ→《セルのサイズ》グループのボタン

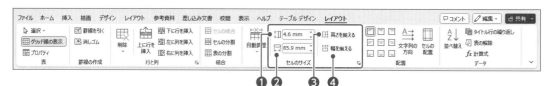

❶ （行の高さの設定）
行の高さを数値で指定します。

❷ （列の幅の設定）
列の幅を数値で指定します。

❸ 高さを揃える（高さを揃える）
選択した複数の行を同じ高さにそろえます。表内にカーソルがある状態で使うと、すべての行が同じ高さになります。

❹ 幅を揃える（幅を揃える）
選択した複数の列を同じ幅にそろえます。表内にカーソルがある状態で使うと、すべての列が同じ幅になります。

■表のサイズ変更

表全体のサイズは、表をポイントすると右下に表示される□（表のサイズ変更ハンドル）をドラッグして自由に変更できます。

数値で正確に指定して、表の幅を変更することもできます。

操作 ◆《レイアウト》タブ→《表》グループの プロパティ（表のプロパティ）

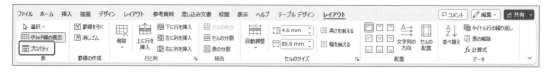

Lesson 3-7

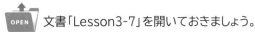 文書「Lesson3-7」を開いておきましょう。

次の操作を行いましょう。

(1)「■書籍情報」の下にある表の1列目の幅を文字列の長さに合わせて自動調整し、2列目の幅を「100mm」に設定してください。

(2)「■目次情報」の下にある表の2列目と3列目を同じ幅にそろえてください。次に、表のすべての行を同じ高さにそろえてください。

Lesson 3-7 Answer

(1)

① 「**■書籍情報**」の下にある表の1列目の右側の境界線をポイントし、マウスポインターの形が に変わったらダブルクリックします。

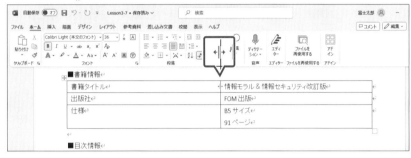

② 1列目の列の幅が変更されます。

③ 2列目にカーソルを移動します。

※2列目であれば、どこでもかまいません。

④ 《**レイアウト**》タブ→《**セルのサイズ**》グループの ⊟ (列の幅の設定) を「**100mm**」に設定します。

⑤ 2列目の列の幅が変更されます。

(2)

① 「**■目次情報**」の下にある表の2〜3列目を選択します。

② 《**レイアウト**》タブ→《**セルのサイズ**》グループの ⊞幅を揃える (幅を揃える) をクリックします。

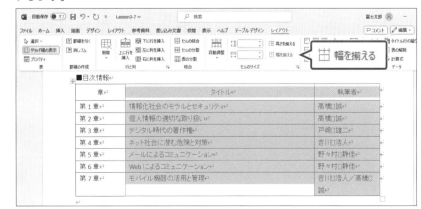

求められるスキル

出題範囲1

出題範囲2

出題範囲3

出題範囲4

出題範囲5

出題範囲6

確認問題 標準解答

🖱 その他の方法

列の幅をそろえる

◆ 列を選択→右クリック→《列の幅を揃える》

③2列目と3列目が同じ幅になります。

④表内にカーソルを移動します。

※表内であれば、どこでもかまいません。

⑤《レイアウト》タブ→《セルのサイズ》グループの [田 高さを揃える] (高さを揃える)をクリックします。

🖱 その他の方法

行の高さをそろえる

◆行を選択→右クリック→《行の高さを揃える》

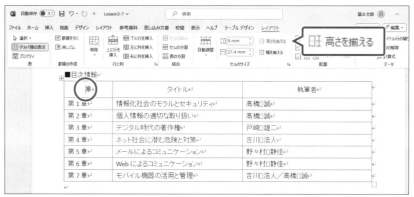

⑥表のすべての行が同じ高さになります。

Lesson 3-8

OPEN 文書「Lesson3-8」を開いておきましょう。

次の操作を行いましょう。

(1)「■目次情報」の下にある表の幅を「140mm」に設定してください。

Lesson 3-8 Answer

(1)

①「**■目次情報**」の下にある表内にカーソルを移動します。

※表内であれば、どこでもかまいません。

②《**レイアウト**》タブ→《**表**》グループの [田 プロパティ] (表のプロパティ)をクリックします。

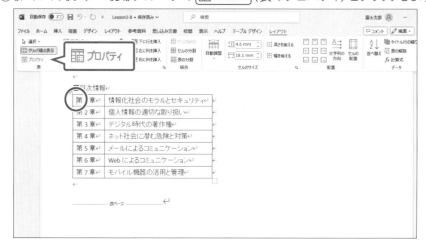

③《**表のプロパティ**》ダイアログボックスが表示されます。

④《**表**》タブを選択します。

⑤《**幅を指定する**》を ☑ にし、「**140mm**」に設定します。

⑥《**OK**》をクリックします。

求められるスキル

出題範囲 1

出題範囲 2

出題範囲 3

出題範囲 4

出題範囲 5

出題範囲 6

確認問題 標準解答

! Point

《表のプロパティ》の《表》タブ

❶ サイズ
表の幅をミリメートル（mm）、または
パーセント（%）で設定します。パー
セントの場合は余白以外の本文の領
域内で何%かを設定します。

❷ 配置
表の配置を選択します。

❸ 文字列の折り返し
表の周囲に文字列を周り込ませるか
どうかを設定します。

❹ 線種/網かけの変更
線の種類や網かけを設定します。

❺ オプション
セルの余白や間隔を設定します。

⑦ 表の幅が変更されます。

5 | 表を分割する

解説 ■表の分割

1つの表を分割して、独立した別の表にすることができます。

操作 ◆《レイアウト》タブ→《結合》グループの [表の分割] (表の分割)

Lesson 3-9

 文書「Lesson3-9」を開いておきましょう。

次の操作を行いましょう。

(1) 1ページ目の表の4行目から表を分割し、分割した表の上の行に「目次情報」
と入力してください。

Lesson 3-9 Answer

(!) Point

表の分割の位置

表は、カーソルのある位置で水平方
向に分割されます。カーソルのある行
が分割した表の先頭行になります。

(1)

①1ページ目の表の4行目にカーソルを移動します。

※4行目であれば、どこでもかまいません。

②《レイアウト》タブ→《結合》グループの [表の分割] (表の分割) をクリックします。

③表が分割されます。

④分割した表の上の行にカーソルが表示されていることを確認します。

⑤「目次情報」と入力します。

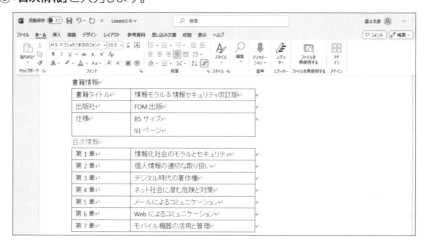

6 | タイトル行の繰り返しを設定する

解説 ■タイトル行の繰り返し

「**タイトル行**」とは、表の項目名が書かれた1行目のことです。「**列見出し**」ともいいます。
複数ページにわたる表の場合、タイトル行が各ページに表示されるように設定できます。

操作 ◆《レイアウト》タブ→《データ》グループの [⊞ タイトル行の繰り返し] (タイトル行の繰り返し)

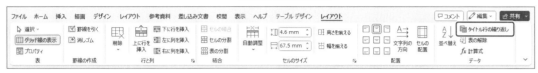

Lesson 3-10

OPEN 文書「Lesson3-10」を開いておきましょう。

次の操作を行いましょう。
(1) 2ページ目の表のタイトル行が次のページにも表示されるように設定してください。

Lesson 3-10 Answer

(1)

① 2ページ目から始まっている表が3ページ目にかけて表示されていることを確認します。

② 2ページ目の表の1行目にカーソルを移動します。

※1行目であれば、どこでもかまいません。

③ 《**レイアウト**》タブ→《**データ**》グループの [⊞ タイトル行の繰り返し] (タイトル行の繰り返し) をクリックします。

④ 3ページ目の表の先頭にタイトル行が表示されます。

その他の方法

タイトル行の繰り返し

◆表の1行目にカーソルを移動→
《レイアウト》タブ→《表》グループ
の [⊞ プロパティ] (表のプロパティ)→
《行》タブ→《☑各ページにタイトル行を表示する》

⚠ Point

タイトル行の繰り返しの解除

◆表の1行目にカーソルを移動→
《レイアウト》タブ→《データ》グループの [⊞ タイトル行の繰り返し] (タイトル行の繰り返し)

※ボタンが標準の色に戻ります。

※2ページ目以降に表示されているタイトル行は実際のデータではないので選択することはできません。

求められるスキル

出題範囲1

出題範囲2

出題範囲3

出題範囲4

出題範囲5

出題範囲6

確認問題 標準解答

3 | リストを作成する、変更する

理解度チェック

習得すべき機能	参照Lesson	学習前	学習後	試験直前
■ 箇条書きや段落番号を設定できる。	→Lesson3-11	☑	☑	☑
■ 行頭文字や段落番号を変更できる。	→Lesson3-12	☑	☑	☑
■ 新しい行頭文字や番号書式を定義できる。	→Lesson3-13	☑	☑	☑
■ リストのレベルを変更できる。	→Lesson3-14	☑	☑	☑
■ 段落番号の開始番号を設定できる。	→Lesson3-15	☑	☑	☑
■ リストの番号を1から振り直したり、継続したりできる。	→Lesson3-16	☑	☑	☑

1 | 箇条書きや段落番号を設定する

解説

■箇条書きの設定

段落の先頭に「●」や「◆」などの行頭文字を付けることができます。

```
●→日程：2024年6月18日（火）、21日（金）↵
●→時間：13時～16時↵
●→定員：両日とも50名ず
●→場所：1号館301教室↵
```

```
◆→日程：2024年6月18日（火）、21日（金）↵
◆→時間：13時～16時↵
◆→定員：両日とも50名ずつ（先着順）↵
◆→場所：1号館301教室↵
```

操作　◆《ホーム》タブ→《段落》グループの［☰▾］（箇条書き）

■段落番号の設定

段落の先頭に「1.2.3.」や「①②③」などの連続した番号を付けることができます。

```
1.→ネット社会に潜む危険と対策↵
2.→個人情報の適切
3.→Webによるコ
```

```
①→ネット社会に潜む危険と対策↵
②→個人情報の適切な取り扱い↵
③→Webによるコミュニケーション↵
```

操作　◆《ホーム》タブ→《段落》グループの［☰▾］（段落番号）

Lesson 3-11

 文書「Lesson3-11」を開いておきましょう。

次の操作を行いましょう。
(1)「記」の下にある「日程…」から「場所…」までの段落に行頭文字「●」の箇条書きを設定してください。
(2)「＜内容＞」の下にある「ネット社会に…」から「Webによる…」までの段落に段落番号「①②③」を設定してください。

Lesson 3-11 Answer

(1)
① 「**日程…**」から「**場所…**」までの段落を選択します。
② 《**ホーム**》タブ→《**段落**》グループの（箇条書き）の→《**行頭文字ライブラリ**》の《**●**》をクリックします。
③ 箇条書きが設定されます。

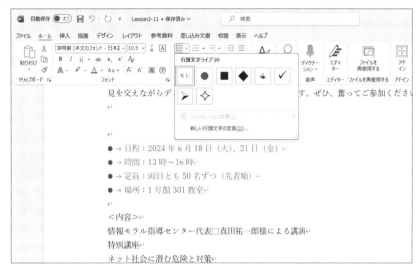

(2)
① 「**ネット社会に…**」から「**Webによる…**」までの段落を選択します。
② 《**ホーム**》タブ→《**段落**》グループの（段落番号）の→《**番号ライブラリ**》の《**①②③**》をクリックします。
③ 段落番号が設定されます。

❗ Point
箇条書きの解除
◆箇条書きを選択→《ホーム》タブ→《段落》グループの（箇条書き）
※ボタンが標準の色に戻ります。

❗ Point
段落番号の解除
◆段落番号を選択→《ホーム》タブ→《段落》グループの（段落番号）
※ボタンが標準の色に戻ります。

❗ Point
箇条書きと段落番号の設定
（箇条書き）や（段落番号）をクリックすると、初期の設定では、「●」「1.2.3.」が設定されます。一度、異なる行頭文字や段落番号を設定した場合、次に（箇条書き）や（段落番号）をクリックすると最後に設定した行頭文字や段落番号が表示されます。
※ファイルを閉じると初期の設定に戻ります。

求められるスキル | 出題範囲1 | 出題範囲2 | 出題範囲3 | 出題範囲4 | 出題範囲5 | 出題範囲6 | 確認問題 標準解答

2　行頭文字や番号書式を変更する

 解説　■行頭文字の変更

箇条書きを設定した段落の行頭文字を変更することができます。

操作 ◆《ホーム》タブ→《段落》グループの［≡ ▾］（箇条書き）

■番号書式の変更

段落番号を設定した段落の番号書式を変更することができます。

操作 ◆《ホーム》タブ→《段落》グループの［≡ ▾］（段落番号）

Lesson 3-12

 文書「Lesson3-12」を開いておきましょう。

次の操作を行いましょう。

(1)「記」の下にある「日程…」から「場所…」までの箇条書きの行頭文字を「◆」に変更してください。

(2)「<内容>」の下にある「ネット社会に…」から「Webによる…」までの箇条書きを段落番号「①②③」に変更してください。

Lesson 3-12 Answer

(1)

①「**日程…**」から「**場所…**」までの段落を選択します。

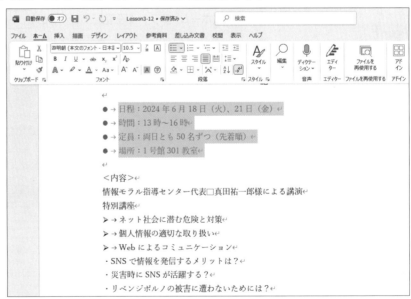

②《**ホーム**》タブ→《**段落**》グループの [≡▾] (箇条書き) の [▾] →《**行頭文字ライブラ**
リ》の《**◆**》をクリックします。

③行頭文字が変更されます。

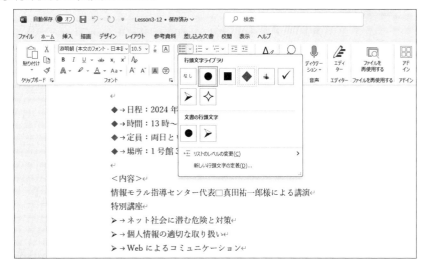

(2)

①「**ネット社会に…**」から「**Webによる…**」までの段落を選択します。

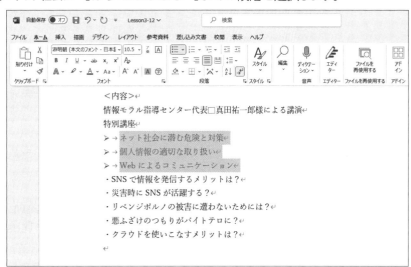

②《**ホーム**》タブ→《**段落**》グループの [≡▾] (段落番号) の [▾] →《**番号ライブラリ**》の
《**①②③**》をクリックします。

③段落番号に変更されます。

求められるスキル

出題範囲1

出題範囲2

出題範囲3

出題範囲4

出題範囲5

出題範囲6

確認問題 標準解答

3　新しい行頭文字や番号書式を定義する

解 説　■ 新しい行頭文字の定義

「★」や「♪」など、様々な記号を行頭文字として定義できます。また、自分で用意した図（画像）を定義することもできます。

操作　◆《ホーム》タブ→《段落》グループの（箇条書き）の → 《新しい行頭文字の定義》

■ 新しい番号書式の定義

段落番号の種類やフォント、配置を設定して、新しい番号書式を定義できます。

操作　◆《ホーム》タブ→《段落》グループの（段落番号）の → 《新しい番号書式の定義》

Lesson 3-13

 文書「Lesson3-13」を開いておきましょう。

次の操作を行いましょう。

(1) 「記」の下にある「日程…」から「場所…」までの段落に箇条書きを設定してください。行頭文字は、フォルダー「Lesson3-13」のファイル「マル」にします。

(2) 「＜内容＞」の下の「情報モラル指導センター…」と「特別講座」の段落に段落番号を設定してください。段落番号は「第一部、第二部」と表示されるようにします。

Lesson 3-13 Answer

(1)

①「**日程…**」から「**場所…**」までの段落を選択します。

②《**ホーム**》タブ→《**段落**》グループの（箇条書き）の → 《**新しい行頭文字の定義**》をクリックします。

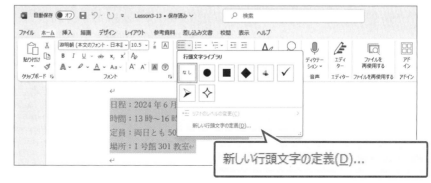

Point

《新しい行頭文字の定義》

❶記号
記号を行頭文字として定義します。クリックすると《記号と特殊文字》ダイアログボックスが表示され、フォントや文字コードを指定して記号を選択できます。

❷図
画像を行頭文字として定義します。自分が用意した画像や、インターネットから検索した画像を選択できます。

❸文字書式
行頭文字として定義した記号のサイズや色などの書式を設定します。

❹配置
行頭文字の配置を変更します。

Point

《画像の挿入》が表示されない場合

インターネットに接続されていない場合など、お使いの環境によっては、《画像の挿入》が表示されません。次のような画面が表示されるので、《オフライン作業》をクリックします。

③《**新しい行頭文字の定義**》ダイアログボックスが表示されます。

④《**図**》をクリックします。

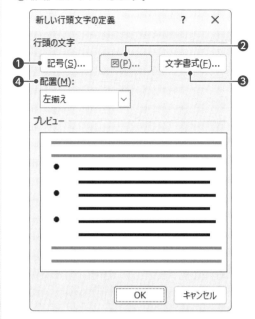

⑤《**画像の挿入**》が表示されます。

⑥《**ファイルから**》をクリックします。

⑦《**図の挿入**》ダイアログボックスが表示されます。

⑧ フォルダー「**Lesson3-13**」を開きます。

※《ドキュメント》→「MOS 365-Word（1）」→「Lesson3-13」を選択します。

⑨ 一覧から「**マル**」を選択します。

⑩《**挿入**》をクリックします。

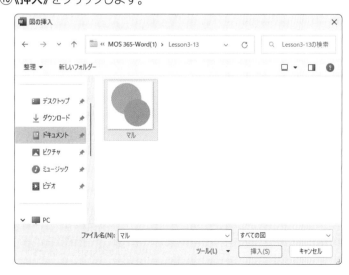

⑪《新しい行頭文字の定義》ダイアログボックスに戻ります。

⑫《OK》をクリックします。

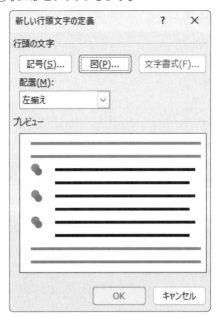

⑬箇条書きが設定されます。

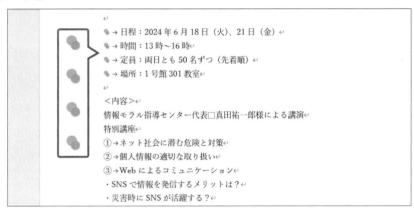

(2)

①「情報モラル指導センター…」と「特別講座」の段落を選択します。

②《ホーム》タブ→《段落》グループの▤▾(段落番号)の▾→《新しい番号書式の定義》をクリックします。

③《新しい番号書式の定義》ダイアログボックスが表示されます。

④《番号の種類》の ▽ をクリックし、一覧から《一, 二, 三…》を選択します。

⑤《番号書式》を「第一部」に修正します。

※「第」と「部」を入力し、「.」を削除します。「一」は削除しないように注意しましょう。

⑥《OK》をクリックします。

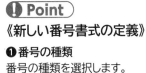

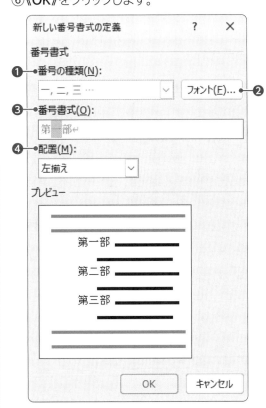

⑦段落番号が設定されます。

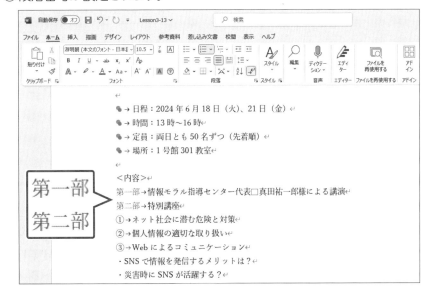

求められるスキル

出題範囲1

出題範囲2

出題範囲3

出題範囲4

出題範囲5

出題範囲6

確認問題 標準解答

4 リストのレベルを変更する

解説　■リストのレベルの変更

箇条書きや段落番号を設定した段落を「**リスト**」といいます。

初期の設定で、リストはすべて「**レベル1**」になっていますが、内容に応じて「**レベル2**」から「**レベル9**」に変更して、階層化できます。設定するレベルによって、異なる行頭文字や番号書式が自動的に表示されます。

操作　◆《ホーム》タブ→《段落》グループの 〔箇条書き〕／〔段落番号〕の →《リストのレベルの変更》

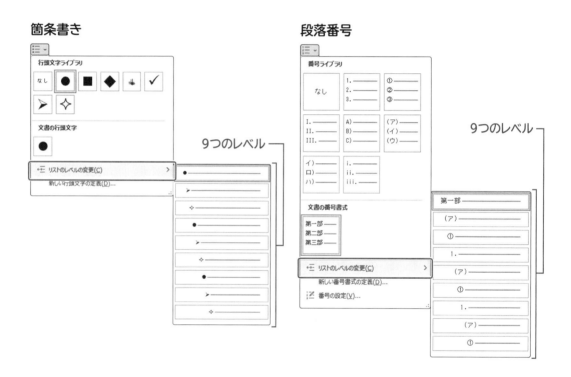

Lesson 3-14

 文書「Lesson3-14」を開いておきましょう。

次の操作を行いましょう。

(1)「<内容>」の下にある「SNSを活用…」から「クラウドを…」までの箇条書きのリストのレベルを、「レベル2」に変更してください。次に、「SNSで情報を…」「災害時に…」の箇条書きのリストのレベルを、「レベル3」に変更してください。

Lesson 3-14 Answer

(1)

①「**SNSを活用…**」から「**クラウドを…**」までの段落を選択します。

求められるスキル

出題範囲1

出題範囲2

出題範囲3

出題範囲4

出題範囲5

出題範囲6

確認問題 標準解答

その他の方法

リストのレベルの変更

◆ 箇条書きまたは段落番号を選択
→《ホーム》タブ→《段落》グルー
プの 🔲(インデントを増やす)／
🔲(インデントを減らす)

◆ 箇条書きまたは段落番号を選択
→ [Tab](レベル下げ)／
[Shift]+[Tab](レベル上げ)

② 《ホーム》タブ→《段落》グループの 🔲(箇条書き)の ▽ →《リストのレベルの変更》→《レベル2》をクリックします。

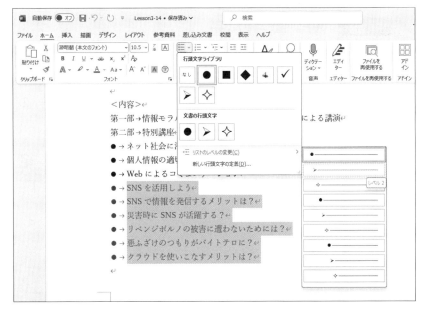

③ レベルが変更されます。

④「**SNSで情報を…**」から「**災害時に…**」までの段落を選択します。

⑤ 《ホーム》タブ→《段落》グループの 🔲(箇条書き)の ▽ →《リストのレベルの変更》→《レベル3》をクリックします。

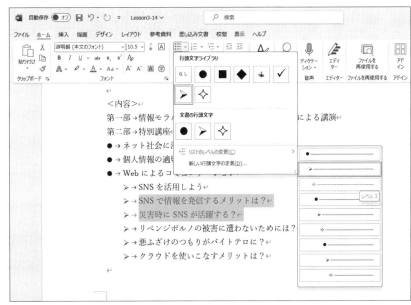

⑥ レベルが変更されます。

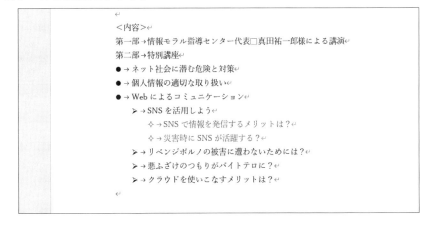

5 ｜ 開始番号を設定する、振り直す、続けて振る

 解説　■開始番号の設定

段落番号を設定すると、「1」から始まる連続番号が表示されますが、開始番号を指定することもできます。

操作　◆《ホーム》タブ→《段落》グループの［三▾］（段落番号）の▾→《番号の設定》

Lesson 3-15

OPEN　文書「Lesson3-15」を開いておきましょう。

次の操作を行いましょう。

(1)「＜内容＞」の下にある「①SNSで…」の段落番号を「②」から開始するように設定してください。次に、「第1部パネルディスカッション」の段落番号を「第3部」に変更してください。

Lesson 3-15 Answer

(1)

①「①SNSで…」の段落にカーソルを移動します。
※段落内であれば、どこでもかまいません。

 その他の方法
開始番号の設定

◆段落を右クリック→《番号の設定》

②《ホーム》タブ→《段落》グループの［三▾］（段落番号）の▾→《番号の設定》をクリックします。

③《番号の設定》ダイアログボックスが表示されます。

④《開始番号》を「②」に設定します。

⑤《OK》をクリックします。

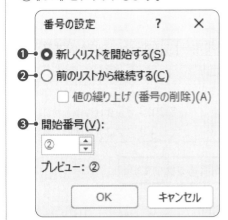

⑥段落番号が変更されます。

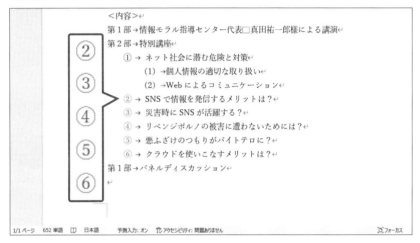

⑦同様に、「**第1部パネルディスカッション**」を「**第3部パネルディスカッション**」に変更します。

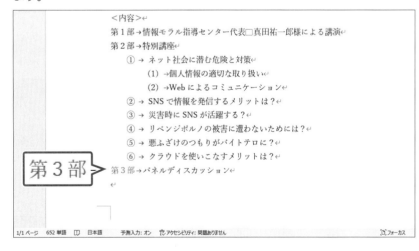

求められるスキル

出題範囲1

出題範囲2

出題範囲3

出題範囲4

出題範囲5

出題範囲6

確認問題 標準解答

解 説　■番号の振り直しと継続

同じ種類の段落番号を繰り返し設定すると、2回目以降に （オートコレクトのオプション）が表示されます。（オートコレクトのオプション）を使うと、番号を振り直すか、継続して振るかを選択できます。

操作　◆同じ種類の段落番号を設定→（オートコレクトのオプション）

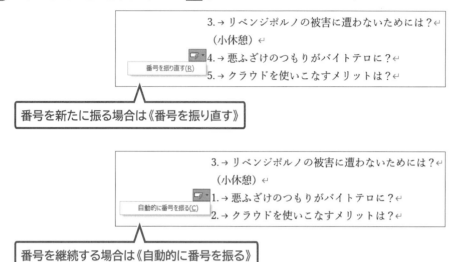

番号を新たに振る場合は《番号を振り直す》

番号を継続する場合は《自動的に番号を振る》

また、設定されている段落番号を、新たに1から振り直したり、番号を継続させたりすることもできます。

操作　◆段落番号を右クリック→《1から再開》／《自動的に番号を振る》

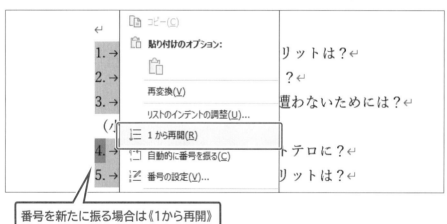

番号を新たに振る場合は《1から再開》

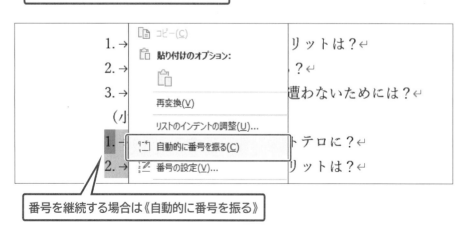

番号を継続する場合は《自動的に番号を振る》

Lesson 3-16

 文書「Lesson3-16」を開いておきましょう。

次の操作を行いましょう。

(1)「＜内容＞」の下にある「悪ふざけ…」と「クラウドを…」の段落に段落番号「1.2.3.」を設定してください。「（小休憩）」の上の段落番号と連続した番号になるようにします。

Lesson 3-16 Answer

(1)

① 「**悪ふざけ…**」と「**クラウドを…**」の段落を選択します。

② 《**ホーム**》タブ→《**段落**》グループの 三・ （段落番号）の ・ →《**番号ライブラリ**》の《**1.2.3.**》をクリックします。

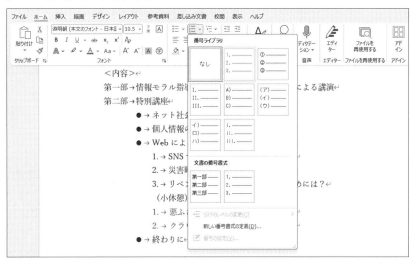

③ 段落番号が設定されます。

④ ・ （オートコレクトのオプション）をクリックします。

⑤ 《**自動的に番号を振る**》をクリックします。

※ をポイントすると、 になります。

その他の方法

自動的に番号を振る

◆ 段落番号を右クリック→《自動的に番号を振る》

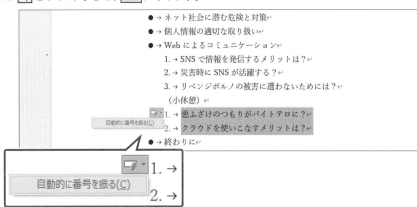

⑥ 段落番号が振り直されます。

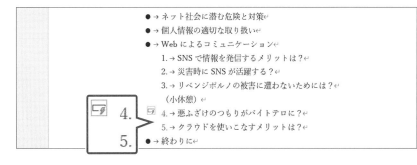

求められるスキル

出題範囲 1

出題範囲 2

出題範囲 3

出題範囲 4

出題範囲 5

出題範囲 6

確認問題 標準解答

Lesson 3-17

 文書「Lesson3-17」を開いておきましょう。

次の操作を行いましょう。

あなたは、デパートに勤務しており、お中元特設ギフトコーナーの売上についての報告書を作成します。

問題（1）	「反省点」の表を文字列に変換してください。文字列は段落記号で区切ります。
問題（2）	「開催期間…」と「人気商品Top3」の段落と、「反省点」から「配送処理で…」までの段落に箇条書きを設定してください。行頭文字は、フォルダー「Lesson3-17」の図「mark」を設定します。 💡Hint　連続しない複数の段落を選択するには、2つ目以降の段落を Ctrl を押しながら選択します。
問題（3）	「7月中は…」と「配送処理で…」の箇条書きのリストのレベルを、「レベル2」に変更してください。次に、箇条書きの行頭文字をフォント「Segoe UI Symbol」の文字コード「274C」（Cross Mark）に変更してください。
問題（4）	「Casablancaの…」から「オオヤマフーズの…」までの段落に、「1.2.3.」の段落番号を設定してください。
問題（5）	「店舗別ギフトコーナー売上表」の下にある「支店名…」から「神戸店…」までの段落を、ウィンドウサイズに合わせて7行7列の表に変換してください。
問題（6）	表のセルの余白を、上下それぞれ「1mm」に設定してください。
問題（7）	表の2行2列目から7行7列目までの文字列の配置を「上揃え（右）」に設定してください。 💡Hint　セル内の文字の配置を変更するには、《レイアウト》タブの《配置》グループのボタンを使います。
問題（8）	表を「合計」の降順に並べ替えてください。

MOS Word 365

出題範囲 4

参考資料の作成と管理

1

脚注と文末脚注を作成する、管理する

☑ 理解度チェック	習得すべき機能	参照Lesson	学習前	学習後	試験直前
■脚注や文末脚注を挿入できる。		➡Lesson4-1	☑	☑	☑
■脚注の場所やレイアウト、番号書式を変更できる。		➡Lesson4-2	☑	☑	☑
■文末脚注を脚注に変換できる。		➡Lesson4-3	☑	☑	☑

---

1 脚注や文末脚注を挿入する

 解説

■脚注や文末脚注の挿入

「**脚注**」を使うと、文書内の単語の後ろに記号を付けて、ページや文書の最後に、説明や補足などを入力できます。論文やレポートなどを作成するときに、本文と区別して説明を補う場合に使います。脚注には、次の2つがあります。

脚注
各ページの最後に脚注内容が表示されます。

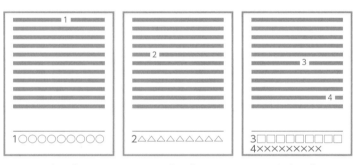

1ページ　　　　2ページ　　　　3ページ

文末脚注
文書やセクションの最後に脚注内容がまとめて表示されます。

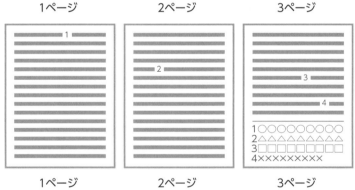

1ページ　　　　2ページ　　　　3ページ

操作 ◆《参考資料》タブ→《脚注》グループのボタン

❶ （脚注の挿入）
脚注を挿入します。

❷ 文末脚注の挿入 （**文末脚注の挿入**）
文末脚注を挿入します。

❸ （脚注と文末脚注）
《**脚注と文末脚注**》ダイアログボックスを使って脚注記号の書式やレイアウトを指定し、脚注または文末脚注を挿入します。
※《脚注と文末脚注》ダイアログボックスの設定については、P.139を参照してください。

Lesson 4-1

求められるスキル

出題範囲1

出題範囲2

出題範囲3

出題範囲4

出題範囲5

出題範囲6

確認問題 標準解答

 文書「Lesson4-1」を開いておきましょう。

次の操作を行いましょう。

(1) 2ページ目の見出し「申告の時期」の1行目にある「確定申告の期間」の後ろに、脚注を挿入してください。脚注内容は「毎年2月16日〜3月15日」とします。

(2) 3ページ目の見出し「医療費控除の対象にならないもの」の表にある「予防接種の費用」の後ろに、文末脚注を挿入してください。脚注内容は、表の下にある「検診などの健康を…」から「…必要になります。」までの文字列を切り取って貼り付けます。

Lesson 4-1 Answer

(1)

①「**確定申告の期間**」の後ろにカーソルを移動します。

②《**参考資料**》タブ→《**脚注**》グループの （脚注の挿入）をクリックします。

③2ページ目の最後に、脚注の境界線とカーソルが表示されていることを確認し、「**毎年2月16日〜3月15日**」と入力します。

※本文中のカーソルのあった位置には、脚注記号が挿入されます。

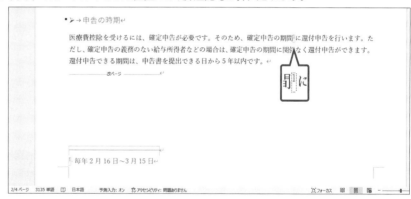

(2)

①「**予防接種の費用**」の後ろにカーソルを移動します。

②《**参考資料**》タブ→《**脚注**》グループの 文末脚注の挿入 （文末脚注の挿入）をクリックします。

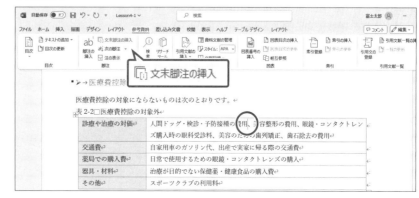

その他の方法

脚注の挿入

◆ Ctrl + Alt + F

Point

脚注記号と脚注内容

脚注を挿入した位置とページの最後や文末に振られる記号を「脚注記号」、説明や補足を「脚注内容」といいます。本文中の脚注記号をポイントすると、脚注内容がポップヒントで表示されます。脚注は文書内に複数挿入でき、自動的に連続番号が振られます。

> 毎年2月16日〜3月15日
> 確定申告の期間に還付申告を行
> 申告の期間に関係なく還付申告が

その他の方法

文末脚注の挿入

◆ Ctrl + Alt + D

---

③文書の最後に、文末脚注の境界線とカーソルが表示されていることを確認します。

④「**検診などの健康を…**」から「**…必要になります。**」までを選択します。

⑤**《ホーム》**タブ→**《クリップボード》**グループの（切り取り）をクリックします。

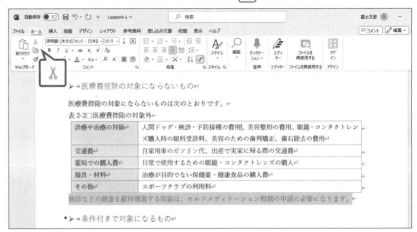

⑥文末脚注内にカーソルを移動します。

⑦**《ホーム》**タブ→**《クリップボード》**グループの（貼り付け）をクリックします。

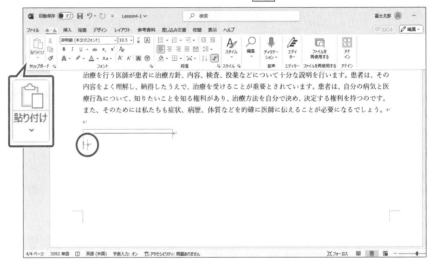

⑧脚注内容に文字列が貼り付けられます。

※本文中のカーソルのあった位置には、脚注記号が挿入されます。

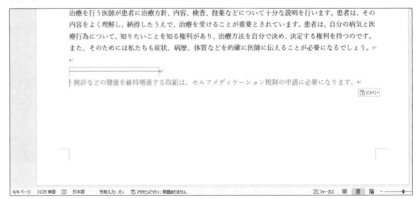

⚠Point

脚注や文末脚注の削除

◆本文中の脚注記号を選択→
[Delete]

※ページや文書の最後にある脚注記号と脚注内容、脚注の境界線も削除されます。

2 | 脚注や文末脚注のプロパティを変更する

解説 ■脚注や文末脚注の変更

脚注や文末脚注は、表示場所や脚注記号の書式を変更したり、脚注内容のレイアウトを段組みにしたりできます。また、脚注を文末脚注に変換したり、文末脚注を脚注に変換したりすることもできます。

操作 ◆《参考資料》タブ→《脚注》グループの[⤓]（脚注と文末脚注）

Lesson 4-2

文書「Lesson4-2」を開いておきましょう。
※文書「Lesson4-2」には、2ページ目に脚注が挿入されています。

次の操作を行いましょう。

(1) 文書中の脚注の表示場所をページ内の文字列の直後に変更してください。
レイアウトを2段にし、番号書式を「A,B,C,…」にします。

Lesson 4-2 Answer

(1)

①2ページ目の脚注内にカーソルを移動します。
※脚注内であればどこでもかまいません。

②《参考資料》タブ→《脚注》グループの[⤓]（脚注と文末脚注）をクリックします。

③《脚注と文末脚注》ダイアログボックスが表示されます。

④《脚注》が⦿になっていることを確認します。

⑤《脚注》の∨をクリックし、一覧から《ページ内文字列の直後》を選択します。

⑥《列》の∨をクリックし、一覧から《2段》を選択します。

⑦《番号書式》の∨をクリックし、一覧から《A,B,C,…》を選択します。

その他の方法

脚注や文末脚注の変更

◆脚注内容を右クリック→《脚注と文末脚注のオプション》

右端の縦書きタブ：

求められるスキル

出題範囲1

出題範囲2

出題範囲3

出題範囲4

出題範囲5

出題範囲6

確認問題 標準解答

ⓘ Point

《脚注と文末脚注》

❶ 場所
脚注と文末脚注の表示場所を設定します。脚注は、初期の設定の《ページの最後》から《ページ内文字列の直後》に変更できます。文末脚注は、初期の設定の《文書の最後》から《セクションの最後》に変更できます。

❷ 変換
脚注を文末脚注に、文末脚注を脚注に変換します。

❸ 脚注のレイアウト
脚注内容を段組みで表示します。

❹ 書式
脚注記号の番号書式を変更したり、任意の脚注記号を設定したりします。また、開始番号を変更したり、番号の付け方を設定したりすることもできます。

❺ 変更の反映
変更の対象を文書全体にするかセクション単位にするかを選択します。

⑧《適用》をクリックします。

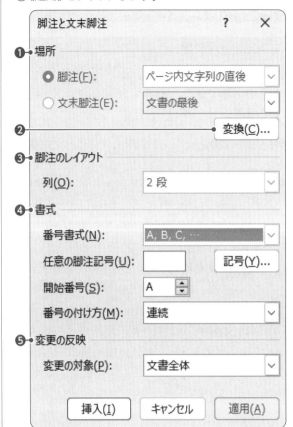

⑨脚注が変更されます。

Lesson 4-3

 文書「Lesson4-3」を開いておきましょう。

次の操作を行いましょう。

(1) 文書中の文末脚注を脚注に変換してください。

Lesson 4-3 Answer

(1)

① 文書の最後を表示し、文末脚注を確認します。

※ [Ctrl]+[End]を押すと、効率的です。

② 《参考資料》タブ→《脚注》グループの (脚注と文末脚注) をクリックします。

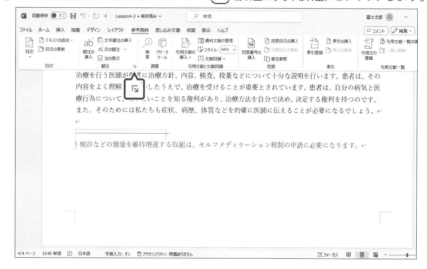

③ 《脚注と文末脚注》ダイアログボックスが表示されます。

④ 《変換》をクリックします。

⑤ 《脚注の変更》ダイアログボックスが表示されます。

⑥ 《文末脚注を脚注に変更する》を ⦿ にします。

⑦ 《OK》をクリックします。

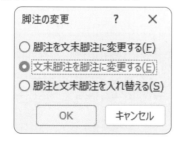

⑧ 《脚注と文末脚注》ダイアログボックスに戻ります。

⑨ 《閉じる》をクリックします。

⑩ 文末脚注が脚注に変換されます。

※ 3ページ目の最後を表示して、脚注を確認しておきましょう。

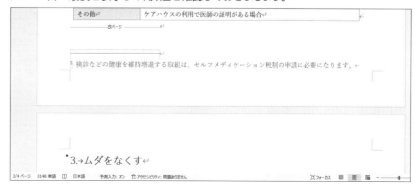

その他の方法

文末脚注を脚注に変換

◆ 脚注内容を右クリック→《脚注に変換》

※ 一括変換はできないので、個別に設定します。

2 | 目次を作成する、管理する

 理解度チェック

	習得すべき機能	参照Lesson	学習前	学習後	試験直前
■目次を挿入できる。		➡Lesson4-4	☑	☑	☑
■目次を更新できる。		➡Lesson4-4	☑	☑	☑
■ユーザー設定の目次を作成できる。		➡Lesson4-5	☑	☑	☑
■目次オプションを使って、目次に表示する見出しレベルを変更できる。		➡Lesson4-6	☑	☑	☑

1 | 目次を挿入する

解説

■目次の挿入

文書内の見出しスタイルが設定されている項目を抜き出して、**「目次」**を挿入できます。
組み込みの自動作成の目次を選択すると、見出し1から見出し3までの目次が作成されます。

操作 ◆《参考資料》タブ→《目次》グループの [目次] （目次）

■目次の更新

目次を作成したあとで、文書を編集した場合、目次を更新する必要があります。見出しを追加したり修正したりした場合は目次をすべて更新し、ページの調整だけを行った場合はページ番号だけを更新します。

操作 ◆《参考資料》タブ→《目次》グループの [目次の更新] （目次の更新）

Lesson 4-4

 文書「Lesson4-4」を開いておきましょう。
※文書「Lesson4-4」には、見出しスタイルが設定されています。

次の操作を行いましょう。

(1) 1ページ目の「医療費制度」の次の行に「自動作成の目次1」を挿入してください。

(2) 挿入した目次を利用して、見出し「2. 領収書を活用する」を表示してください。
次に、「2. 領収書を活用する」の前に改ページを挿入し、目次を更新してください。

求められるスキル

出題範囲1

出題範囲2

出題範囲3

出題範囲4

出題範囲5

出題範囲6

確認問題 標準解答

Point

見出しスタイルの設定

目次として抜き出したい段落に、見出しスタイルを設定します。

◆ 段落を選択→《ホーム》タブ→《スタイル》グループの（スタイル）→《見出し1》/《見出し2》/《見出し3》

Point

表や図形内に目次を挿入

表や図形内のカーソルの位置に、目次を挿入することができます。図形内にカーソルを表示するには、図形を右クリックして《テキストの追加》をクリックします。

Point

目次フィールド

目次は、網かけされた状態で表示されます。この領域を「目次フィールド」といいます。[Ctrl]を押しながら、目次フィールドの見出しをクリックすると、カーソルが本文内の見出しに移動します。

(1)

①「**医療費制度**」の次の行にカーソルを移動します。

②《**参考資料**》タブ→《**目次**》グループの（目次）→《**組み込み**》の《**自動作成の目次 1**》をクリックします。

③目次が挿入されます。

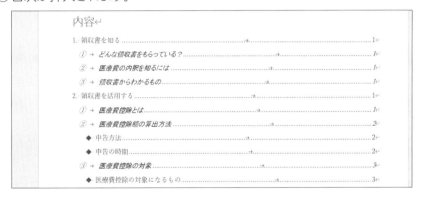

(2)

① [Ctrl]を押しながら、「**2. 領収書を活用する…1**」をポイントします。

②マウスポインターの形がに変わったら、クリックします。

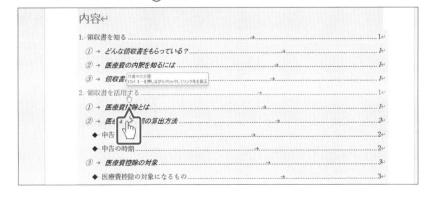

③「**2. 領収書を活用する**」が表示されます。

④「**領収書を活用する**」の前にカーソルが表示されていることを確認します。

⑤《**挿入**》タブ→《**ページ**》グループの ⊟ ページ区切り （ページ区切りの挿入）をクリックします。

⑥ページ区切りが挿入され、改ページされます。

※「**2. 領収書を活用する**」が3ページ目に移動します。

⑦《**参考資料**》タブ→《**目次**》グループの 🗋目次の更新 （目次の更新）をクリックします。

⬤🖱 その他の方法

目次の更新

◆目次フィールドを右クリック→
《フィールド更新》

◆目次フィールド内にカーソルを移動→ [F9]

⑧《**目次の更新**》ダイアログボックスが表示されます。

⑨《**ページ番号だけを更新する**》を ⦿ にします。

⑩《**OK**》をクリックします。

⚠ Point

《目次の更新》

更新内容によっては、《目次の更新》ダイアログボックスが表示されない場合があります。

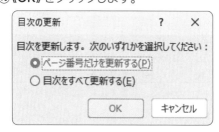

⑪文書の先頭を表示し、目次が更新されたことを確認します。

※ [Ctrl] + [Home] を押すと、効率的です。

⚠ Point

目次の削除

◆《参考資料》タブ→《目次》グループの 🗋（目次）→《目次の削除》

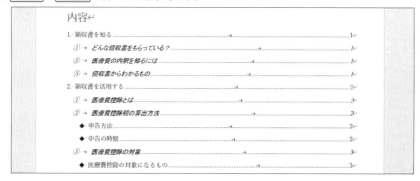

2 | ユーザー設定の目次を作成する

 解説 ■ユーザー設定の目次の作成

「**ユーザー設定の目次**」を使うと、自分で見出しのレベルを指定したり、書式を設定したりして目次を作成できます。

操作 ◆《参考資料》タブ→《目次》グループの（目次）→《ユーザー設定の目次》

Lesson 4-5

 文書「Lesson4-5」を開いておきましょう。

次の操作を行いましょう。

(1) 1ページ目の「目次」の下に目次を作成してください。書式は「クラシック」、タブリーダーは「-------」とし、見出し2まで表示します。

Lesson 4-5 Answer

(1)

① 「**目次**」の次の行にカーソルを移動します。

② 《参考資料》タブ→《目次》グループの（目次）→《ユーザー設定の目次》をクリックします。

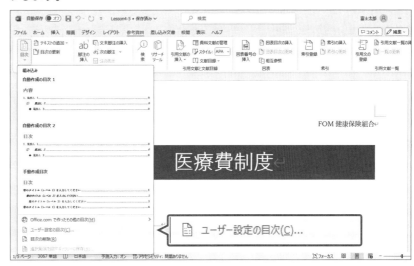

③《目次》ダイアログボックスが表示されます。

④《目次》タブを選択します。

⑤《書式》の∨をクリックし、一覧から《クラシック》を選択します。

⑥《アウトラインレベル》を「2」に設定します。

⑦《タブリーダー》の∨をクリックし、一覧から《------》を選択します。

⑧《OK》をクリックします。

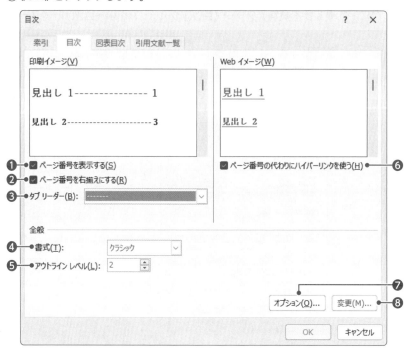

Point

《目次》

❶ページ番号を表示する
項目のページ番号を表示します。

❷ページ番号を右揃えにする
ページ番号を右揃えにして表示します。

❸タブリーダー
項目と右揃えにしたページ番号の間に表示するタブリーダーを選択します。

❹書式
目次に設定する書式を選択します。

❺アウトラインレベル
目次にするアウトラインのレベルを設定します。

❻ページ番号の代わりにハイパーリンクを使う
目次をハイパーリンクとして挿入します。

❼オプション
目次にするスタイルと目次レベルを設定します。

❽変更
❹で《任意のスタイル》を選択した場合に目次スタイルの書式を変更します。

⑨目次が作成されます。

Lesson 4-6

 文書「Lesson4-6」を開いておきましょう。

次の操作を行いましょう。

(1) 1ページ目の「目次」の下に目次を作成してください。タブリーダーは、「＿＿＿＿」とし、見出し2だけ表示します。

Lesson 4-6 Answer

(1)

①「**目次**」の次の行にカーソルを移動します。

②《**参考資料**》タブ→《**目次**》グループの（目次）→《**ユーザー設定の目次**》をクリックします。

③《**目次**》ダイアログボックスが表示されます。

④《**目次**》タブを選択します。

⑤《オプション》をクリックします。

⑥《目次オプション》ダイアログボックスが表示されます。

⑦《見出し1》の《目次レベル》の「1」を削除します。

※表示されていない場合は、スクロールして調整します。

⑧《見出し3》の《目次レベル》の「3」を削除します。

⑨《OK》をクリックします。

❗ Point

《目次オプション》

❶スタイルを指定する
スタイルと目次レベルの関連付けを設定します。

❷スタイルの一覧
スタイル名が表示されます。

❸目次レベル
スタイルに設定する目次レベルを「1」から「9」の数値で指定します。設定した目次レベルは、目次スタイルと連動します。

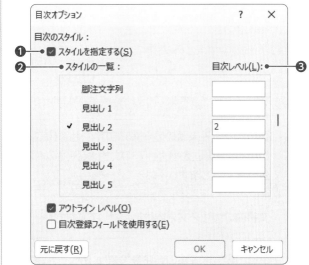

⑩《目次》ダイアログボックスに戻ります。

⑪《タブリーダー》の ✓ をクリックし、一覧から《＿＿＿＿》を選択します。

⑫《OK》をクリックします。

⑬目次が挿入されます。

求められるスキル

出題範囲1

出題範囲2

出題範囲3

出題範囲4

出題範囲5

出題範囲6

確認問題 標準解答

Exercise | 確認問題

標準解答 ▶ P.230

Lesson 4-7

 文書「Lesson4-7」を開いておきましょう。

次の操作を行いましょう。

あなたは、社会学部の学生で、外来語についてのレポートを作成し、提出に向けて体裁を整えています。

問題（1）	見出し「2　外来語の歴史」の下の「…史論（ヒストリカル・エツセイ）を草する時には…」の後ろに、脚注を挿入してください。脚注の内容は「坪内逍遥（1885-1886）『当世書生気質』」とします。
問題（2）	文書内の脚注を文末脚注に変換してください。
問題（3）	文書内の文末脚注の脚注番号を「a,b,c,…」に変更してください。
問題（4）	1ページ目のテキストボックス内に、「自動作成の目次1」を挿入してください。
問題（5）	挿入した目次を利用して、見出し「6　まとめ」を表示してください。

MOS Word 365

出題範囲 **5**

グラフィック要素の挿入と書式設定

1

図やテキストボックスを挿入する

☑ 理解度チェック

習得すべき機能	参照Lesson	学習前	学習後	試験直前
■図形を挿入できる。	➡Lesson5-1	☑	☑	☑
■図形のサイズを設定できる。	➡Lesson5-1	☑	☑	☑
■図を挿入できる。	➡Lesson5-2	☑	☑	☑
■図のサイズを設定できる。	➡Lesson5-2	☑	☑	☑
■テキストボックスを挿入できる。	➡Lesson5-3	☑	☑	☑
■SmartArtグラフィックを挿入できる。	➡Lesson5-4	☑	☑	☑
■SmartArtグラフィックのサイズを設定できる。	➡Lesson5-4	☑	☑	☑
■3Dモデルを挿入できる。	➡Lesson5-5	☑	☑	☑
■3Dモデルのサイズを設定できる。	➡Lesson5-5	☑	☑	☑
■アイコンを挿入できる。	➡Lesson5-6	☑	☑	☑
■アイコンのサイズを設定できる。	➡Lesson5-6	☑	☑	☑
■スクリーンショットを挿入できる。	➡Lesson5-7	☑	☑	☑

1 図形を挿入する

解説 ■図形の挿入

Wordでは、様々な種類の**「図形」**を作成できます。図形は、線や四角形、基本図形、吹き出しなどに分類されており、目的に合わせて種類を選択できます。

操作 ◆《挿入》タブ→《図》グループの （図形の作成）

■図形のサイズ変更

図形を選択すると周囲に表示される〇（ハンドル）をドラッグして図形のサイズを変更します。また、図形の高さと幅を数値で正確に指定することもできます。

操作 ◆《図形の書式》タブ→《サイズ》グループの ⬚（図形の高さ）／⬚（図形の幅）

Lesson 5-1

 文書「Lesson5-1」を開いておきましょう。

次の操作を行いましょう。

(1) 1ページ目の左上に図形「太陽」を挿入してください。

(2) 挿入した図形の高さと幅を「29mm」に設定してください。

Lesson 5-1 Answer

(1)

①《挿入》タブ→《図》グループの 図形 （図形の作成）→《基本図形》の （太陽）をクリックします。

※マウスポインターの形が ＋ に変わります。

②図のように、始点から終点までドラッグします。

③図形が挿入されます。

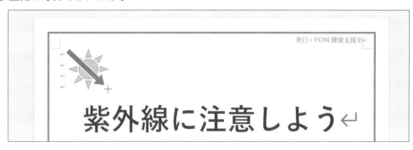

(2)

①図形を選択します。

②《図形の書式》タブ→《サイズ》グループの （図形の高さ）を「**29mm**」に設定します。

③《図形の書式》タブ→《サイズ》グループの （図形の幅）を「**29mm**」に設定します。

④図形の高さと幅が設定されます。

---

⑨ Point

縦横比が1対1の図形の挿入

Shift を押しながらドラッグすると、縦横比が1対1の図形を挿入できます。真円や正方形の図形を挿入する場合に使います。

⑨ Point

レイアウトオプション

図形を選択すると、 （レイアウトオプション）が表示されます。 （レイアウトオプション）を使うと文字列の折り返しを設定できます。

※文字列の折り返しについては、P.192を参照してください。

🖱 その他の方法

図形のサイズ変更

◆図形を選択→《図形の書式》タブ→《サイズ》グループの （レイアウトの詳細設定：サイズ）→《サイズ》タブ→《高さ》／《幅》

⑨ Point

図形の移動

◆図形を選択→マウスポインターの形が に変わったらドラッグ

⑨ Point

図形の削除

◆図形を選択→ Delete

2 図を挿入する

解説 ■図の挿入

デジタルカメラで撮影した写真やスキャナーで取り込んだイラストなどの「**画像**」を文書に挿入できます。Wordでは画像のことを「**図**」といいます。
GIFやJPEG、PNG、WMF、BMP、SVGなど様々なファイル形式の図を挿入できます。

操作 ◆《挿入》タブ→《図》グループの 🖼 (画像を挿入します) →《このデバイス》

■図のサイズ変更

図を選択すると周囲に表示される〇 (ハンドル) をドラッグして図のサイズを変更します。
また、図の高さと幅を数値で正確に指定することもできます。

操作 ◆《図の形式》タブ→《サイズ》グループの 🔼 (図形の高さ) ／ 🔲 (図形の幅)

Lesson 5-2

 文書「Lesson5-2」を開いておきましょう。

次の操作を行いましょう。

(1) 1ページ目の「太陽光線は植物にとって…」の下に、フォルダー「Lesson5-2」のファイル「ひまわり」を挿入してください。

(2) 挿入した図の高さを「78mm」、幅を「104mm」に設定してください。

Lesson 5-2 Answer

(1)

① 「**太陽光線は植物にとって…**」の下の行にカーソルを移動します。

② 《**挿入**》タブ→《**図**》グループの 🖼 (画像を挿入します) →《**このデバイス**》をクリックします。

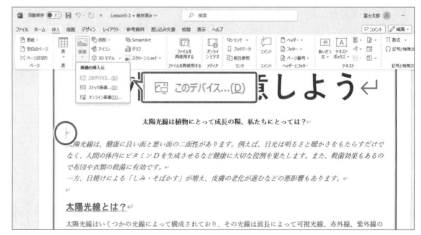

③《図の挿入》ダイアログボックスが表示されます。

④フォルダー「**Lesson5-2**」を開きます。

※《ドキュメント》→「MOS 365-Word（1）」→「Lesson5-2」を選択します。

⑤一覧から「**ひまわり**」を選択します。

⑥《**挿入**》をクリックします。

⑦図が挿入されます。

求められるスキル

出題範囲1

出題範囲2

出題範囲3

出題範囲4

出題範囲5

出題範囲6

確認問題 標準解答

(2)

①図を選択します。

②《**図の形式**》タブ→《**サイズ**》グループの ⬚ （図形の高さ）を「**78mm**」に設定します。

③《**図の形式**》タブ→《**サイズ**》グループの ⬚ （図形の幅）が「**104mm**」になっていることを確認します。

※高さを変更すると、自動的に幅も調整されます。

④図のサイズが設定されます。

！Point

レイアウトオプション

図を選択すると、🔲 （レイアウトオプション）が表示されます。🔲 （レイアウトオプション）を使うと文字列の折り返しを設定できます。

※文字列の折り返しについては、P.192を参照してください。

その他の方法

図のサイズ変更

◆図を選択→《図の形式》タブ→《サイズ》グループの 🔲 （レイアウトの詳細設定：サイズ）→《サイズ》タブ→《高さ》／《幅》

！Point

図の移動

◆図を選択→マウスポインターの形が 🔧 に変わったらドラッグ

※図を任意の場所に移動するには、文字列の折り返しを「行内」以外に設定する必要があります。

！Point

図の削除

◆図を選択→ Delete

3 ｜ テキストボックスを挿入する

 解 説 ■テキストボックスの挿入

「**テキストボックス**」は、文字列を入力できる箱のようなもので、文書内の自由な位置に配置できます。テキストボックスにはスタイルが設定された組み込みのテキストボックスとユーザーが自由に作成できるテキストボックスがあります。

横書きテキストボックス

> 吾輩は猫である。名前はまだ無い。↵

イオン-引用（濃色）

> 吾輩は猫である。名前はまだ無い。
> ［ここに出典を記載します。］

金線細工-引用

> 吾輩は猫である。名前はまだ無い。↵
>
> ［ここに出典を記載します。］↵

操作 ◆《挿入》タブ→《テキスト》グループの ⒜テキストボックス▾ （テキストボックスの選択）

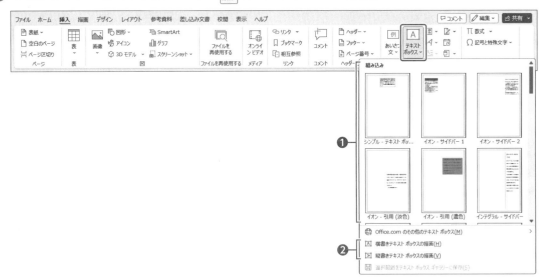

❶組み込み

書式や配置などが設定されたテキストボックスを挿入します。ヘッダーやフッターなどと同じスタイルを選択すると、統一感のある文書を作成できます。

❷横書きテキストボックスの描画／縦書きテキストボックスの描画

テキストボックスを描画して挿入します。ユーザーが自由に書式や配置を設定できます。横書きの文書の中で一部だけを縦書きにしたいときや、本文とは独立させて強調したいときなどに使います。

Lesson 5-3

 文書「Lesson5-3」を開いておきましょう。

次の操作を行いましょう。

(1) ひまわりの写真の上に横書きテキストボックスを挿入してください。テキストボックスに「太陽光線は植物にとって成長の糧、私たちにとっては?」と入力します。

Lesson 5-3 Answer

(1)

①《挿入》タブ→《テキスト》グループの (テキストボックスの選択)→《横書きテキストボックスの描画》をクリックします。

※マウスポインターの形が十に変わります。

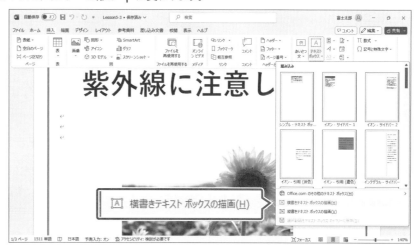

②図のように、始点から終点までドラッグします。

③テキストボックス内にカーソルが表示されます。

④「太陽光線は植物にとって成長の糧、私たちにとっては?」と入力します。

!Point

テキストボックスのサイズ変更

◆テキストボックスを選択→《図形の書式》タブ→《サイズ》グループの[図](図形の高さ)／[図](図形の幅)

◆テキストボックスを選択→《図形の書式》タブ→《サイズ》グループの[図](レイアウトの詳細設定：サイズ)→《サイズ》タブ→《高さ》／《幅》

!Point

テキストボックスの移動

◆テキストボックスを選択→マウスポインターの形が十字に変わったらドラッグ

!Point

テキストボックスの削除

◆テキストボックスを選択→[Delete]

求められるスキル

出題範囲1

出題範囲2

出題範囲3

出題範囲4

出題範囲5

出題範囲6

確認問題 標準解答

4　SmartArtグラフィックを挿入する

解説 ■SmartArtグラフィックの挿入

「**SmartArtグラフィック**」とは、複数の図形を組み合わせて、情報の相互関係をわかりやすく表現した図解のことです。Wordには、様々な種類のSmartArtグラフィックが用意されており、簡単に文書に挿入できます。SmartArtグラフィックは、「**手順**」「**循環**」「**集合関係**」「**ピラミッド**」などに分類されて管理されています。

操作 ◆《挿入》タブ→《図》グループの 🔚 SmartArt （SmartArtグラフィックの挿入）

■SmartArtグラフィックのサイズ変更

SmartArtグラフィックを選択すると周囲に表示される○（ハンドル）をドラッグしてSmartArtグラフィックのサイズを変更します。また、SmartArtグラフィックの高さと幅を数値で正確に指定することもできます。

操作 ◆《書式》タブ→《サイズ》グループの 🔲 高さ:（図形の高さ）／🔲 幅:（図形の幅）

Lesson 5-4

OPEN 文書「Lesson5-4」を開いておきましょう。

次の操作を行いましょう。

(1) 2ページ目の箇条書き「●UV-A（長波長紫外線）」の上にSmartArtグラフィック「放射ブロック」を挿入してください。「放射ブロック」は「循環」に含まれます。中心の図形に「紫外線」、1つ目の図形に「UV-A」、2つ目の図形に「UV-B」、3つ目の図形に「UV-C」と表示します。

(2) SmartArtグラフィックの高さと幅を「87mm」に設定してください。

Lesson 5-4 Answer

(1)

① 「**●UV-A（長波長紫外線）**」の上の行にカーソルを移動します。

② 《挿入》タブ→《図》グループの 🔚 SmartArt （SmartArtグラフィックの挿入）をクリックします。

③《SmartArtグラフィックの選択》ダイアログボックスが表示されます。

④左側の一覧から《循環》を選択します。

⑤中央の一覧から《放射ブロック》を選択します。

⑥《OK》をクリックします。

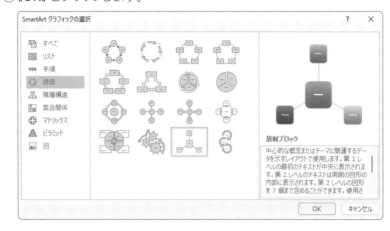

⑦SmartArtグラフィックが挿入されます。

⑧テキストウィンドウの1行目に「紫外線」と入力します。

※テキストウィンドウが表示されていない場合は、表示しておきましょう。

⑨テキストウィンドウの2行目に「UV-A」と入力します。

⑩同様に、テキストウィンドウの3行目に「UV-B」、4行目に「UV-C」と入力します。

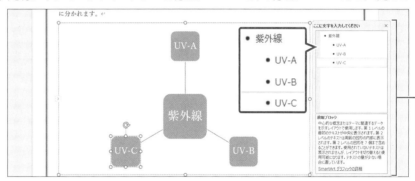

テキストウィンドウ

(2)

①SmartArtグラフィックを選択します。

※SmartArtグラフィックの外側の枠線をクリックし、SmartArtグラフィック全体を選択します。

②《書式》タブ→《サイズ》グループの 🔼高さ: (図形の高さ)を「87mm」に設定します。

③《書式》タブ→《サイズ》グループの 🔁幅: (図形の幅)を「87mm」に設定します。

④SmartArtグラフィックのサイズが設定されます。

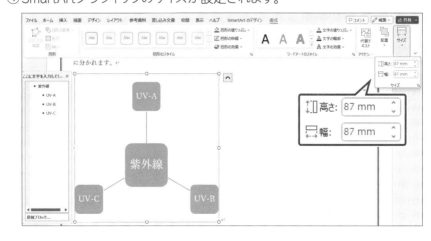

5 ｜ 3Dモデルを挿入する

解 説

■3Dモデルの挿入

「**3Dモデル**」とは、360度回転させて、あらゆる角度から表示できる立体的なモデルのことです。3Dモデルを使うと、奥行きや細かい形状などを表現できるので、平面の画像とは異なる効果を生み出すことができます。

操作　◆《挿入》タブ→《図》グループの[◇ 3D モデル ▾]（3Dモデル）

❶このデバイス

コンピューター内にある3Dモデルを挿入します。

❷3Dモデルのストック

インターネット上にあるオンライン3Dモデルを挿入します。アニメーション化された3Dモデルも挿入できます。カテゴリーから選択するか、キーワードで検索してダウンロードします。

■3Dモデルのサイズ変更

3Dモデルを選択すると周囲に表示される〇（ハンドル）をドラッグして3Dモデルのサイズを変更します。また、3Dモデルの高さと幅を数値で正確に指定することもできます。

操作　◆《3Dモデル》タブ→《サイズ》グループの[↕□高さ:]（図形の高さ）／[⊟幅:]（図形の幅）

Lesson 5-5

OPEN　文書「Lesson5-5」を開いておきましょう。

次の操作を行いましょう。
(1) 文書の先頭に、フォルダー「Lesson5-5」のファイル「himawari」を挿入してください。
(2) 挿入した3Dモデルの高さを「45mm」、幅を「46.9mm」に設定してください。

Lesson 5-5 Answer

(1)

①文書の先頭にカーソルを移動します。

②《**挿入**》タブ→《**図**》グループの[◇ 3D モデル ▾]（3Dモデル）の[▾]→《**このデバイス**》をクリックします。

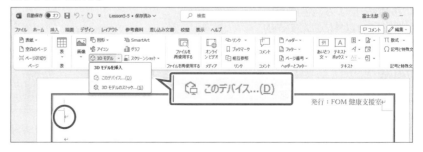

③《3Dモデルの挿入》ダイアログボックスが表示されます。

④フォルダー「Lesson5-5」を開きます。

※《ドキュメント》→「MOS 365-Word(1)」→「Lesson5-5」を選択します。

⑤一覧から「himawari」を選択します。

⑥《挿入》をクリックします。

⑦3Dモデルが挿入されます。

(2)

①3Dモデルを選択します。

②《3Dモデル》タブ→《サイズ》グループの ↕高さ:(図形の高さ)を「45mm」に設定します。

③《3Dモデル》タブ→《サイズ》グループの ↔幅:(図形の幅)が「46.9mm」になっていることを確認します。

※高さを変更すると、自動的に幅も調整されます。

④3Dモデルのサイズが設定されます。

Point

レイアウトオプション

3Dモデルを選択すると、▲(レイアウトオプション)が表示されます。▲(レイアウトオプション)を使うと文字列の折り返しを設定できます。

※文字列の折り返しについては、P.192を参照してください。

その他の方法

3Dモデルのサイズ変更

◆3Dモデルを選択→《3Dモデル》タブ→《サイズ》グループの ⤵(レイアウトの詳細設定:サイズ)→《サイズ》タブ→《高さ》/《幅》

Point

3Dモデルの移動

◆3Dモデルを選択→マウスポインターの形が ✥ に変わったらドラッグ

Point

3Dモデルの削除

◆3Dモデルを選択→ Delete

求められるスキル

出題範囲1

出題範囲2

出題範囲3

出題範囲4

出題範囲5

出題範囲6

確認問題 標準解答

6　アイコンを挿入する

**解説**

■アイコンの挿入

「アイコン」とは、ひと目で何を表しているかがわかるような簡単な絵柄のことです。「**人物**」や「**ビジネス**」「**顔**」「**動物**」などの種類ごとに絞り込んだり、キーワードで検索したりして、用途に応じたアイコンを挿入することができます。

操作 ◆《挿入》タブ→《図》グループの[🖼 アイコン]（アイコンの挿入）

■アイコンのサイズ変更

アイコンを選択すると周囲に表示される○（ハンドル）をドラッグしてアイコンのサイズを変更します。また、アイコンの高さと幅を数値で正確に指定することもできます。

操作 ◆《グラフィックス形式》タブ→《サイズ》グループの[高さ:]（図形の高さ）／[幅:]（図形の幅）

Lesson 5-6

OPEN　文書「Lesson5-6」を開いておきましょう。

次の操作を行いましょう。

(1) 文書の先頭に、黒い太陽のアイコンを挿入してください。アイコンは「天気と季節」から選択します。

※インターネットに接続できる環境が必要です。

(2) 挿入したアイコンの高さと幅を「19mm」に設定してください。

Lesson 5-6 Answer

(1)

①文書の先頭にカーソルを移動します。

②《挿入》タブ→《図》グループの[🖼 アイコン]（アイコンの挿入）をクリックします。

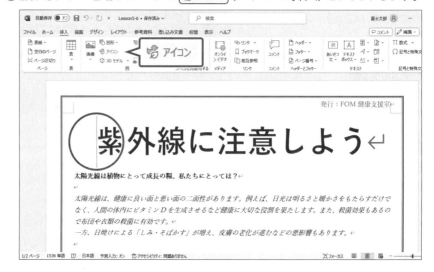

③《ストック画像》が表示されます。

④《アイコン》が選択されていることを確認します。

⑤《天気と季節》をクリックします。

※表示されていない場合は、スクロールして調整します。

⑥図のアイコンをクリックします。

※アイコンは定期的に更新されているため、図と同じアイコンが表示されない場合があります。その場合は、任意のアイコンを選択しましょう。

⑦アイコンに ✔ が表示されます。

⑧《挿入》をクリックします。

⑨アイコンが挿入されます。

(2)

①アイコンを選択します。

②《グラフィックス形式》タブ→《サイズ》グループの 高さ:（図形の高さ）を「19mm」に設定します。

③《グラフィックス形式》タブ→《サイズ》グループの 幅:（図形の幅）が「19mm」になっていることを確認します。

※高さを変更すると、自動的に幅も調整されます。

④アイコンのサイズが設定されます。

求められるスキル

出題範囲1

出題範囲2

出題範囲3

出題範囲4

出題範囲5

出題範囲6

確認問題 標準解答

!Point

レイアウトオプション

アイコンを選択すると、🔲（レイアウトオプション）が表示されます。🔲（レイアウトオプション）を使うと文字列の折り返しを設定できます。

※文字列の折り返しについては、P.192を参照してください。

🖱 その他の方法

アイコンのサイズ変更

◆アイコンを選択→《グラフィックス形式》タブ→《配置》グループの 📐（オブジェクトの配置）→《その他のレイアウトオプション》→《サイズ》タブ→《高さ》/《幅》

◆アイコンを選択→《グラフィックス形式》タブ→《サイズ》グループの 🔲（レイアウトの詳細設定：サイズ）→《サイズ》タブ→《高さ》/《幅》

!Point

アイコンの移動

◆アイコンを選択→マウスポインターの形が ✛ に変わったらドラッグ

※アイコンを任意の場所に移動するには、文字列の折り返しを「行内」以外に設定する必要があります。

!Point

アイコンの削除

◆アイコンを選択→ Delete

7　スクリーンショットや画面の領域を挿入する

📖✏️ **解説**　■スクリーンショットの挿入

「**スクリーンショット**」を使うと、起動中のほかのアプリのウィンドウや領域、デスクトップの画面などを図として挿入できます。

操作　◆《挿入》タブ→《図》グループの 📷スクリーンショット ▾（スクリーンショットをとる）

❶**使用できるウィンドウ**

現在表示しているWordのウィンドウ以外で、デスクトップに開かれているウィンドウが表示されます。一覧から選択したウィンドウを図として挿入します。

※一部のアプリは、一覧に表示されません。

❷**画面の領域**

画面全体が淡色で表示されます。開始位置から終了位置までドラッグすると、その範囲を図として挿入します。

Lesson 5-7

 文書「Lesson5-7」を開いておきましょう。

💡**Hint**

スクリーンショットとして挿入する画面を表示しておきます。

次の操作を行いましょう。

(1) 文書の最後に、Excelのバージョン情報のスクリーンショットを挿入してください。

Lesson 5-7 Answer

(1)

①Excelを起動します。

②《**アカウント**》→《**Excelのバージョン情報**》をクリックします。

出題範囲5　グラフィック要素の挿入と書式設定

③Excelのバージョン情報が表示されます。

④文書「Lesson5-7」を表示します。

※タスクバーのWordのアイコンをクリックして切り替えます。

⑤文書の最後にカーソルを移動します。

⑥《挿入》タブ→《図》グループの [　スクリーンショット ▼]（スクリーンショットをとる）→《使用できるウィンドウ》の《Microsoft® Excel® for Microsoft 365のバージョン情報》をクリックします。

※お使いの環境によって、ウィンドウの名称が異なる場合があります。

⑦Excelのバージョン情報の画面が挿入されます。

求められるスキル

出題範囲1

出題範囲2

出題範囲3

出題範囲4

出題範囲5

出題範囲6

確認問題 標準解答

❗ Point

スクリーンショットの削除・移動・サイズ変更

スクリーンショットは図として挿入されます。
削除や移動、サイズ変更は図と同様に操作できます。

2 図やテキストボックスを書式設定する

☑ 理解度チェック

習得すべき機能	参照Lesson	学習前	学習後	試験直前
■図にアート効果を適用できる。	➡Lesson5-8	☑	☑	☑
■図の背景を削除できる。	➡Lesson5-9	☑	☑	☑
■図に効果を適用できる。	➡Lesson5-10	☑	☑	☑
■図にスタイルを適用できる。	➡Lesson5-11	☑	☑	☑
■図の明るさやコントラストを設定できる。	➡Lesson5-12	☑	☑	☑
■図の色を設定できる。	➡Lesson5-12	☑	☑	☑
■図形に書式を設定できる。	➡Lesson5-13	☑	☑	☑
■テキストボックスに書式を設定できる。	➡Lesson5-13	☑	☑	☑
■図形を別の図形に変更できる。	➡Lesson5-14	☑	☑	☑
■アイコンに書式を設定できる。	➡Lesson5-15	☑	☑	☑
■SmartArtグラフィックにスタイルを適用できる。	➡Lesson5-16	☑	☑	☑
■SmartArtグラフィックの図形を変更したり、書式を設定したりできる。	➡Lesson5-16	☑	☑	☑
■3Dモデルのビューを変更できる。	➡Lesson5-17	☑	☑	☑
■3Dモデルの角度を指定して回転できる。	➡Lesson5-17	☑	☑	☑

1 アート効果を適用する

解説

■アート効果の適用

「**アート効果**」を適用すると、図に線画やパッチワーク、マーカーなどの効果を付けることができます。アート効果の種類によっては、透明度などのオプションを設定することもできます。

操作 ◆《図の形式》タブ→《調整》グループの （アート効果）

❶アート効果
一覧から選択してアート効果を適用します。

❷アート効果のオプション
アート効果の透明度や鉛筆・ブラシのサイズ、ぼかしの割合などを設定します。設定できるオプションはアート効果によって異なります。

Lesson 5-8

 文書「Lesson5-8」を開いておきましょう。

次の操作を行いましょう。

(1) ひまわりの写真に、アート効果「マーカー」を適用してください。

(2) ひまわりの写真に適用したアート効果のオプションのサイズを「50」に設定してください。

Lesson 5-8 Answer

🖱 **その他の方法**

アート効果の適用

◆ 図を選択→《図の形式》タブ→《図のスタイル》グループの 🔲 (図の書式設定)→ 🖾 (効果)→《アート効果》の 🖾▼

◆ 図を右クリック→《図の書式設定》→ 🖾 (効果)→《アート効果》の 🖾▼

(1)

① 図を選択します。

② 《図の形式》タブ→《調整》グループの 🖾 アート効果 ▼ (アート効果)→《マーカー》をクリックします。

③ 図にアート効果が適用されます。

求められるスキル

出題範囲1

出題範囲2

出題範囲3

出題範囲4

出題範囲5

出題範囲6

確認問題 標準解答

（2）

① 図を選択します。

② 《図の形式》タブ→《調整》グループの （アート効果）→《アート効果のオプション》をクリックします。

③ 《図の書式設定》作業ウィンドウが表示されます。

④ 🞓（効果）が選択されていることを確認します。

⑤ 《アート効果》の詳細が表示されていることを確認します。

※表示されていない場合は、《アート効果》をクリックします。

⑥ 《サイズ》を「50」に設定します。

⑦ アート効果のオプションが設定されます。

※《図の書式設定》作業ウィンドウを閉じておきましょう。

その他の方法

アート効果のオプションの設定

◆ 図を選択→《図の形式》タブ→《図のスタイル》グループの 🞓（図の書式設定）→🞓（効果）→《アート効果》

◆ 図を右クリック→《図の書式設定》→🞓（効果）→《アート効果》

Point

《図の書式設定》の《アート効果》

❶ アート効果
アート効果を設定します。

❷ 透明度
透明度を設定します。
※選択したアート効果によっては、表示されない場合があります。

❸ サイズ
サイズを設定します。
※選択したアート効果によっては、表示されない場合があります。

❹ リセット
設定したアート効果を解除します。

解 説 ■図の背景の削除

写真に写り込んだ建物や人物など不要なものを削除できます。図の一部分だけを使いたい場合に便利です。

操作 ◆《図の形式》タブ→《調整》グループの （背景の削除）

Lesson 5-9

OPEN 文書「Lesson5-9」を開いておきましょう。

次の操作を行いましょう。

(1) ひまわりの写真の背景を削除し、中央の花だけにしてください。

Lesson 5-9 Answer

(1)

①図を選択します。

②《図の形式》タブ→《調整》グループの （背景の削除）をクリックします。

求められるスキル

出題範囲1

出題範囲2

出題範囲3

出題範囲4

出題範囲5

出題範囲6

確認問題 標準解答

⬛ Point

《背景の削除》タブ

背景の削除中は、リボンに《背景の削除》タブが表示され、背景の削除に関するコマンドが使用できる状態になります。

❶保持する領域としてマーク

削除する範囲として認識された部分をクリック、またはドラッグすると、削除しないように設定できます。

❷削除する領域としてマーク

削除しない範囲として認識された部分をクリック、またはドラッグすると、削除するように設定できます。

❸背景の削除を終了して、変更を破棄する

変更内容を破棄して、背景の削除を終了します。図は元の状態に戻ります。

❹背景の削除を終了して、変更を保持する

変更内容を保持して、背景の削除を終了します。

③自動的に背景が認識され、削除する部分が紫色で表示されます。

④《**背景の削除**》タブ→《**設定し直す**》グループの（保持する領域としてマーク）をクリックします。

※マウスポインターの形が✎に変わります。

⑤図のように、花びらの部分をドラッグします。

※ドラッグ中、緑色の線が表示されます。

※ドラッグの開始位置（花びらの部分）をクリックしてもかまいません。

⑥保持する範囲が調整されます。

⑦《**背景の削除**》タブ→《**設定し直す**》グループの 　　 （削除する領域としてマーク）
をクリックします。

※マウスポインターの形が ⌀ に変わります。

⑧図のように、中央の花以外の部分をドラッグします。

※ドラッグ中、赤色の線が表示されます。

⑨削除する範囲が調整されます。

※必要に応じて、《**背景の削除**》タブ→《**設定し直す**》グループの 　　 （保持する領域として
マーク）／ 　　 （削除する領域としてマーク）を使って、保持する範囲や削除する範囲を調整
します。

⑩《**背景の削除**》タブ→《**閉じる**》グループの 　　 （背景の削除を終了して、変更を保
持する）をクリックします。

⑪図の背景が削除されます。

3 | 図の効果やスタイルを適用する

解説 ■図の効果の適用

「**図の効果**」を使うと、図に影や反射、光彩、ぼかしなどの視覚的効果を付けることができます。

操作 ◆《図の形式》タブ→《図のスタイル》グループの 〔 図の効果 〕（図の効果）

Lesson 5-10

 文書「Lesson5-10」を開いておきましょう。

次の操作を行いましょう。

(1) ひまわりの写真にぼかしの効果「10ポイント」を適用してください。

Lesson 5-10 Answer

(1)

① 図を選択します。

② 《図の形式》タブ→《図のスタイル》グループの 〔 図の効果 〕（図の効果）→《ぼかし》→《ソフトエッジのバリエーション》の《10ポイント》をクリックします。

③ 図の効果が適用されます。

その他の方法

図の効果の適用

◆図を選択→《図の形式》タブ→《図のスタイル》グループの 〔🗔〕（図の書式設定）→〔⬠〕（効果）

◆図を右クリック→《図の書式設定》→〔⬠〕（効果）

解説 ■図のスタイルの適用

「**図のスタイル**」とは、画像の枠線や効果などをまとめて設定した書式の組み合わせのことです。一覧から選択するだけで、簡単に画像の見栄えを整えることができます。影や光彩を付けて立体的に表示したり、画像にフレームを付けて装飾したりできます。

操作 ◆《図の形式》タブ→《図のスタイル》グループのボタン

Lesson 5-11

OPEN 文書「Lesson5-11」を開いておきましょう。

次の操作を行いましょう。
(1) ひまわりの写真にスタイル「透視投影、緩い傾斜、白」を適用してください。

Lesson 5-11 Answer

(1)
①図を選択します。

②《図の形式》タブ→《図のスタイル》グループの ▽ →《透視投影、緩い傾斜、白》をクリックします。
③図のスタイルが適用されます。

Point

図のリセット

図に設定したスタイルや効果などをリセットできます。

◆図を選択→《図の形式》タブ→《調整》グループの 📷（図のリセット）

Point

図の枠線

図に枠線を設定できます。枠線の色や太さ、種類などを設定することもできます。

◆図を選択→《図の形式》タブ→《図のスタイル》グループの 🖊️ 図の枠線 ▾（図の枠線）

求められるスキル

出題範囲1

出題範囲2

出題範囲3

出題範囲4

出題範囲5

出題範囲6

確認問題 標準解答

 **解説** ■図の調整

図の色やトーン、彩度などを変更したり、明るさやコントラストを調整したりして図の印象を変えることができます。

操作 ◆《図の形式》タブ→《調整》グループのボタン

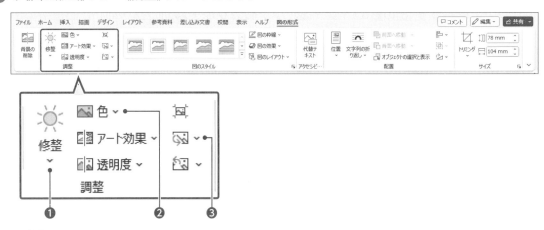

❶ ⬜（修整）
図の明るさやコントラスト、鮮明度などを設定します。

❷ ⬜色⌄（色）
色の彩度やトーン、色合いなどを設定します。

❸ ⬜⌄（図の変更）
別の図に変更します。設定されているスタイルや効果、枠線などの書式を引き継ぎます。

Lesson 5-12

 文書「Lesson5-12」を開いておきましょう。

次の操作を行いましょう。
(1) ひまわりの写真の明るさを「−20％」、コントラストを「＋20％」に設定してください。
(2) ひまわりの写真の色の彩度を「彩度：200％」に設定してください。

Lesson 5-12 Answer

(1)
①図を選択します。

その他の方法

図の修整

◆図を選択→《図の形式》タブ→《図のスタイル》グループの[⤢]（図の書式設定）→[🖼]（図）→《図の修整》

◆図を右クリック→《図の書式設定》→[🖼]（図）→《図の修整》

②《図の形式》タブ→《調整》グループの[🔆]（修整）→《明るさ/コントラスト》の《明るさ：−20% コントラスト：+20%》をクリックします。

③図の明るさとコントラストが設定されます。

（2）

①図を選択します。

②《図の形式》タブ→《調整》グループの[🖼 色▾]（色）→《色の彩度》の《彩度：200%》をクリックします。

その他の方法

図の色

◆図を選択→《図の形式》タブ→《図のスタイル》グループの[⤢]（図の書式設定）→[🖼]（図）→《図の色》

◆図を右クリック→《図の書式設定》→[🖼]（図）→《図の色》

③図の色の彩度が設定されます。

4 グラフィック要素を書式設定する

 解説 ■図形やテキストボックスの書式設定

図形の効果やスタイル、塗りつぶしや枠線などの書式を設定したり、設定されている書式を引き継いだ状態で別の図形に変更したりできます。

操作 ◆《図形の書式》タブ→《図形の挿入》／《図形のスタイル》グループのボタン

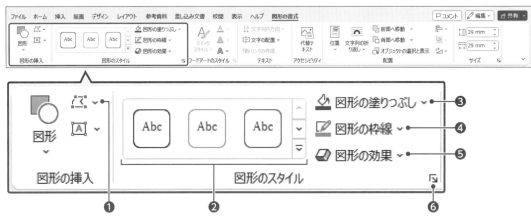

❶ 🗗 ✓ (図形の編集)

設定されているスタイルや枠線などの書式を引き継いだ状態で、別の図形に変更したり、形状を変更したりします。

❷ 図形のスタイル

塗りつぶしや枠線の色、効果などを組み合わせたスタイルを設定します。

❸ 🖎 図形の塗りつぶし ✓ (図形の塗りつぶし)

図形を塗りつぶす色を設定します。グラデーションや図を設定することもできます。

❹ ✐ 図形の枠線 ✓ (図形の枠線)

図形に枠線を設定します。枠線の色や太さ、種類などを設定することもできます。

❺ ⬰ 図形の効果 ✓ (図形の効果)

図形に影や反射、光彩、ぼかし、面取りなどの視覚的効果を設定します。

❻ 🗗 (図形の書式設定)

《図形の書式設定》作業ウィンドウを表示します。塗りつぶしと線、効果などを設定できます。

Lesson 5-13

📂 **OPEN** 文書「Lesson5-13」を開いておきましょう。

次の操作を行いましょう。

(1) 太陽の図形の色をグラデーションの「淡色のバリエーション」の「中央から」に設定してください。

(2) テキストボックス「太陽光線は…」に、光彩の効果「光彩：5pt；濃い青、アクセントカラー3」を適用してください。

Lesson 5-13 Answer

(1)

①太陽の図形を選択します。

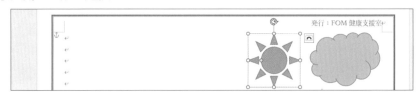

②《図形の書式》タブ→《図形のスタイル》グループの 図形の塗りつぶし ✓ (図形の塗りつぶし)→《グラデーション》→《淡色のバリエーション》の《中央から》をクリックします。

🖰 その他の方法

図形の塗りつぶしと枠線の設定

◆図形を選択→《図形の書式》タブ→《図形のスタイル》グループの 🗗 (図形の書式設定)→(塗りつぶしと線)

◆図形を右クリック→《図形の書式設定》→🖎 (塗りつぶしと線)

③図形に塗りつぶしが設定されます。

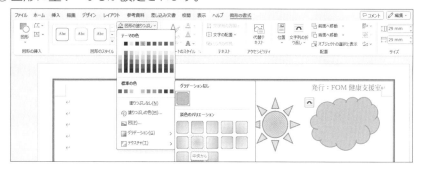

(2)

①テキストボックスを選択します。

②《図形の書式》タブ→《図形のスタイル》グループの〔🔲 図形の効果 ⌄〕(図形の効果)→《光彩》→《光彩の種類》の《光彩：5pt；濃い青、アクセントカラー3》をクリックします。

③図形の効果が適用されます。

🖱 **その他の方法**

図形の効果の適用

◆図形を選択→《図形の書式》タブ→《図形のスタイル》グループの〔▨〕(図形の書式設定)→〔🏠〕(効果)

◆図形を右クリック→《図形の書式設定》→〔🏠〕(効果)

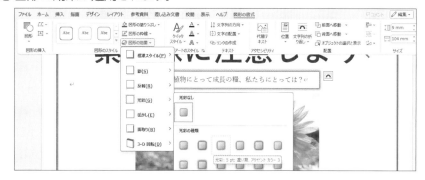

Lesson 5-14

📂 文書「Lesson5-14」を開いておきましょう。

次の操作を行いましょう。

(1) 太陽の図形を「稲妻」に変更してください。

Lesson 5-14 Answer

(1)

①図形を選択します。

②《図形の書式》タブ→《図形の挿入》グループの〔🔲 ⌄〕(図形の編集)→《図形の変更》→《基本図形》の(稲妻)をクリックします。

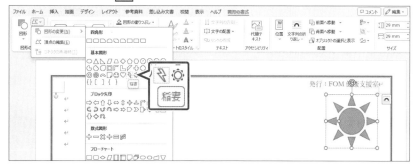

③図形が変更されます。

求められるスキル｜出題範囲1｜出題範囲2｜出題範囲3｜出題範囲4｜出題範囲5｜出題範囲6｜確認問題 標準解答

**解 説** ■アイコンの書式設定

アイコンの効果やスタイル、塗りつぶしや枠線などの書式を設定したり、アイコンを図形に変換したりできます。

操作 ◆《グラフィックス形式》タブ→《変更》／《グラフィックのスタイル》グループのボタン

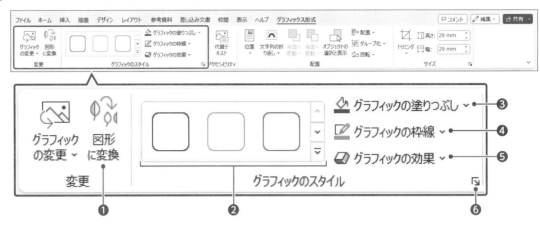

❶ （図形に変換）

アイコンを図形に変換します。

❷グラフィックのスタイル

塗りつぶしや枠線の色、効果などを組み合わせたスタイルを設定します。

❸ グラフィックの塗りつぶし ～（グラフィックの塗りつぶし）

アイコンを塗りつぶす色を設定します。

❹ グラフィックの枠線 ～（グラフィックの枠線）

アイコンに枠線を設定します。枠線の色や太さ、種類などを設定することもできます。

❺ グラフィックの効果 ～（グラフィックの効果）

アイコンに効果を設定します。影や反射、光彩、ぼかしなどの視覚的効果を設定できます。

❻ ⊡（グラフィックスの書式設定）

《書式設定グラフィック》作業ウィンドウを表示します。塗りつぶしと線、効果などを設定できます。

Lesson 5-15

OPEN 文書「Lesson5-15」を開いておきましょう。

次の操作を行いましょう。

(1) 太陽のアイコンにスタイル「塗りつぶし-アクセント2、枠線のみ-濃色1」を適用してください。

(2) 太陽のアイコンに影の効果「オフセット：右下」を適用してください。

Lesson 5-15 Answer

(1)

①アイコンを選択します。

②《グラフィックス形式》タブ→《グラフィックのスタイル》グループの ▽ →《塗りつぶし-
アクセント2、枠線のみ-濃色1》をクリックします。

③アイコンにスタイルが適用されます。

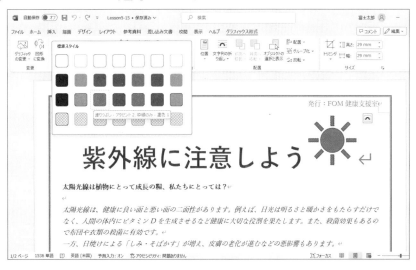

(2)

①アイコンを選択します。

🖱 その他の方法

アイコンの効果の適用

◆アイコンを選択→《グラフィックス
形式》タブ→《グラフィックのスタ
イル》グループの 🔲（グラフィック
スの書式設定）→ ⌂（効果）

◆アイコンを右クリック→《書式設定
グラフィック》→ ⌂（効果）

②《グラフィックス形式》タブ→《グラフィックのスタイル》グループの 🔲 グラフィックの効果 ▾
（グラフィックの効果）→《影》→《外側》の《オフセット：右下》をクリックします。

③アイコンに効果が適用されます。

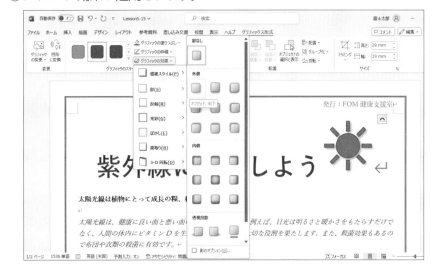

求められるスキル
出題範囲1
出題範囲2
出題範囲3
出題範囲4
出題範囲5
出題範囲6
確認問題 標準解答

解説

■SmartArtグラフィックのスタイルの適用

SmartArtグラフィックには、塗りつぶしや枠線、効果などの書式の組み合わせや、色の組み合わせが用意されています。一覧から選択するだけで、簡単にSmartArtグラフィックの見栄えを変更できます。

操作 ◆《SmartArtのデザイン》タブ→《SmartArtのスタイル》グループのボタン

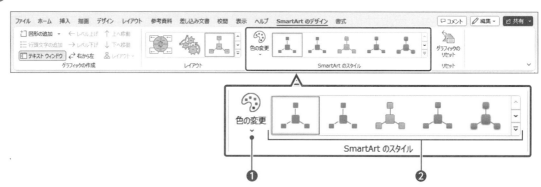

❶ (色の変更)
SmartArtグラフィックの配色を変更します。一覧に表示される配色は、文書に適用されているテーマによって異なります。

❷SmartArtグラフィックのスタイル
塗りつぶしや枠線の色、効果などを組み合わせたスタイルを設定します。

■SmartArtグラフィックの図形の書式設定

SmartArtグラフィックを構成する図形には、個別に色や効果などの書式を設定できます。また、別の図形に変更することもできます。

操作 ◆《書式》タブ→《図形》グループのボタン／《図形のスタイル》グループのボタン

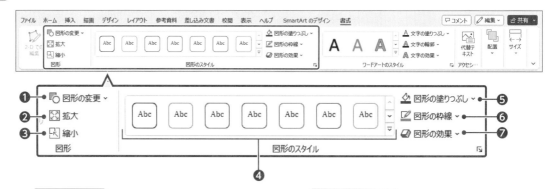

❶ 図形の変更 ▼ (図形の変更)
別の図形に変更します。

❷ 拡大 (拡大)
クリックするごとに図形を1段階ずつ拡大します。

❸ 縮小 (縮小)
クリックするごとに図形を1段階ずつ縮小します。

❹図形のスタイル
塗りつぶしや枠線の色、効果などを組み合わせたスタイルを設定します。

❺ 図形の塗りつぶし ▼ (図形の塗りつぶし)
図形を塗りつぶす色を設定します。グラデーションや図を設定することもできます。

❻ 図形の枠線 ▼ (図形の枠線)
図形に枠線を設定します。枠線の色や太さ、種類などを設定することもできます。

❼ 図形の効果 ▼ (図形の効果)
図形に影や反射、光彩、ぼかし、面取りなどの視覚的効果を設定します。

Lesson 5-16

 文書「Lesson5-16」を開いておきましょう。

次の操作を行いましょう。

(1) 2ページ目のSmartArtグラフィックにスタイル「パウダー」、色「カラフル-アクセント4から5」を適用してください。

(2) SmartArtグラフィックの「紫外線」の図形を「星：24pt」に変更し、2段階拡大してください。塗りつぶしの色は「紫」、図形に面取りの効果「丸い凸レンズ」を設定します。

Lesson 5-16 Answer

(1)

① SmartArtグラフィックを選択します。

② 《SmartArtのデザイン》タブ→《SmartArtのスタイル》グループの ▽ →《3-D》の《パウダー》をクリックします。

③ SmartArtグラフィックにスタイルが適用されます。

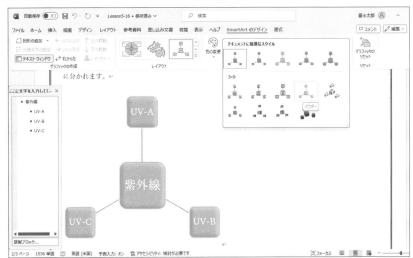

④ 《SmartArtのデザイン》タブ→《SmartArtのスタイル》グループの 🎨 （色の変更）→《カラフル》の《カラフル-アクセント4から5》をクリックします。

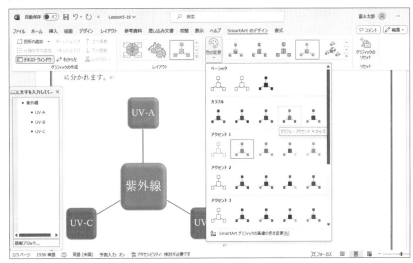

⑤SmartArtグラフィックの色が変更されます。

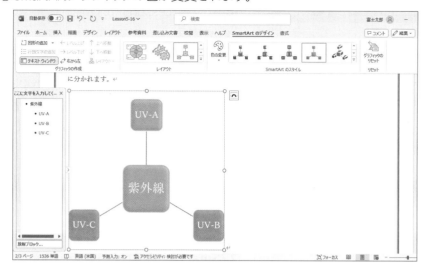

(2)

①SmartArtグラフィックの**「紫外線」**の図形を選択します。

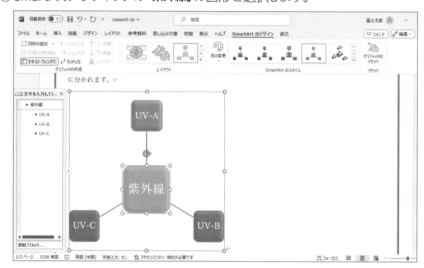

その他の方法

SmartArtグラフィックの図形の変更

◆SmartArtグラフィックの図形を右クリック→《図形の変更》

②《書式》タブ→《図形》グループの [図形の変更 ∨] （図形の変更）→《星とリボン》の
（星：24pt）をクリックします。

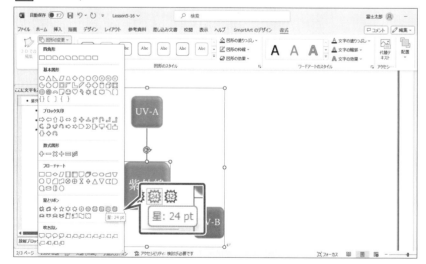

③図形が変更されます。

④《書式》タブ→《図形》グループの 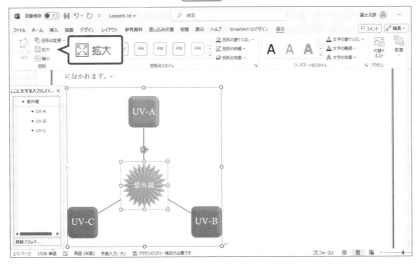 [拡大] (拡大) を2回クリックします。

⑤図形が2段階拡大されます。

⑥《書式》タブ→《図形のスタイル》グループの [図形の塗りつぶし ▼] (図形の塗りつぶし) →《標準の色》の《紫》をクリックします。

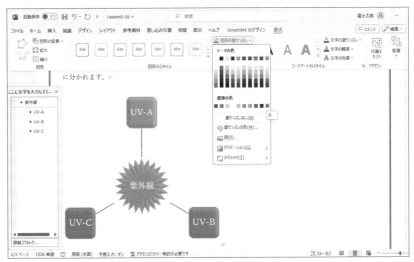

求められるスキル

出題範囲1

出題範囲2

出題範囲3

出題範囲4

出題範囲5

出題範囲6

確認問題 標準解答

⑦《書式》タブ→《図形のスタイル》グループの [図形の効果 ▼] (図形の効果) →《面取り》→《面取り》の《丸い凸レンズ》をクリックします。

⑧SmartArtグラフィック内の図形の書式が変更されます。

Point

SmartArtグラフィックのリセット

SmartArtグラフィックに設定した書式をリセットできます。

◆SmartArtグラフィックを選択→《SmartArtのデザイン》タブ→《リセット》グループの 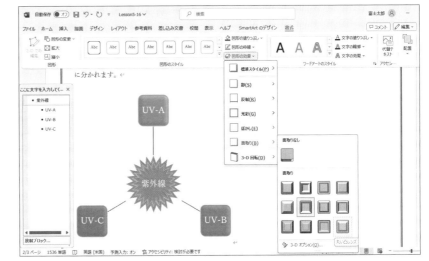 (グラフィックのリセット)

Point

SmartArtグラフィックの図形のリセット

SmartArtグラフィックの個々の図形に設定した書式をリセットできます。

◆SmartArtグラフィックの図形を右クリック→《図形のリセット》

6 | 3Dモデルを書式設定する

解説 ■3Dモデルの書式設定

3Dモデルは、ビューの一覧から選択して回転したり、角度を指定して回転したりすることができます。

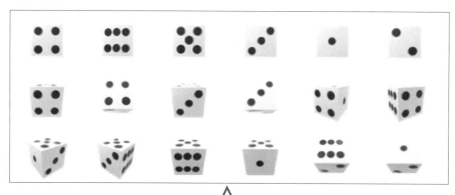

ビューを選択して、見た目を変更できる

操作 ◆《3Dモデル》タブ→《3Dモデルビュー》グループのボタン

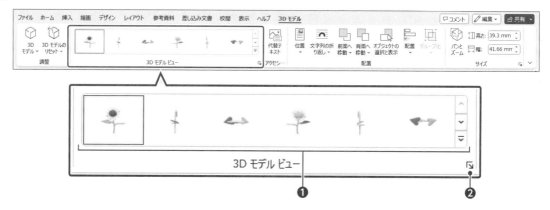

❶ ❷

❶3Dモデルビュー

3Dモデルを各方向に回転させたビューを選択します。

❷ 🔽（3Dモデルの書式設定）

《3Dモデルの書式設定》作業ウィンドウを表示します。回転の角度やカメラの位置などを設定できます。

Lesson 5-17

OPEN 文書「Lesson5-17」を開いておきましょう。

次の操作を行いましょう。
(1) ひまわりの3Dモデルのビューを「左上前面」に変更してください。
(2) ひまわりの3DモデルをY方向に60度回転してください。

Lesson 5-17 Answer

(1)

① 3Dモデルを選択します。
②《3Dモデル》タブ→《3Dモデルビュー》グループの 🔽 →《左上前面》をクリックします。

3Dモデルのビューの変更

◆3Dモデルを選択→《3Dモデル》タブ→《3Dモデルビュー》グループの［ ］(3Dモデルの書式設定)→［ ］(3Dモデル)→《モデルの回転》→《標準スタイル》の［ ▾］(3Dモデルビュー)

◆3Dモデルを右クリック→《3Dモデルの書式設定》→［ ］(3Dモデル)→《モデルの回転》→《標準スタイル》の［ ▾］(3Dモデルビュー)

3Dモデルの回転

3Dモデルの中央に表示される⊕をドラッグすると、任意の方向に回転させることができます。

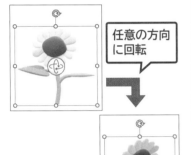

任意の方向に回転

3Dモデルのリセット

3Dモデルに設定した書式をリセットできます。

◆3Dモデルを選択→《3Dモデル》タブ→《調整》グループの［ ］(3Dモデルのリセット)

③3Dモデルのビューが変更されます。

(2)

①3Dモデルを選択します。

②《**3Dモデル**》タブ→《**3Dモデルビュー**》グループの［ ］(3Dモデルの書式設定)をクリックします。

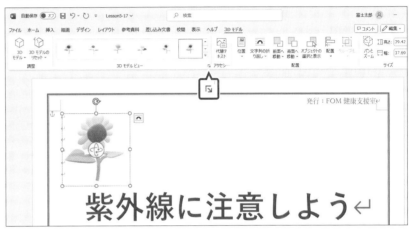

③《**3Dモデルの書式設定**》作業ウィンドウが表示されます。

④［ ］(3Dモデル)が選択されていることを確認します。

⑤《**モデルの回転**》の詳細が表示されていることを確認します。

※表示されていない場合は、《モデルの回転》をクリックします。

⑥《**Y方向に回転**》を「**60°**」に設定します。

⑦3Dモデルが回転します。

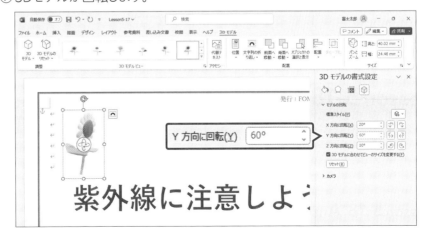

※《3Dモデルの書式設定》作業ウィンドウを閉じておきましょう。

3 グラフィック要素にテキストを追加する

☑ 理解度チェック

習得すべき機能	参照Lesson	学習前	学習後	試験直前
■ 文字列をテキストボックスに変換できる。	➡Lesson5-18	☑	☑	☑
■ テキストボックス内の文字列を変更できる。	➡Lesson5-19	☑	☑	☑
■ 図形に文字列を追加できる。	➡Lesson5-20	☑	☑	☑
■ SmartArtグラフィックの図形を削除できる。	➡Lesson5-21	☑	☑	☑
■ SmartArtグラフィックの図形のレベルを変更できる。	➡Lesson5-21	☑	☑	☑
■ SmartArtグラフィックの図形の順番を変更できる。	➡Lesson5-21	☑	☑	☑
■ SmartArtグラフィックのレイアウトを変更できる。	➡Lesson5-21	☑	☑	☑

1 テキストボックスにテキストを追加する、変更する

解説 ■ 文字列をテキストボックスに変換

文書の本文として入力されている文字列を選択してテキストボックスに変換することができます。テキストボックス内に文字列を入力し直したり、コピーしたりする手間が省けます。

操作 ◆ 文字列を選択→《挿入》タブ→《テキスト》グループの  （テキストボックスの選択）

■ テキストボックスの文字列の変更

テキストボックスに入力された文字列は、あとから変更することができます。

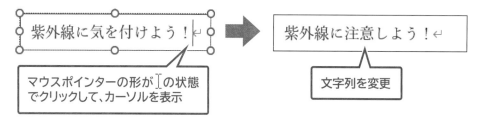

マウスポインターの形が I の状態でクリックして、カーソルを表示

文字列を変更

操作 ◆ テキストボックス内をクリックしてカーソルを表示→文字列を変更

Lesson 5-18

 文書「Lesson5-18」を開いておきましょう。

次の操作を行いましょう。
(1) ひまわりの写真の下の「太陽光線は、…」から「…悪影響もあります。」までの段落を、横書きテキストボックスに変換してください。

Lesson 5-18 Answer

(1)
①「**太陽光線は、…**」から「**…悪影響もあります。**」までの段落を選択します。

求められるスキル

出題範囲1

出題範囲2

出題範囲3

出題範囲4

出題範囲5

出題範囲6

確認問題 標準解答

Point

文字列の方向

テキストボックスの文字列の方向は、あとから変更できます。

◆テキストボックスを選択→《図形の書式》タブ→《テキスト》グループの[↕文字列の方向～](文字列の方向)

Point

文字の配置

テキストボックス内の文字列は、初期の設定で上揃えになっていますが、垂直方向の文字の配置はあとから変更できます。

◆テキストボックスを選択→《図形の書式》タブ→《テキスト》グループの[中 文字の配置～](文字の配置)

同様に、水平方向の文字の配置もあとから変更できます。

◆テキストボックスを選択→《ホーム》タブ→《段落》グループの[≡](左揃え)／[≡](中央揃え)／[≡](右揃え)／[≡](両端揃え)

Lesson 5-19

②《挿入》タブ→《テキスト》グループの[A テキストボックス](テキストボックスの選択)→《横書きテキストボックスの描画》をクリックします。

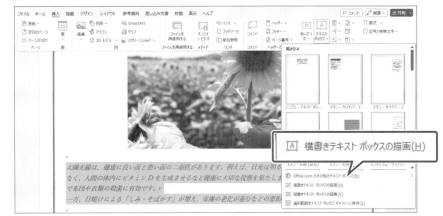

③選択した段落が横書きテキストボックスに変換されます。

 文書「Lesson5-19」を開いておきましょう。

次の操作を行いましょう。

(1) テキストボックス内の「また、殺菌効果もあるので布団や衣類の殺菌に有効です。」を削除してください。

Lesson 5-19 Answer

(1)

①「また、殺菌効果もあるので布団や衣類の殺菌に有効です。」を選択します。

②[Delete]を押します。

③文字列が削除されます。

2　図形にテキストを追加する、変更する

 解 説　■図形に文字列を追加

図形に文字列を追加することができます。図形に文字列を追加するには、図形を選択した状態で文字列を入力します。

また、図形に入力された文字列はあとから変更することができます。

> # 紫外線に注意しよう！↵

操作　◆図形を選択→文字列を入力

Lesson 5-20

 文書「Lesson5-20」を開いておきましょう。

次の操作を行いましょう。

(1) 文書の先頭の図形に「紫外線に注意」と入力し、フォントサイズを「28」、太字に設定してください。

(2) ひまわりの写真の下の「太陽光線は、…」から「…悪影響もあります。」までの段落を、写真の右側の図形内に移動してください。

(3) 文書の先頭の図形内の文字列を「紫外線に注意しよう！」に修正してください。

Lesson 5-20 Answer

(1)

①文書の先頭の図形を選択します。

②「**紫外線に注意**」と入力します。

 その他の方法

図形に文字列を追加

◆図形を右クリック→《テキストの追加》

③図形を選択します。

※図形の枠線をクリックし、図形全体を選択します。

④《ホーム》タブ→《フォント》グループの 10.5 （フォントサイズ）の →《28》をクリックします。

⑤フォントサイズが変更されます。

⑥《ホーム》タブ→《フォント》グループの B （太字）をクリックします。

⑦太字が設定されます。

(2)

①「**太陽光線は、…**」から「**…悪影響もあります。**」までの段落を選択します。

②《ホーム》タブ→《クリップボード》グループの X （切り取り）をクリックします。

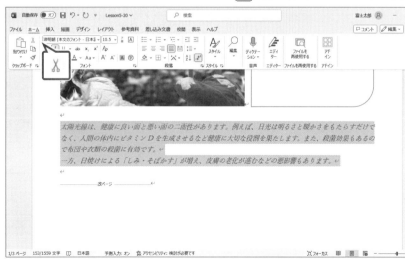

求められるスキル

出題範囲1

出題範囲2

出題範囲3

出題範囲4

出題範囲5

出題範囲6

確認問題 標準解答

③図の右側の図形を選択します。

④《ホーム》タブ→《クリップボード》グループの［　］（貼り付け）をクリックします。

⑤図形内に文字列が移動します。

(3)

①先頭の図形内をクリックします。

※マウスポインターの形が I の状態でクリックします。

②図形内にカーソルが表示されます。

③「**紫外線に注意しよう！**」に修正します。

その他の方法

図形内の文字列を編集

◆図形を右クリック→《テキストの編集》

3 SmartArtの内容を追加する、変更する

 解説

■SmartArtグラフィックの図形の追加・削除

SmartArtグラフィックを構成する図形は、項目数に応じて追加したり削除したりできます。図形を追加するには、テキストウィンドウに箇条書きの項目を追加します。図形を削除するには、テキストウィンドウの箇条書きの項目を削除します。

テキストウィンドウはSmartArtグラフィックと連動しているので、テキストウィンドウの変更は自動的にSmartArtグラフィックに反映されます。

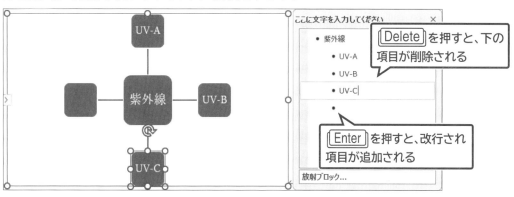

操作 ◆テキストウィンドウ内で Enter ／ Delete

■SmartArtグラフィックのレイアウトとレベルの変更

SmartArtグラフィックのレイアウトを変更したり、項目のレベルや順番を入れ替えたりできます。

操作 ◆《SmartArtのデザイン》タブ→《グラフィックの作成》グループのボタン／《レイアウト》グループのボタン

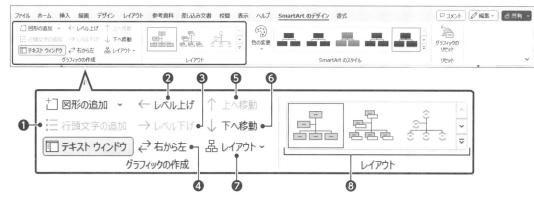

❶ 行頭文字の追加 **（行頭文字の追加）**

選択している図形や箇条書き内に、レベルが1つ下の図形や箇条書きを追加します。

※SmartArtグラフィックの種類によって、追加できない場合があります。

❷ ← レベル上げ **（選択対象のレベル上げ）**

選択している図形や箇条書きのレベルを上げます。

❸ → レベル下げ **（選択対象のレベル下げ）**

選択している図形や箇条書きのレベルを下げます。

❹ 右から左 **（右から左）**

SmartArtグラフィックのレイアウトの左右を入れ替えます。

❺ ↑ 上へ移動 **（選択したアイテムを上へ移動）**

選択している図形や箇条書きの順番を前に移動します。

❻ ↓ 下へ移動 **（選択したアイテムを下へ移動）**

選択している図形や箇条書きの順番を後ろに移動します。

❼ 品 レイアウト **（組織図レイアウト）**

組織図のレイアウトを選択している場合に、分岐の方向を変更します。

❽SmartArtグラフィックのレイアウト

SmartArtグラフィックのレイアウトを変更します。

188

Lesson 5-21

OPEN　文書「Lesson5-21」を開いておきましょう。

次の操作を行いましょう。

(1) 2ページ目のSmartArtグラフィック内の文字列が入力されていない図形を削除してください。

(2) SmartArtグラフィックの図形「UV-A」のレベルを「UV-B」や「UV-C」と同じレベルに変更してください。次に、左から「UV-A」「UV-B」「UV-C」と表示されるように順番を入れ替えてください。

(3) SmartArtグラフィックのレイアウトを「循環」の「矢印付き放射」に変更してください。

Lesson 5-21 Answer

(1)

①SmartArtグラフィックを選択します。

②テキストウィンドウの4行目の**「UV-A」**の後ろにカーソルを移動します。

※テキストウィンドウが表示されていない場合は、表示しておきましょう。

③ Delete を押します。

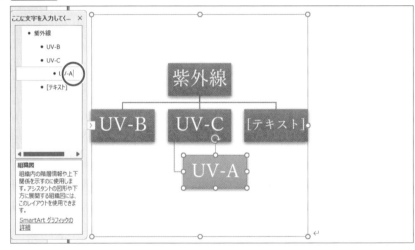

④SmartArtグラフィックの図形が削除されます。

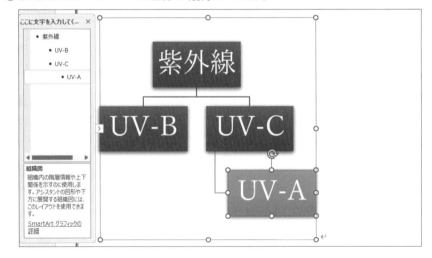

🖱 その他の方法

SmartArtグラフィックの図形の削除

◆削除する図形を選択→ Delete

❗ Point

SmartArtグラフィックの図形の追加

◆テキストウィンドウ内で Enter

◆SmartArtグラフィックの図形を選択→《SmartArtのデザイン》タブ→《グラフィックの作成》グループの 🔲 図形の追加 （図形の追加）

❗ Point

SmartArtグラフィックの図形内での改行

テキストウィンドウ内で Shift ＋ Enter を押すと、図形内で項目を改行できます。

(2)

① 「**UV-A**」の図形を選択します。

② 《**SmartArtのデザイン**》タブ→《**グラフィックの作成**》グループの　← レベル上げ　(選択対象のレベル上げ) をクリックします。

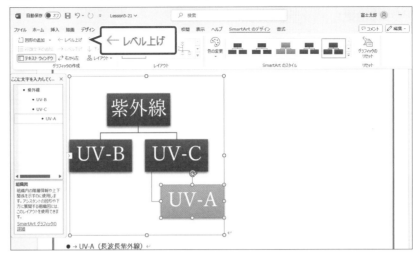

③ 「**UV-A**」の図形のレベルが変更されます。

④ 「**UV-A**」の図形が選択されていることを確認します。

⑤ 《**SmartArtのデザイン**》タブ→《**グラフィックの作成**》グループの　↑ 上へ移動　(選択したアイテムを上へ移動) を2回クリックします。

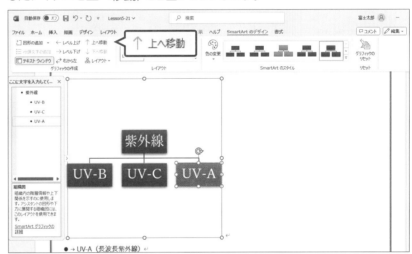

⑥ SmartArtグラフィックの図形の順番が変更されます。

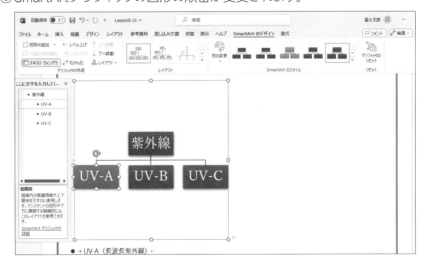

求められるスキル

出題範囲1

出題範囲2

出題範囲3

出題範囲4

出題範囲5

出題範囲6

確認問題 標準解答

(3)

①SmartArtグラフィックを選択します。

②《**SmartArtのデザイン**》タブ→《**レイアウト**》グループの ✓ →《**その他のレイアウト**》をクリックします。

その他の方法

SmartArtグラフィックの
レイアウトの変更

◆SmartArtグラフィックを右クリック→《レイアウトの変更》

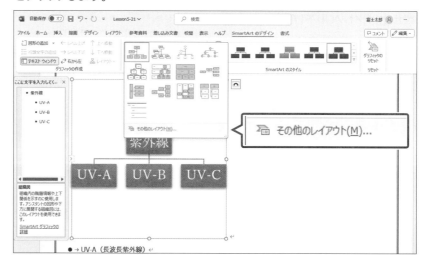

③《**SmartArtグラフィックの選択**》ダイアログボックスが表示されます。

④左側の一覧から《**循環**》を選択します。

⑤中央の一覧から《**矢印付き放射**》を選択します。

⑥《**OK**》をクリックします。

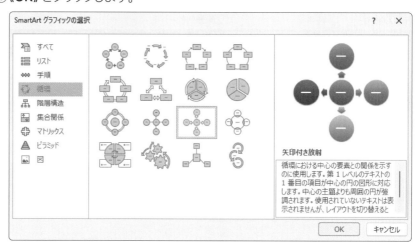

⑦SmartArtグラフィックのレイアウトが変更されます。

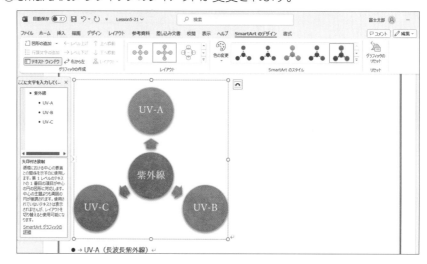

4 | グラフィック要素を変更する

1 | オブジェクトの周囲の文字列を折り返す

 解説 ■文字列の折り返しの設定

図は、文字列と同じ扱いで行内に配置されます。この状態のとき、図は自由な位置に移動できません。一方、図形は、文字列の前面に配置されます。この状態のとき、図形は文字列から独立しており、自由な位置に移動できます。この違いは、図や図形などのオブジェクトに設定されている「**文字列の折り返し**」が異なるためです。

操作 ◆オブジェクトを選択→ ⌂ (レイアウトオプション)

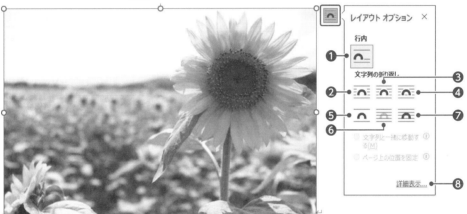

❶**行内** ❷**四角形** ❸**狭く** ❹**内部**

1行の中に文字列とオブジェクトが配置されます。　　文字列がオブジェクトの周囲に周り込んで配置されます。

❺**上下** ❻**背面** ❼**前面**

文字列が行単位でオブジェクトを避けて配置されます。　　文字列とオブジェクトが重なって配置されます。

❽**詳細表示**

《**レイアウト**》ダイアログボックスを表示し、オブジェクトの配置を詳細に設定します。

※《レイアウト》ダイアログボックスについてはP.195を参照してください。

Lesson 5-22

 文書「Lesson5-22」を開いておきましょう。

次の操作を行いましょう。

(1) ひまわりの写真の周囲に文字列が周り込むように、文字列の折り返しを「四角形」に設定してください。

Lesson 5-22 Answer

(1)

① 図を選択します。

② （レイアウトオプション）をクリックします。

③ 《文字列の折り返し》の《四角形》をクリックします。

④ 《レイアウトオプション》の × （閉じる）をクリックします。

⑤ 文字列の折り返しが設定され、周囲に文字列が周り込んで表示されます。

🖱 その他の方法

文字列の折り返しの設定

◆ オブジェクトを選択→《図の形式》タブ／《図形の書式》タブ→《配置》グループの （文字列の折り返し）

◆ オブジェクトを右クリック→《文字列の折り返し》

❗ Point

文字列との間隔

文字列とオブジェクトとの上下左右の間隔を設定できます。

◆ オブジェクトを選択→ （レイアウトオプション）→《詳細表示》→《文字列の折り返し》タブ→《文字列との間隔》

※折り返しの種類によって、設定できない場合があります。

❗ Point

文字列の折り返し

SmartArtグラフィック、3Dモデル、アイコンなどのオブジェクトも、図や図形と同様に文字列の折り返しを設定できます。

2 オブジェクトを配置する

解 説 ■オブジェクトの配置

オブジェクトを用紙のどこに配置するかを設定できます。また、複数のオブジェクトが重なって表示されている場合に、その表示順を設定することもできます。選択するオブジェクトによって表示されるタブが異なります。

操作 ◆《図形の書式》タブ→《配置》グループのボタン

操作 ◆《図の形式》タブ→《配置》グループのボタン

操作 ◆《書式》タブ→《配置》グループのボタン

操作 ◆《3Dモデル》タブ→《配置》グループのボタン

操作 ◆《グラフィックス形式》タブ→《配置》グループのボタン

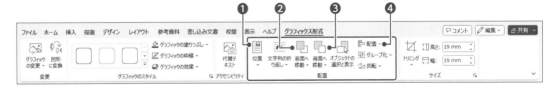

❶ （オブジェクトの配置）
文字列の折り返しを四角形に設定した上で用紙のどこに配置するかを選択します。また、水平方向や垂直方向の位置を設定できます。

❷ 前面へ移動 （前面へ移動）
複数のオブジェクトが重なっている場合の表示順を設定します。

❸ 背面へ移動 （背面へ移動）
複数のオブジェクトが重なっている場合の表示順を設定します。

❹ （オブジェクトの配置）
オブジェクトを用紙または余白に合わせて左揃えや右揃えなどに配置します。また、選択しているオブジェクト同士をそろえることもできます。

Lesson 5-23

 OPEN　文書「Lesson5-23」を開いておきましょう。

次の操作を行いましょう。

(1) 雲の図形をページを基準にして右方向の距離「40mm」、下方向の距離「25mm」に配置してください。

(2) 雲と太陽の2つの図形の下をそろえ、文字列の背面へ移動してください。

(3) 2ページ目のひまわりの写真の位置を、「右下に配置し、四角の枠に沿って文字列を折り返す」に設定してください。

Lesson 5-23 Answer

(1)

①雲の図形を選択します。

②《**図形の書式**》タブ→《**配置**》グループの 📱（オブジェクトの配置）→《**その他のレイアウトオプション**》をクリックします。

③《**レイアウト**》ダイアログボックスが表示されます。

④《**位置**》タブを選択します。

⑤《**水平方向**》の《**右方向の距離**》を ⦿ にします。

⑥《**基準**》の ⌄ をクリックし、一覧から《**ページ**》を選択します。

⑦「**40mm**」に設定します。

⑧《**垂直方向**》の《**下方向の距離**》を ⦿ にします。

⑨《**基準**》の ⌄ をクリックし、一覧から《**ページ**》を選択します。

⑩「**25mm**」に設定します。

⑪《**OK**》をクリックします。

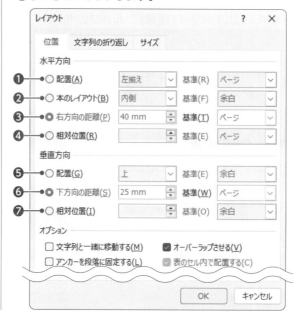

🖱 その他の方法

オブジェクトの配置

◆オブジェクトを選択→《図形の書式》タブ→《配置》グループの ▣（文字列の折り返し）→《その他のレイアウトオプション》→《位置》タブ

◆オブジェクトを選択→ ⌃（レイアウトオプション）→《詳細表示》→《位置》タブ

◆オブジェクトを右クリック→《その他のレイアウトオプション》／《レイアウトの詳細設定》→《位置》タブ

💡 Point

《レイアウト》の《位置》タブ

❶配置
《基準》に対して左、中央、右にそろえます。

❷本のレイアウト
《基準》に対して内側、外側にそろえます。奇数ページと偶数ページでオブジェクトの位置を変更できます。

❸右方向の距離
《基準》からオブジェクトの左端までの距離を指定します。

❹相対位置
左端からの比率で位置を指定します。

❺配置
《基準》に対して上、中央、下などにそろえます。

❻下方向の距離
《基準》からオブジェクトの上端までの距離を指定します。

❼相対位置
上端からの比率で位置を指定します。

⑫雲の図形の配置が変更されます。

(2)

①雲の図形を選択します。

②[Shift]を押しながら、太陽の図形を選択します。

③《図形の書式》タブ→《配置》グループの［オブジェクトの配置］→《選択したオブジェクトを揃える》が ✔ になっていることを確認します。

④《図形の書式》タブ→《配置》グループの［オブジェクトの配置］→《下揃え》をクリックします。

求められるスキル

出題範囲1

出題範囲2

出題範囲3

出題範囲4

出題範囲5

出題範囲6

確認問題 標準解答

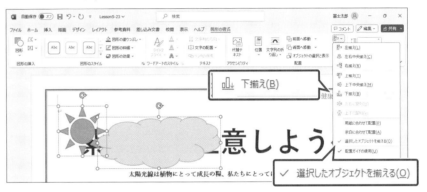

⑤雲と太陽の2つの図形が下揃えになります。

⑥《図形の書式》タブ→《配置》グループの［背面へ移動］（背面へ移動）の ［▼］ →《テキストの背面へ移動》をクリックします。

⑦選択した図形が文字列の背面へ移動します。

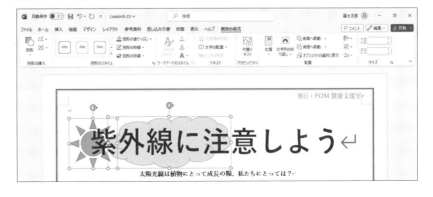

!Point

複数のオブジェクトの選択

複数のオブジェクトを選択するには、1つ目のオブジェクトをクリックし、2つ目以降のオブジェクトを[Shift]を押しながらクリックします。

その他の方法

文字列の背面へ移動

◆オブジェクトを右クリック→《最背面へ移動》→《テキストの背面へ移動》

(3)

①図を選択します。

②《図の形式》タブ→《配置》グループの（オブジェクトの配置）→《文字列の折り返し》の《右下に配置し、四角の枠に沿って文字列を折り返す》をクリックします。

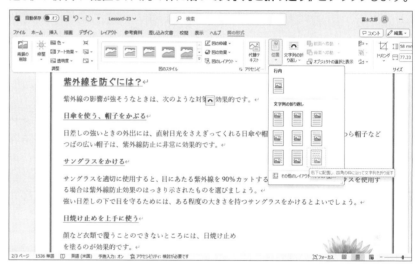

③図の配置が変更されます。

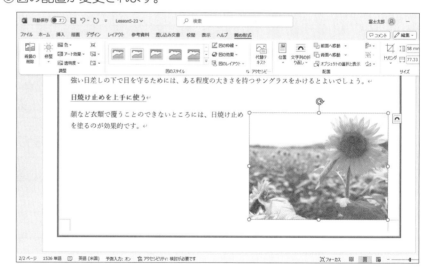

3 オブジェクトに代替テキストを追加する

 解説 ■代替テキストの設定

「代替テキスト」とは、文書内の図や図形などのオブジェクトの代わりに説明する文字列のことです。ユーザーが読み上げソフトを使用する場合、文書の情報を理解するのに役立ちます。また、読み上げソフトで読み上げる必要がないオブジェクトは、重要な情報ではないことがわかるように、装飾用のオブジェクトとして設定できます。

操作 ◆《図形の書式》タブ／《図の形式》タブ／《書式》タブ／《3Dモデル》タブ／《グラフィックス形式》タブ
→《アクセシビリティ》グループの [代替テキスト] （代替テキストウィンドウを表示します）
※《アクセシビリティ》グループは、選択するオブジェクトによって表示されるタブが異なります。

Lesson 5-24

 OPEN 文書「Lesson5-24」を開いておきましょう。

次の操作を行いましょう。
(1) ひまわりの写真に、代替テキスト「ひまわりの写真」を設定してください。

Lesson 5-24 Answer

(1)
①図を選択します。
②《図の形式》タブ→《アクセシビリティ》グループの [代替テキスト] （代替テキストウィンドウを表示します）をクリックします。

③《代替テキスト》作業ウィンドウが表示されます。
④ボックスに「**ひまわりの写真**」と入力します。

※《代替テキスト》作業ウィンドウを閉じておきましょう。

その他の方法

代替テキストの設定

◆オブジェクトを右クリック→《代替テキストを表示》

① Point
《代替テキスト》

❶代替テキスト
代替テキストを入力します。

❷代替テキストを生成する
Officeが画像を認識して、自動で代替テキストが入力されます。

❸装飾用にする
見栄えをよくするための画像や図形など、読み上げソフトで読み上げる必要がない場合に設定します。☑にすると、アクセシビリティチェックでエラーが表示されなくなります。

Exercise 確認問題

標準解答 ▶ P.232

Lesson 5-25

 文書「Lesson5-25」を開いておきましょう。

次の操作を行いましょう。

あなたは、大学のバスケサークルに所属しており、グラフィックを使って緊急連絡網を作成します。

問題(1)	「星山大SBC」の前に、黒い3つの星のアイコンを挿入してください。アイコンは「自然とアウトドア」から選択します。次に、挿入したアイコンの高さと幅を「13mm」に設定してください。 ※インターネットに接続できる環境が必要です。
問題(2)	(1)で挿入したアイコンに、スタイル「塗りつぶし-アクセント6、枠線なし」を適用してください。
問題(3)	文書の先頭に、フォルダー「Lesson5-25」の図「バスケ」を挿入してください。
問題(4)	(3)で挿入したバスケットボールの写真の文字列の折り返しを前面に設定してください。ページを基準として右方向の距離「120mm」、下方向の距離「20mm」に配置します。
問題(5)	バスケットボールの写真に、代替テキスト「バスケットボールの写真」を設定してください。
問題(6)	「緊急連絡網」の下の空白の段落に、SmartArtグラフィック「基本蛇行ステップ」を挿入してください。「基本蛇行ステップ」は「手順」に含まれます。「部長　本田祐樹」から「090-1489-XXXX」までを切り取って貼り付け、余分な図形は削除します。
問題(7)	SmartArtグラフィック全体の高さを「130mm」に設定してください。次に、SmartArtグラフィック内のすべての角丸四角形の高さを「20mm」、幅を「65mm」に設定してください。
問題(8)	SmartArtグラフィック全体に色「塗りつぶし-濃色2」、スタイル「光沢」を適用してください。
問題(9)	ページの下部にある緑の四角形の図形の高さを「16mm」、幅を「149mm」に設定し、文字列の折り返しを背面に設定してください。
問題(10)	ページの下部にあるバスケットボールのアイコンの文字列の折り返しを、行内に設定してください。

MOS Word 365

出題範囲 **6**

文書の共同作業の管理

1 コメントを追加する、管理する

☑ 理解度チェック	習得すべき機能	参照Lesson	学習前	学習後	試験直前
■コメントを挿入できる。		➡Lesson6-1	☑	☑	☑
■コメントを順番に移動できる。		➡Lesson6-2	☑	☑	☑
■コメントを非表示にできる。		➡Lesson6-2	☑	☑	☑
■コメントに返信できる。		➡Lesson6-3	☑	☑	☑
■コメントを解決できる。		➡Lesson6-4	☑	☑	☑
■コメントを削除できる。		➡Lesson6-5	☑	☑	☑

1 コメントを追加する

 解説

■コメントの追加

「**コメント**」とは、文書内の文字列や任意の場所に対して付けることができるメモのようなものです。コメントは、複数のユーザー間で会話のようにやり取りできるスレッド形式で表示されます。

自分が文書を作成している最中に、あとで調べようと思ったことをコメントとしてメモしておいたり、ほかの人が作成した文書に対して、修正してほしいことや気になった点を書き込んだりするときに使うと便利です。

操作 ◆《校閲》タブ→《コメント》グループの [🗩 新しいコメント] (コメントの挿入)

■コメントの入力

コメントを入力して [▷] (コメントを投稿する) をクリックすると、入力したコメントが確定されます。

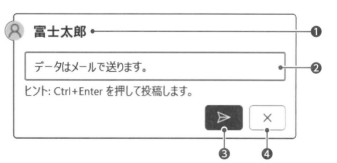

❶ **ユーザー名**
ユーザー名が表示されます。

❷ **コメント**
コメントの内容を入力します。

❸ [▷] (**コメントを投稿する**)
入力したコメントを確定します。

❹ [×] (**キャンセル**)
入力したコメントをキャンセルします。

Lesson 6-1

 文書「Lesson6-1」を開いておきましょう。

次の操作を行いましょう。

(1)「1.新商品の市場調査結果について」の下にある「（別紙参照）」に、「データはメールで送ります。」とコメントを挿入してください。

Lesson 6-1 Answer

(1)

① 「（別紙参照）」を選択します。

② 《校閲》タブ→《コメント》グループの （コメントの挿入）をクリックします。

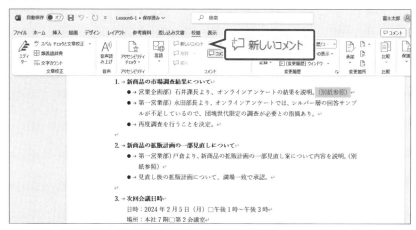

③ 「データはメールで送ります。」と入力します。

④ （コメントを投稿する）をクリックします。

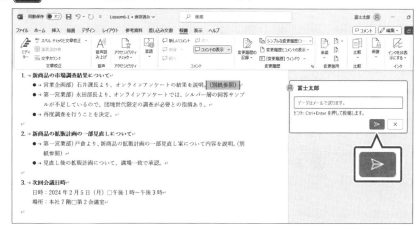

⑤ コメントが確定され、コメントを挿入した行の右端に 💬 が表示されます。

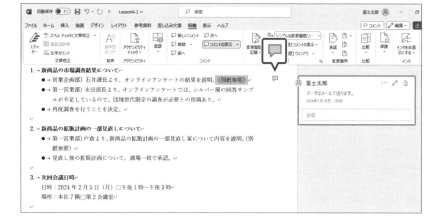

● その他の方法

コメントの追加

◆コメントを挿入する文字列を選択して右クリック→《新しいコメント》

◆コメントを挿入する文字列を選択→[Ctrl]＋[Alt]＋[M]

● その他の方法

コメントの投稿

◆[Ctrl]＋[Enter]

! Point

コメントの編集・削除

コメントに表示される ✐（コメントを編集）と ⋯（その他のスレッド操作）を使って、コメントの編集や削除ができます。

! Point

宛名付きコメント

「＠（メンション）」を使うと、宛先を指定してコメントを投稿できます。宛先のユーザーには、コメントへのリンクが挿入されたメールが届きます。

※Microsoft 365にサインインし、SharePointライブラリ、または共有のOneDriveにブックが保存されている必要があります。

2 コメントを閲覧する、返答する

解説 ■コメントの閲覧

文書に複数のコメントが挿入されている場合、順番に表示して1つずつ確認できます。

操作 ◆《校閲》タブ→《コメント》グループのボタン

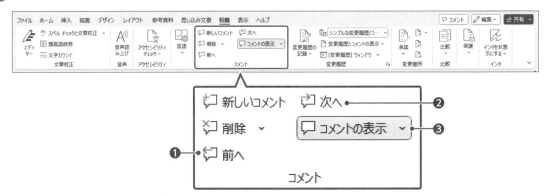

❶ [🗨 前へ] (前のコメント)

前のコメントへ移動します。

❷ [🗨 次へ] (次のコメント)

次のコメントへ移動します。

❸ [🗨 コメントの表示 ▼] (コメントの表示)

コメントをドキュメントの横に表示します。クリックするとコメントを表示したり非表示にしたりできます。また、文書内のコメントを挿入した箇所とコメントを横に並べて表示したり、すべてのコメントを一覧で表示したりできます。

■コメントへの返信

挿入されたコメントに対して返信できます。文書内の疑問点やわかりにくい箇所について、意見交換や質疑応答などに使うことができます。

操作 ◆コメント内の《返信》→ [▷] (返信を投稿する)

※お使いの環境によっては、《返信》が [🗨 返信] で表示される場合があります。

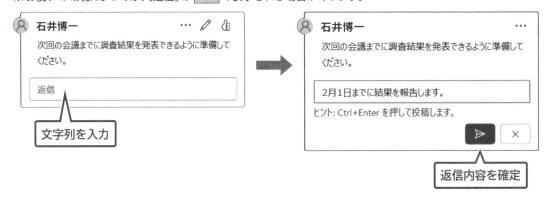

Lesson 6-2

 文書「Lesson6-2」を開いておきましょう。

次の操作を行いましょう。

(1) 文書内の2つ目のコメントに移動してください。

(2) 文書内のすべてのコメントを非表示にしてください。

(1)

① 文書の先頭にカーソルがあることを確認します。

② 《校閲》タブ→《コメント》グループの 次へ（次のコメント）を2回クリックします。

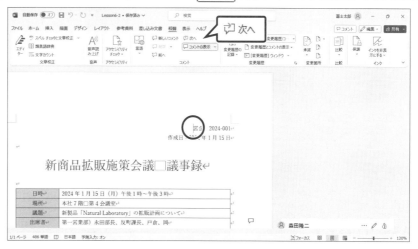

③ 2つ目のコメントに移動します。

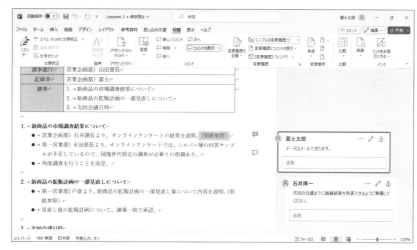

(2)

① 《校閲》タブ→《コメント》グループの コメントの表示（コメントの表示）をクリックします。

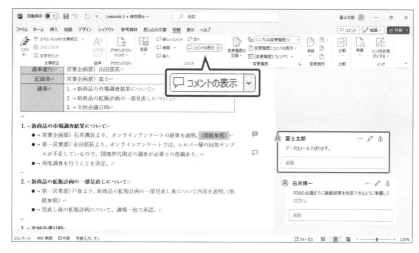

Point

コメントの表示

コメントを非表示にしたときに行の右端に表示される □（コメントへ移動）をクリックすると、コメントを表示できます。

また、《校閲》タブ→《変更履歴》グループの シンプルな変更履歴/コ…（変更内容の表示）が《すべての変更履歴/コメント》になっている場合、文書内のコメントが挿入されている箇所はすべてグレーの網かけで表示されます。

※変更内容の表示については、P.211を参照してください。

Point

特定のユーザーのコメントの表示

複数のユーザーがコメントを入力している場合に、ユーザーごとにコメントの表示を切り替えることができます。

◆《校閲》タブ→《変更履歴》グループの 変更履歴とコメントの表示 （変更履歴とコメントの表示）→《特定のユーザー》→《すべての校閲者》をクリックしてチェックマークを非表示にする→《変更履歴》グループの 変更履歴とコメントの表示 （変更履歴とコメントの表示）→《特定のユーザー》→表示するユーザーをクリックして ✓ にする

②すべてのコメントが非表示になります。

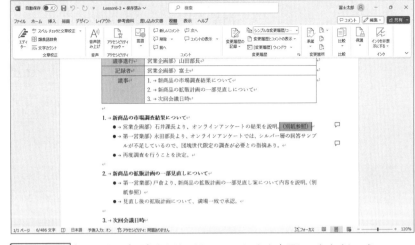

※ コメントの表示 （コメントの表示）をクリックして、コメントを表示しておきましょう。

Lesson 6-3

 文書「Lesson6-3」を開いておきましょう。

次の操作を行いましょう。

(1)「団塊世代限定の調査が必要との指摘あり。」に挿入されているコメントに「2月1日までに結果を報告します。」と返信してください。

Lesson 6-3 Answer

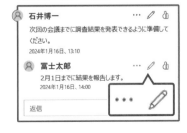
(1)

①「団塊世代限定の調査が必要との指摘あり。」に挿入されているコメントの《返信》をクリックします。

②「2月1日までに結果を報告します。」と入力します。

③ ▷ （返信を投稿する）をクリックします。

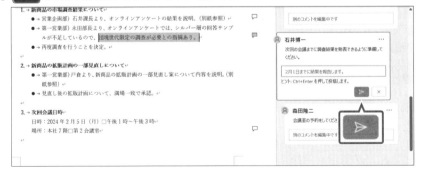

④コメントが確定されます。

3 ｜ コメントを解決する

　解 説 ■コメントの解決

スレッドの内容が完了した場合、コメントを解決済みにできます。解決するとコメントが非表示になり、行の右端に が表示されます。

操作 ◆コメント内の […] （その他のスレッド操作）→《スレッドを解決する》

※お使いの環境によっては、《スレッドを解決する》が 解決 で表示される場合があります。

Lesson 6-4

OPEN 文書「Lesson6-4」を開いておきましょう。

次の操作を行いましょう。
(1)「本社7階　第2会議室」に挿入されているコメントを解決してください。

Lesson 6-4 Answer

その他の方法
コメントの解決
◆コメントが挿入されている文字列を右クリック→《コメントの解決》

! Point
スレッドの解決
お使いの環境によっては、《スレッドを解決する》が次のようなボタンで表示される場合があります。

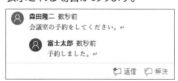

! Point
解決済みのコメントの表示
解決済みのコメントは非表示になります。（解決済みのコメントへ移動）をクリックすると、一覧で確認できます。

! Point
解決済みのコメントを開く
解決済みのコメントを開いて、元の状態に戻すことができます。
◆ （解決済みのコメントへ移動）
→ [⤺]（もう一度開く）

(1)

①「**本社7階　第2会議室**」に挿入されているコメントの […] （その他のスレッド操作）をクリックします。

②《**スレッドを解決する**》をクリックします。

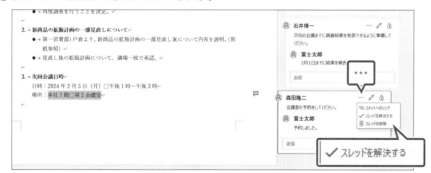

③コメントが解決され、（解決済みのコメントへ移動）が表示されます。

4　コメントを削除する

解説　■コメントの削除

コメントとして入力した内容が不要になった場合は削除できます。

操作　◆《校閲》タブ→《コメント》グループの[🗙 削除 ▾]（コメントの削除）

❶削除
選択しているコメントを削除します。

❷表示されたすべてのコメントを削除
特定のユーザーのコメントだけを表示して
そのコメントを削除します。

❸ドキュメント内のすべてのコメントを削除
文書内のすべてのコメントを削除します。

❹解決済みのすべてのコメントを削除
文書内の解決済みのコメントを削除します。

Lesson 6-5

 文書「Lesson6-5」を開いておきましょう。

次の操作を行いましょう。
(1)「出席者」に挿入されているコメントを削除してください。

Lesson 6-5 Answer

(1)

①「**出席者**」に挿入されているコメントを選択します。

②《**校閲**》タブ→《**コメント**》グループの[🗙 削除]（コメントの削除）をクリックします。

その他の方法

コメントの削除

◆コメントが挿入されている文字列
を右クリック→《コメントの削除》
◆コメントの […]（その他のスレッド
操作）→《スレッドの削除》

③コメントが削除されます。

2 変更履歴を管理する

☑ 理解度チェック

習得すべき機能	参照Lesson	学習前	学習後	試験直前
■ 変更履歴を記録できる。	→ Lesson6-6	☑	☑	☑
■ 変更履歴を表示して変更内容を確認できる。	→ Lesson6-7	☑	☑	☑
■ 変更履歴で記録した内容を承諾できる。	→ Lesson6-8	☑	☑	☑
■ 変更履歴で記録した内容を元に戻すことができる。	→ Lesson6-8	☑	☑	☑
■ 特定の校閲者を選択して変更履歴を表示できる。	→ Lesson6-8	☑	☑	☑
■ 変更履歴をロックできる。	→ Lesson6-9	☑	☑	☑
■ 変更履歴のロックを解除できる。	→ Lesson6-9	☑	☑	☑

1 変更履歴を設定する

 解説 ■変更履歴の記録

「変更履歴」とは、文書内の変更した箇所や内容を記録したものです。変更履歴を記録すると、誰が、いつ、どのように変更したのかを確認できます。

校閲された内容は、ひとつひとつ確認しながら承諾したり、元に戻したりできます。

変更履歴を記録する手順は、次のとおりです。

❶ 変更履歴の記録開始

　　変更箇所が記録される状態にします。

❷ 文書の校閲

　　文書を校閲し、編集作業を行います。

❸ 変更履歴の記録終了

　　変更箇所が記録されない状態（通常の状態）にします。

 操作 ◆《校閲》タブ→《変更履歴》グループの （変更履歴の記録）

Lesson 6-6

 文書「Lesson6-6」を開いておきましょう。

次の操作を行いましょう。

(1) 変更履歴の記録を開始し、次のように編集してください。
- ・「新商品拡販施策会議　議事録」に下線を設定
- ・表内の「戸倉、」を削除
- ・表の下の「2.新商品の拡販計画…」にある「戸倉」を「岡」に修正

編集後、変更履歴の記録を終了してください。

Lesson 6-6 Answer

 その他の方法

変更履歴の記録開始／終了
◆ [Ctrl] + [Shift] + [E]

(1)

①《校閲》タブ→《変更履歴》グループの ▨ （変更履歴の記録）をクリックします。
※ボタンがオン（濃い灰色の状態）になり、変更履歴の記録が開始されます。

②「**新商品拡販施策会議　議事録**」を選択します。

③《**ホーム**》タブ→《**フォント**》グループの ⊍ （下線）をクリックします。

Point

変更履歴の表示

変更履歴を記録すると、変更した行の左端に赤色の線が表示されます。赤色の線をクリックすると、変更内容が表示されます。

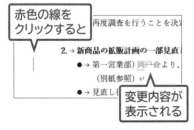

④「戸倉、」を選択します。

⑤ Delete を押します。

⑥「戸倉」を「岡」に修正します。

⑦《校閲》タブ→《変更履歴》グループの 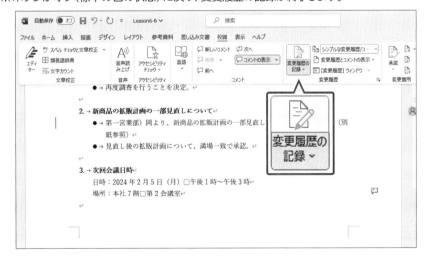（変更履歴の記録）をクリックします。

※ボタンがオフ（標準の色の状態）に戻り、変更履歴の記録が終了します。

2 | 変更履歴を閲覧する

解説 ■変更内容の表示

変更履歴として記録された内容は、初期の状態では文書内には表示されておらず、変更後の内容だけが表示されています。変更内容の表示方法を変更すると、変更前の内容や変更後の内容を確認できます。

操作 ◆《校閲》タブ→《変更履歴》グループの [シンプルな変更履歴/コ… ▼] （変更内容の表示）

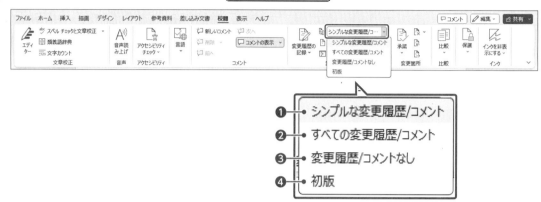

❶シンプルな変更履歴/コメント

初期の表示方法です。変更した結果だけが表示され、変更した行の左端に赤色の線が表示されます。

❷すべての変更履歴/コメント

文書内に変更した内容がすべて表示されます。変更した行の左端に灰色の線が表示されます。

❸変更履歴/コメントなし

変更後の文書が表示されます。

❹初版

変更前の文書が表示されます。

■変更履歴の表示

変更履歴は、挿入や削除に関するものだけ、書式設定に関するものだけなど、種類を指定して表示することができます。また、複数の人が校閲した場合は、特定の校閲者を選択して変更内容を表示できます。書式設定に関する変更履歴だけを反映したり、特定の校閲者の変更履歴だけを反映したりする場合に便利です。

操作 ◆《校閲》タブ→《変更履歴》グループの [🗋 変更履歴とコメントの表示 ▼] （変更履歴とコメントの表示）

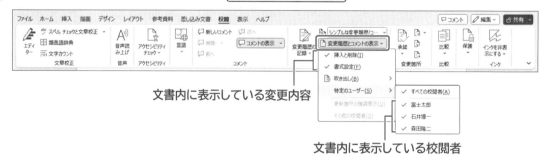

Lesson 6-7

 文書「Lesson6-7」を開いておきましょう。

Hint

(3)は、変更内容の表示が《初版》のままでは変更内容を確認できないため、《すべての変更履歴/コメント》に切り替えてから操作します。

次の操作を行いましょう。

(1) すべての変更履歴を表示してください。

(2) 初版を表示してください。

(3) 挿入と削除に関する変更履歴だけを表示してください。

Lesson 6-7 Answer

(1)

①《校閲》タブ→《変更履歴》グループの [シンプルな変更履歴/コ…▼] (変更内容の表示) → 《すべての変更履歴/コメント》をクリックします。

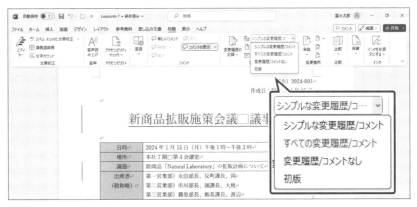

その他の方法

変更内容の表示

◆ 行の左端の赤色の線をクリック

②すべての変更内容が表示されます。

※行の左端の赤色の線が灰色に変わります。

Point

変更内容の確認

変更箇所をポイントすると変更内容が表示され、誰が、いつ、どのように変更したのかを確認できます。

Point

変更履歴ウィンドウ

変更履歴ウィンドウを表示すると変更内容を一覧で確認できます。

◆《校閲》タブ→《変更履歴》グループの [[変更履歴] ウィンドウ ▼]([変更履歴]ウィンドウ)

(2)

①《校閲》タブ→《変更履歴》グループの [すべての変更履歴/コメ…▼] (変更内容の表示) → 《初版》をクリックします。

②変更前の文書が表示されます。

(3)

①《校閲》タブ→《変更履歴》グループの 初版 （変更内容の表示）→《すべての変更履歴/コメント》をクリックします。

②《校閲》タブ→《変更履歴》グループの 変更履歴とコメントの表示 ～ （変更履歴とコメントの表示）→《書式設定》をクリックします。

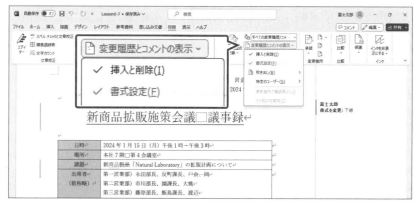

③《書式設定》の前のチェックマークが非表示になります。

④書式設定に関する変更履歴が非表示になり、挿入と削除に関する変更履歴だけが表示されます。

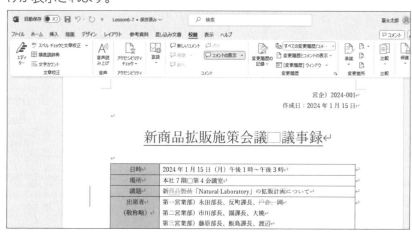

 その他の方法

変更履歴の表示

◆《校閲》タブ→《変更履歴》グループの （変更履歴オプション）→《表示》

3 | 変更履歴を承諾する、元に戻す

解説 ■変更内容の反映

記録された変更履歴は、変更内容を確認しながら承諾したり元に戻したりして、文書に反映することができます。

操作 ◆《校閲》タブ→《変更箇所》グループの [承諾] （承諾して次へ進む）／ [元に戻す] （元に戻して次へ進む）

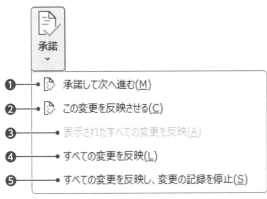

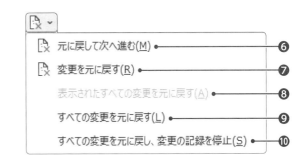

❶承諾して次へ進む
変更内容を承諾して、次の変更箇所に移動します。

❷この変更を反映させる
変更内容を承諾します。

❸表示されたすべての変更を反映
現在表示されている変更内容をすべて承諾します。

❹すべての変更を反映
文書に記録されている変更内容をすべて承諾します。

❺すべての変更を反映し、変更の記録を停止
文書に記録されている変更内容をすべて承諾し、変更履歴の記録を終了します。

❻元に戻して次へ進む
変更内容を元に戻して、次の変更箇所に移動します。

❼変更を元に戻す
変更内容を元に戻します。

❽表示されたすべての変更を元に戻す
現在表示されている変更内容をすべて元に戻します。

❾すべての変更を元に戻す
文書に記録されている変更内容をすべて元に戻します。

❿すべての変更を元に戻し、変更の記録を停止
文書に記録されている変更内容をすべて元に戻し、変更履歴の記録を終了します。

■変更箇所に移動

文書に複数の変更箇所がある場合、順番に移動して1つずつ確認できます。

操作 ◆《校閲》タブ→《変更箇所》グループの [前の変更箇所] （前の変更箇所）／ [次の変更箇所] （次の変更箇所）

❶ （前の変更箇所）
1つ前の変更箇所に移動します。

❷ （次の変更箇所）
次の変更箇所に移動します。

Lesson 6-8

 文書「Lesson6-8」を開いておきましょう。

次の操作を行いましょう。

(1) 「石井博一」の変更内容をすべて承諾し、「森田隆二」の変更内容をすべて元に戻してください。

(2) タイトル「新商品拡販施策会議　議事録」の下線を承諾してください。さらに、削除された「戸倉、」を元に戻し、修正された「岡」を承諾してください。

Lesson 6-8 Answer

 Point

変更内容の反映

《表示されたすべての変更を反映》を使って変更内容を反映するには、[シンプルな変更履歴/コ… ▾](変更内容の表示)を《すべての変更履歴/コメント》に切り替えてから操作します。

(1)

①《校閲》タブ→《変更履歴》グループの [すべての変更履歴/コメ… ▾](変更内容の表示)が《すべての変更履歴/コメント》になっていることを確認します。

②《校閲》タブ→《変更履歴》グループの [変更履歴とコメントの表示 ▾](変更履歴とコメントの表示）→《特定のユーザー》→《すべての校閲者》をクリックします。

③《すべての校閲者》《富士太郎》《石井博一》《森田隆二》の前のチェックマークが非表示になります。

④《校閲》タブ→《変更履歴》グループの [変更履歴とコメントの表示 ▾](変更履歴とコメントの表示）→《特定のユーザー》→《石井博一》をクリックします。

⑤《石井博一》が ✔ になります。

※変更箇所が2つ表示されます。

⑥《校閲》タブ→《変更箇所》グループの [承諾](承諾して次へ進む）の [承諾 ▾]→《表示されたすべての変更を反映》をクリックします。

⑦「**石井博一**」の変更内容がすべて反映されます。

⑧《**校閲**》タブ→《**変更履歴**》グループの 変更履歴とコメントの表示 ∨ （変更履歴とコメントの表示）→《**特定のユーザー**》→《**森田隆二**》をクリックします。

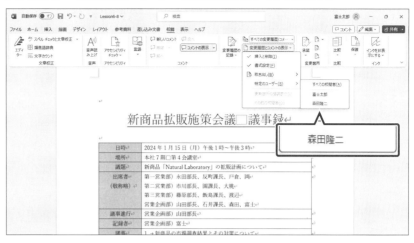

⑨《**森田隆二**》が ✔ になります。

※変更箇所が2つ表示されます。

⑩《**校閲**》タブ→《**変更箇所**》グループの（元に戻して次へ進む）の ∨ →《**表示されたすべての変更を元に戻す**》をクリックします。

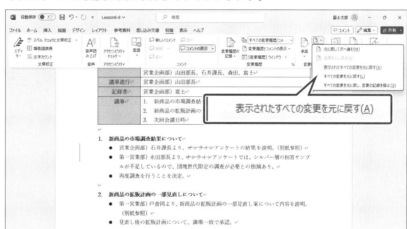

⑪「**森田隆二**」の変更内容がすべて元に戻ります。

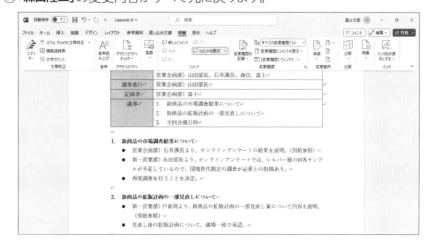

求められるスキル

出題範囲1

出題範囲2

出題範囲3

出題範囲4

出題範囲5

出題範囲6

確認問題 標準解答

(2)

①文書の先頭にカーソルを移動します。

※ Ctrl + Home を押すと、効率的です。

②《校閲》タブ→《変更履歴》グループの [変更履歴とコメントの表示] （変更履歴とコメントの表示）→《特定のユーザー》→《すべての校閲者》をクリックします。

※《すべての校閲者》と《富士太郎》の前にチェックマークが表示されます。

③《校閲》タブ→《変更箇所》グループの （次の変更箇所）をクリックします。

④「**新商品拡販施策会議　議事録**」が選択されていることを確認します。

⑤《校閲》タブ→《変更箇所》グループの （承諾して次へ進む）をクリックします。

⑥「**戸倉、**」が選択されていることを確認します。

⑦《校閲》タブ→《変更箇所》グループの （元に戻して次へ進む）をクリックします。

⑧削除された「**戸倉、**」が元に戻ります。

⑨「**戸倉**」が選択されます。

⑩《**校閲**》タブ→《**変更箇所**》グループの ▤ （承諾して次へ進む）をクリックします。

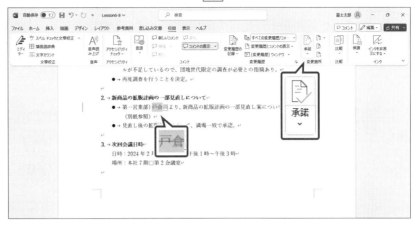

⑪「**戸倉**」の削除が反映され、「**岡**」が選択されていることを確認します。

⑫《**校閲**》タブ→《**変更箇所**》グループの ▤ （承諾して次へ進む）をクリックします。

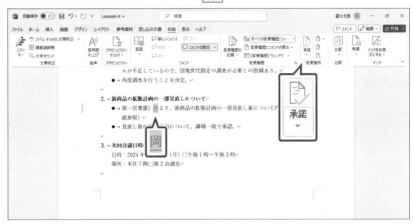

⑬メッセージを確認し、《**OK**》をクリックします。

⑭すべての変更内容が反映されます。

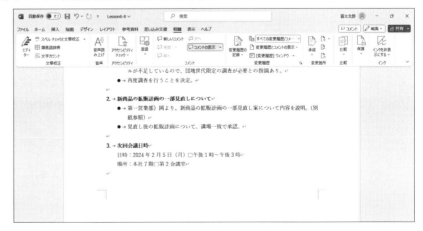

※変更内容の表示を《シンプルな変更履歴/コメント》に切り替えておきましょう。

解 説 ■変更履歴のロック

変更履歴の記録の開始や終了をロックできます。変更履歴をロックしておくと、複数のユーザーで同じ文書を校閲する場合に、勝手に変更履歴の記録を開始されたり、終了されたりすることを防げます。変更履歴をロックする際にパスワードを設定した場合は、再度パスワードを入力してロックを解除します。

操作 ◆《校閲》タブ→《変更履歴》グループの📝 (変更履歴の記録) の[変更履歴の記録▾]→《変更履歴のロック》

Lesson 6-9

📂 文書「Lesson6-9」を開いておきましょう。

次の操作を行いましょう。
(1) 変更履歴の記録をロックしてください。パスワードは「password」とします。
(2) 変更履歴のロックを解除し、変更履歴の記録を停止してください。

Lesson 6-9 Answer

(1)
①《校閲》タブ→《変更履歴》グループの📝 (変更履歴の記録) の[変更履歴の記録▾]→《**変更履歴のロック**》をクリックします。

②《**変更履歴のロック**》ダイアログボックスが表示されます。

③《**パスワードの入力**》に「**password**」と入力します。
※入力したパスワードは、「＊ (アスタリスク)」で表示されます。

④《**パスワードの確認入力**》に「**password**」と入力します。

⑤《**OK**》をクリックします。

変更履歴のロック	? ×
他の作成者が変更履歴をオフにできないようにします。	
パスワードの入力 (省略可)(E):	********
パスワードの確認入力(R):	********
(これはセキュリティ機能ではありません。)	
	OK キャンセル

⑥変更履歴の記録がロックされます。

※変更履歴の記録や変更箇所の承諾や元に戻すなどがグレー表示になり、操作できないこと
を確認しておきましょう。

(2)

①《校閲》タブ→《変更履歴》グループの（変更履歴の記録）の →《変更履
歴のロック》をクリックします。

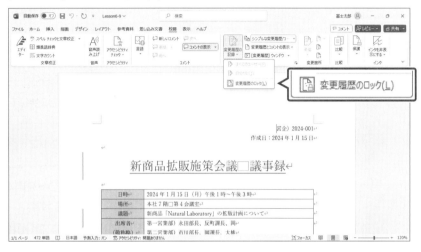

②《変更履歴のロック解除》ダイアログボックスが表示されます。

③《パスワード》に「password」と入力します。

④《OK》をクリックします。

⑤変更履歴のロックが解除されます。

⑥《校閲》タブ→《変更履歴》グループの （変更履歴の記録）をクリックします。
※ボタンがオフ（標準の色の状態）に戻り、変更履歴の記録が終了します。

Lesson 6-10

 文書「Lesson6-10」を開いておきましょう。

次の操作を行いましょう。

あなたは、セミナーの案内を作成しています。同じ部署のメンバーの校閲内容を確認し、文書を仕上げます。

問題(1)	変更内容の表示を「すべての変更履歴/コメント」にしてください。次に、挿入と削除に関する変更内容をすべて承諾してください。
問題(2)	書式設定に関する変更内容をすべて元に戻してください。
問題(3)	「申込フォーム」に挿入されているコメントに「了解しました。」と返信してください。
問題(4)	「セミナー内容を変更…」で始まるコメントを削除してください。
問題(5)	「前回より…」で始まるコメントを解決してください。
問題(6)	「◆参考：Nice Lifeセミナーの概要」の下の表の「Nice Lifeセミナー受講済みの方」に、「受講済みの方だけを対象にするか検討。」とコメントを挿入してください。
問題(7)	変更履歴の記録を開始し、「◆参考：Nice Lifeセミナーの概要」の下の表の対象者の「50歳代」を「55歳以上」に修正してください。修正後、変更履歴の記録を終了してください。
問題(8)	変更履歴の記録をロックしてください。変更履歴のロックを解除するためのパスワードは「nice2023」とします。

※《校閲》タブ→《変更履歴》グループの すべての変更履歴/コメ… ▾ (変更内容の表示)→《シンプルな変更履歴/コメント》を選択しておきましょう。

MOS Word 365

確認問題 標準解答

●完成図

経営について

1. 企業活動

企業活動を行うにあたって、企業の存在意義や価値観を明確にすることが重要です。これらが明確になっていないと、どの方向に向かって企業活動をすればよいのか曖昧になってしまいます。全社員がそれぞれの担当業務で一生懸命に努力しても、その方向が間違っていたのでは、効率的な業務を行うことはできません。

企業が定めるべき目標や責任について理解することが、円滑な企業活動につながっていきます。

1.1. 企業理念と企業目標

企業活動の目的は利益を上げること、社会に貢献することです。そのため、多くの企業が「企業理念」や「企業目標」を掲げて活動をしています。この企業理念と企業目標は、基本的に変化することのない普遍的な理想といえます。

ところが、社会環境や技術など、企業を取り巻く環境は大きく変化しています。企業理念や企業目標を達成するには、長期的な視点で変化に適応するための能力を作り出していくことが重要です。

1.2. CSR

「CSR」とは、企業が社会に対して果たすべき責任を意味します。多くの企業がV
CSRに対する考え方やCSR報告書を開示し、社会の関心や利害関係者の信頼を得

企業は、利益を追求するだけでなく、すべての利害関係者の視点でビジネスを創造
ります。企業市民という言葉があるように、社会の一員としての行動が求められて
社会の信頼を獲得し、新たな企業価値を生むことにつながるのです。

不正のない企業活動の遂行、法制度の遵守、製品やサービスの提供による利便性や
は、最も基本的な責任です。さらに社会に対してどのように貢献していくべきかを
配慮、社会福祉活動の推進、地域社会との連携などを含めてCSRととらえるべき
ます。

1 / 4

経営について

1.3. 所有と経営の分離

「所有と経営の分離」とは、企業を所有する株主と、経営を執行する経営者で、役割を分離する原則のことです。

日本の株式会社において、経営の意思を決定する場が「株主総会」です。業務執行の意思決定をするのは「取締役会」で、その中から代表取締役が選任されます。代表取締役は、経営執行担当者となり、会社を対外的に代表しているとともに経営の最高責任者でもあります。このように、所有と経営の分離とは、取締役が分離される原則のことをいいます。

企業活動を行うにあたって、経営と、株主や投資家などの利害関係者との信頼関係の構築や、経営の透明性を高めることが求められています。

1.4. ゴーイングコンサーン

「ゴーイングコンサーン」とは、"企業が永遠に継続する"という前提のことです。ゴーイングコンサーンでは、企業が継続する責任を負い、継続していくための経営戦略を立てることが重要だと考えられています。例えば、今までの技術を活かしながら新しい分野に参入するなど、企業目的を多様化・多角化させることで、ゴーイングコンサーンを目指す場合もあります。

また、ゴーイングコンサーンを目指す上で、「BCP」や「コーポレートガバナンス」への積極的な取り組みが求められています。

●BCP

「BCP」とは、何らかのリスクが発生した場合でも、企業が安定して事業を継続するための、リスク管理手法または方針のことです。「事業継続計画」とも呼ばれます。

自然災害や事故に遭遇すると、情報システムが壊滅的なダメージを受け、事業を継続できなくなる恐れがあります。そこで、地震や洪水、火災やテロなどのリスクを想定し、各リスクの影響を分析します。そのうえで、重要な事業を選定し、事業を継続させるための計画と体制を整備します。また、計画や体制を見直し、改善し続けることも必要とされています。

●コーポレートガバナンス

「コーポレートガバナンス」とは、企業活動を監視し、経営の透明性や健全性をチェックしたり、経営者や組織による不祥事を防止したりする仕組みのことです。

2 / 4

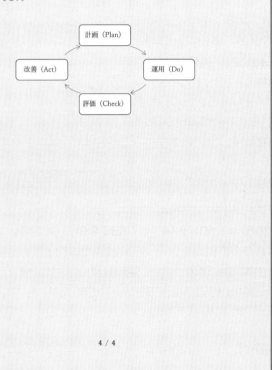

経営について

近年、企業や官公庁による不祥事が相次いで発生していることから、適切な社外取…
報開示体制の強化、監査部門の増強などを行って、企業を統治する必要があります…

コーポレートガバナンスの主な目的は、次のとおりです。

・経営者の私利私欲による暴走をチェックし、阻止する。
・組織ぐるみの違法行為をチェックし、阻止する。
・経営の透明性、健全性、遵法性を確保する。
・利害関係者への説明責任を徹底する。
・迅速かつ適切に情報開示する。
・経営者ならびに各層の経営管理者の責任を明確にする。

2. 経営資源

「経営資源」とは、企業経営に欠かせない要素のことで、「ヒト・モノ・カネ・情…

要素	説明
ヒト	社員（人材）のことで、すべての企業活動において最も重要な資源とい…
モノ	製品や商品のことで、企業活動に不可欠な生産設備、コンピューター、…ター、コピー機なども含みます。
カネ	資金のことで、ヒトやモノを確保するために必要です。
情報	正確な判断を下し、競争力を持つための資料やデータのことです。

3. 経営管理

「経営管理」とは、企業の目標達成に向けて、経営資源（ヒト・モノ・カネ・情…
し、経営資源の最適配分や有効活用をするための活動のことです。企業の資源を最…
果を導き出すことが重要です。そのために経営目標を定め、「TQM」や「PDCA…
ル」によって管理します。TQMとは、製品やサービスの品質向上と、経営目標の…
めの経営管理手法のことです。従来の日本においては、QC活動によって製品やサ…

3 / 4

経営について

させましたが、顧客満足が得られなかったり、目標となる利益に達成しなかったりなどの問題も発生しました。

TQMでは、経営目標にもとづいて品質水準や顧客満足の目標を作り出し、組織的に取り組むことで、製品の品質や顧客満足度の向上、経費削減などを目指します。「総合的品質管理活動」とも呼ばれます。プロジェクトマネジメントで利用されるPDCAマネジメントサイクルは、経営管理を行うための基本的な考え方でもあります。PDCAマネジメントサイクルを通して、経営管理としてよりよいものを作り上げていきます。

4 / 4

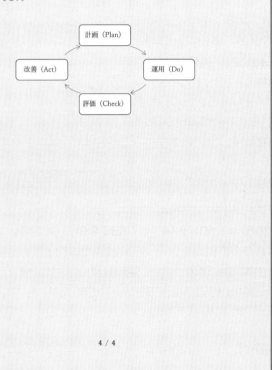

計画（Plan）
改善（Act）
運用（Do）
評価（Check）

求められるスキル

出題範囲1

出題範囲2

出題範囲3

出題範囲4

出題範囲5

出題範囲6

確認問題 標準解答

問題(1)

①《ファイル》タブを選択します。

②《情報》→《問題のチェック》→《ドキュメント検査》をクリックします。

※保存に関するメッセージが表示される場合は、《はい》をクリックします。

③《ヘッダー、フッター、透かし》が ☑ になっていることを確認します。

④《検査》をクリックします。

⑤《ヘッダー、フッター、透かし》の《すべて削除》をクリックします。

⑥《閉じる》をクリックします。

※文書の表示に戻しておきましょう。

問題(2)

①《ホーム》タブ→《編集》グループの $\boxed{\text{検索}}$ （検索）をクリックします。

※《編集》グループが折りたたまれている場合は、展開して操作します。

②検索ボックスに「株主」と入力します。

※ナビゲーションウィンドウに検索結果が《3件》と表示されます。

※ナビゲーションウィンドウを閉じておきましょう。

問題(3)

①《レイアウト》タブ→《ページ設定》グループの $\boxed{\text{余白}}$ （余白の調整）→《ユーザー設定の余白》をクリックします。

②《余白》タブを選択します。

③《余白》の《上》と《下》を「25mm」に設定します。

④《左》と《右》を「20mm」に設定します。

⑤《OK》をクリックします。

問題(4)

①《デザイン》タブ→《ドキュメントの書式設定》グループの $\boxed{\text{▽}}$ →《組み込み》の《線（シンプル）》をクリックします。

問題(5)

①《デザイン》タブ→《ページの背景》グループの $\boxed{\text{ページの色}}$ （ページの色）→《テーマの色》の《青、アクセント5、白+基本色80%》をクリックします。

②《デザイン》タブ→《ページの背景》グループの $\boxed{\text{ページ罫線}}$ （罫線と網掛け）をクリックします。

③《ページ罫線》タブを選択します。

④左側の《種類》の《囲む》をクリックします。

⑤中央の《種類》の一覧から《─────》を選択します。

⑥《色》の［∨］をクリックし、一覧から《テーマの色》の《青、アクセント1》を選択します。

⑦《線の太さ》の［∨］をクリックし、一覧から《2.25pt》を選択します。

⑧《設定対象》が《文書全体》になっていることを確認します。

⑨《OK》をクリックします。

問題 (6)

①「●BCP」を選択します。

②《挿入》タブ→《リンク》グループの［🔲 ブックマーク］（ブックマークの挿入）をクリックします。

③《ブックマーク名》に「BCP」と入力します。

④《追加》をクリックします。

問題 (7)

①《ファイル》タブを選択します。

②《情報》→《プロパティをすべて表示》をクリックします。

③《タイトルの追加》をクリックし、「経営について」と入力します。

④《分類の追加》をクリックし、「経営資源」と入力します。

⑤《分類の追加》以外の場所をクリックします。

※文書の表示に戻しておきましょう。

問題 (8)

①《挿入》タブ→《ヘッダーとフッター》グループの［📄 ヘッダー ∨］（ヘッダーの追加）→《ヘッダーの編集》をクリックします。

②《ヘッダーとフッター》タブ→《挿入》グループの［ドキュメント情報］（ドキュメント情報）→《ドキュメントタイトル》をクリックします。

③《ホーム》タブ→《段落》グループの［≡］（右揃え）をクリックします。

④《ヘッダーとフッター》タブ→《閉じる》グループの［⊠ ヘッダーとフッターを閉じる］（ヘッダーとフッターを閉じる）をクリックします。

問題 (9)

①《挿入》タブ→《ヘッダーとフッター》グループの［📄 ページ番号 ∨］（ページ番号の追加）→《ページの下部》→《X / Yページ》の《太字の番号2》をクリックします。

②《ヘッダーとフッター》タブ→《閉じる》グループの［⊠ ヘッダーとフッターを閉じる］（ヘッダーとフッターを閉じる）をクリックします。

問題 (10)

①《ファイル》タブを選択します。

②《情報》→《問題のチェック》→《アクセシビリティチェック》をクリックします。

③《アクセシビリティ》作業ウィンドウの《エラー》の《テーブルヘッダーがありません》をクリックします。

④《表》をクリックします。

⑤3ページ目の表のタイトル行が選択されていることを確認します。

⑥《おすすめアクション》の《最初の行をヘッダーとして使用》をクリックします。

⑦《アクセシビリティ》作業ウィンドウの《警告》の《読みにくいテキストコントラスト》をクリックします。

⑧《図表1》をクリックします。

⑨4ページ目のSmartArtグラフィックが選択されていることを確認します。

⑩《おすすめアクション》の《色の変更》の［＞］→《ベーシック》の《枠線のみ-濃色2》をクリックします。

※《アクセシビリティ》作業ウィンドウを閉じておきましょう。

問題 (11)

①《ファイル》タブを選択します。

②《情報》→《問題のチェック》→《互換性チェック》をクリックします。

③《概要》の内容を確認します。

④《OK》をクリックします。

問題 (12)

①《ホーム》タブ→《段落》グループの［↵］（編集記号の表示/非表示）をクリックして、オフにします。

問題 (13)

①《ファイル》タブを選択します。

②《エクスポート》→《ファイルの種類の変更》→《その他のファイルの種類》の《別のファイル形式として保存》→《名前を付けて保存》をクリックします。

③フォルダー「MOS 365-Word（1）」を開きます。

※《ドキュメント》→「MOS 365-Word（1）」を選択します。

④《ファイル名》に「Lesson1-20完成」と入力します。

⑤《ファイルの種類》の［∨］をクリックし、一覧から《Wordマクロ有効文書》を選択します。

⑥《ツール》をクリックします。

⑦《全般オプション》をクリックします。

⑧《読み取りパスワード》に「password」と入力します。

⑨《OK》をクリックします。

⑩《読み取りパスワードをもう一度入力してください》に「password」と入力します。

⑪《OK》をクリックします。

⑫《保存》をクリックします。

●完成図

求められるスキル

出題範囲1

出題範囲2

出題範囲3

出題範囲4

出題範囲5

出題範囲6

確認問題 標準解答

問題（1）

① 「**家族で決めておこう　連絡のルール**」の前にセクション区切りが挿入されていることを確認します。

② 「**家族で決めておこう　連絡のルール**」で始まるセクション内にカーソルを移動します。

※セクション内であれば、どこでもかまいません。

③ 《**レイアウト**》タブ→《**ページ設定**》グループの （ページサイズの選択）→《**B5**》をクリックします。

※セクション区切りが、《**セクション区切り（次のページから新しいセクション）**》に変わります。

問題（2）

① 《**ホーム**》タブ→《**編集**》グループの （置換）をクリックします。

※《**編集**》グループが折りたたまれている場合は、展開して操作します。

② 《**置換**》タブを選択します。

③ 《**検索する文字列**》に「**名前**」と入力します。

④ 《**置換後の文字列**》にカーソルを移動します。

⑤ 《**オプション**》をクリックします。

⑥ 《**書式**》をクリックします。

⑦《フォント》をクリックします。

⑧《フォント》タブを選択します。

⑨《スタイル》の一覧から《太字》を選択します。

⑩《OK》をクリックします。

⑪《すべて置換》をクリックします。

※6個の項目が置換されます。

⑫《OK》をクリックします。

⑬《閉じる》をクリックします。

問題 (3)

①「災害に備えよう」を選択します。

②《ホーム》タブ→《フォント》グループの [A ∨]（文字の効果と体裁）→《塗りつぶし（グラデーション）、灰色》をクリックします。

問題 (4)

①「災害が起こったとき、どう対処すれば…」から「…大切さを考えてみましょう。」までの段落を選択します。

②《ホーム》タブ→《フォント》グループの [Aₒ]（すべての書式をクリア）をクリックします。

問題 (5)

①「災害が起こったとき、どう対処すれば…」から「…大切さを考えてみましょう。」までの段落を選択します。

②《レイアウト》タブ→《段落》グループの [三左:]（左インデント）を「9字」に設定します。

問題 (6)

①「～地震が発生した場合～」の段落にカーソルを移動します。

※段落内であれば、どこでもかまいません。

②《ホーム》タブ→《スタイル》グループの [A／スタイル]（スタイル）→《見出し1》をクリックします。

※《スタイル》グループが展開されている場合は、《見出し1》をクリックします。

③同様に、「～災害用伝言ダイヤルの使い方～」「～家族の連絡先～」「～家族の避難場所～」の段落に「見出し1」を設定します。

問題 (7)

①「身の安全の確保」の段落にカーソルを移動します。

※段落内であれば、どこでもかまいません。

②《ホーム》タブ→《スタイル》グループの [A／スタイル]（スタイル）→《見出し2》をクリックします。

※《スタイル》グループが展開されている場合は、[∨]→《見出し2》をクリックします。

③同様に、「火の始末」「脱出口の確保」の段落に「見出し2」を設定します。

問題 (8)

①「伝言を残すには…」の段落を選択します。

②《ホーム》タブ→《クリップボード》グループの [✦]（書式のコピー/貼り付け）をクリックします。

③「伝言を聞くには…」の段落を選択します。

問題 (9)

①「伝言を残すには…」から「④伝言を聞く」までの段落を選択します。

②《ホーム》タブ→《段落》グループの [≡∨]（行と段落の間隔）→《行間のオプション》をクリックします。

③《インデントと行間隔》タブを選択します。

④《行間》の [∨]をクリックし、一覧から《倍数》を選択します。

⑤《間隔》に「1.7」と入力します。

⑥《OK》をクリックします。

問題 (10)

①「伝言を残すには…」から「④伝言を聞く」までの段落を選択します。

②《レイアウト》タブ→《ページ設定》グループの [🗐 段組]（段の追加または削除）→《段組みの詳細設定》をクリックします。

③《2段》をクリックします。

④《境界線を引く》を [✓]にします。

⑤《OK》をクリックします。

問題 (11)

①「伝言を残すには…」の下にある「171」の前にカーソルを移動します。

②《挿入》タブ→《記号と特殊文字》グループの [Ω 記号と特殊文字 ∨]（記号の挿入）→《その他の記号》をクリックします。

③《記号と特殊文字》タブを選択します。

④《フォント》の [∨]をクリックし、一覧から《Wingdings》を選択します。

⑤《文字コード》に「40」と入力します。

⑥《Unicode名》に《Wingdings:40》と表示され、電話の記号が選択されていることを確認します。

⑦《挿入》をクリックします。

⑧「伝言を聞くには…」の下にある「171」の前にカーソルを移動します。

⑨《挿入》をクリックします。

⑩《閉じる》をクリックします。

●完成図

No.24-203

2024 年 8 月 21 日

各位

営業管理部

お中元特設ギフトコーナー売上報告

お中元特設ギフトコーナーの売上結果をご報告いたします。

◎　開催期間：2024 年 6 月 1 日（土）〜7 月 31 日（水）
◎　人気商品 Top3
　　1.　Casablanca の洋菓子詰め合わせ　1,078 点
　　2.　富士ビールの缶ビール 15 本セット　867 点
　　3.　オオヤマフーズのハムギフト　745 点
◎　反省点
　　✕　7 月中は来場者数が多く、お客様対応の要員が少なかった。
　　✕　配送処理で手違いがあり、お客様に迷惑をおかけした。

店舗別ギフトコーナー売上表

単位：千円

支店名	スイーツ	ハム・精肉	鰻・海鮮	海苔・佃煮	飲料	合計
新宿店	2,154	1,740	630	350	1,200	6,074
梅田店	1,003	1,810	1,200	270	1,680	5,963
神戸店	1,587	1,270	1,060	290	1,600	5,807
横浜店	1,609	1,530	560	550	1,000	5,249
京都店	1,325	990	900	120	1,560	4,895
上野店	1,023	1,420	670	380	890	4,383

担当：松田

求められるスキル

出題範囲1

出題範囲2

出題範囲3

出題範囲4

出題範囲5

出題範囲6

確認問題 標準解答

問題（1）

①表内にカーソルを移動します。
※表内であれば、どこでもかまいません。
②《レイアウト》タブ→《データ》グループの [表の解除] （表の解除）をクリックします。
③《段落記号》を◉にします。
④《OK》をクリックします。

問題（2）

①「開催期…」と「人気商品Top3」の段落を選択します。
② Ctrl を押しながら、「反省点」から「配送処理で…」までの段落を選択します。
③《ホーム》タブ→《段落》グループの [≡▽] （箇条書き）の▽ →《新しい行頭文字の定義》をクリックします。
④《図》をクリックします。
⑤《ファイルから》をクリックします。
⑥フォルダー「Lesson3-17」を開きます。
※《ドキュメント》→「MOS 365-Word（1）」→「Lesson3-17」を選択します。
⑦一覧から「mark」を選択します。
⑧《挿入》をクリックします。
⑨《OK》をクリックします。

問題（3）

①「7月中は…」と「配送処理で…」の段落を選択します。
②《ホーム》タブ→《段落》グループの [≡▽] （箇条書き）の▽ →《リストのレベルの変更》→《レベル2》をクリックします。
③《ホーム》タブ→《段落》グループの [≡▽] （箇条書き）の▽ →《新しい行頭文字の定義》をクリックします。
④《記号》をクリックします。
⑤《フォント》の▽をクリックし、一覧から《Segoe UI Symbol》を選択します。
⑥《文字コード》に「274C」と入力します。
⑦《Unicode名》に《Cross Mark》と表示され、×の記号が選択されていることを確認します。
⑧《OK》をクリックします。
⑨《OK》をクリックします。

問題（4）

①「Casablancaの…」から「オオヤマフーズの…」までの段落を選択します。
②《ホーム》タブ→《段落》グループの [≡▽] （段落番号）の▽ →《番号ライブラリ》の《1.2.3.》をクリックします。

問題（5）

①「支店名…」から「神戸店…」までの段落を選択します。
②《挿入》タブ→《表》グループの [⊞表] （表の追加）→《文字列を表にする》をクリックします。
③《列数》が「7」、《行数》が「7」になっていることを確認します。
④《ウィンドウサイズに合わせる》を◉にします。
⑤《タブ》を◉にします。
⑥《OK》をクリックします。

問題（6）

①表内にカーソルを移動します。
※表内であれば、どこでもかまいません。
②《レイアウト》タブ→《配置》グループの [セルの配置] （セルの配置）をクリックします。
③《既定のセルの余白》の《上》と《下》を「1mm」に設定します。
④《OK》をクリックします。

問題（7）

①表の2行2列目から7行7列目のセルを選択します。
②《レイアウト》タブ→《配置》グループの [▤] （上揃え（右））をクリックします。
※選択を解除しておきましょう。

問題（8）

①表内にカーソルを移動します。
※表内であれば、どこでもかまいません。
②《レイアウト》タブ→《データ》グループの [並べ替え] （並べ替え）をクリックします。
③《最優先されるキー》の▽をクリックし、一覧から《合計》を選択します。
④《種類》が《数値》になっていることを確認します。
⑤《降順》を◉にします。
⑥《OK》をクリックします。

●完成図

言語情報伝達論　前期課題

現代における外来語の役割と影響

学　　部	社会学部
学　　科	コミュニケーション学科
学籍番号	S20C189
氏　　名	山崎　由美子

内容

1

現代における外来語の役割と影響

1　はじめに

　現在、日本ではたくさんの外来語が使用され、その種類も増え続けている。なぜこのように外来語が好んで使用されているのか、また、外来語を多用することによる影響にはどのようなものがあるのか、以下に述べていく。本レポートにおいては、日本における外来語についてのみ扱うものとする。

2　外来語の歴史

　「外来語」とは、一般に日本以外の国から入ってきた言葉が国語化されたものを指す。その輸入元の国は多岐に渡り、また、日本の外交の変化に伴い、時代を追うごとに変わってきている。言葉の輸入について最も古い時代に遡れば、中国や韓国から言葉が入ってきており、アイヌ語など日本国土内の少数民族の言葉が日本全土で一般化した例がある。

　しかし、これらは非常に古い時代に日本に入り定着したため、外来語とは呼ばれないことが多い。現在、外来語として認識されるのは、オランダやポルトガルとの国交が始まって以来の言葉である。

　明治時代に入り、開国により外国との国交が盛んになると、一気に外来語の数が増える。これまでのオランダ語やポルトガル語に代わり、新興勢力の英語由来の言葉が加速度的に浸透する。江戸時代に用いられた「ソップ」「ターフル」「ボートル」が「スープ」「テーブル」「バター」に取って代わられたほどである。小説においても、「実に是は有用（ユウスフル）ぢや。（中略）歴史（ヒストリー）を読んだり、史論（ヒストリカル・エツセイ）を草する時には…」＊とわざわざルビを振り、積極的に外来語を使用するものも現れた。

　第二次世界大戦に突入すると、外来語排斥の時代となった。明治時代から昭和初期にかけて流行した外来語は、敵性語として次のように無理矢理漢字に変換された。

外来語	漢字への変換
サイダー	噴出水
パーマ	電髪
マイクロホン	送話器
コロッケ	油揚げ肉饅頭

　その後、敗戦によるアメリカ軍占領により、戦後、外来語が増え続けるのだが、珍しい例として外来語として取り入れられた言葉が完全に漢語に取って代わった例がある。明治初期に盛んに使用された「テレガラフ」「セイミ」は今では「電報」「化学」という言葉になっている。＊

2

3　現在使用されている外来語の成り立ち

　現在使用されている外来語にどのような成り立ちがあるか、代表的なものをみていく。

　複数の国から別々に入ってきた例として、ポルトガル語の「**カルタ**」、英語の「**カード**」、ドイツ語の「**カルテ**」、フランス語の「**(ア・ラ・)カルト**」がある。もとは同じ意味であるが、輸入の経路が異なるためそれぞれが全く別のものを指す言葉として使用されている。

　ゆれ・混乱の例として、「**ヒエラルキー（位階制度）**」がある。ドイツ語では「**ヒエラルヒー**」、英語では「**ハイアラーキー**」であるところを見ると、これは両語の混用であると考えられる。外国人から見れば間違った発音であるが、現在では辞書に載るほど一般化している言葉であるため、日本では正しい言葉であると認めざるを得ない。

　さらに、外来語はカタカナで表記すると長くなってしまうものが多いので、次のように短縮して和製英語を作ることが多い。

短縮前の言葉	和製英語
アメリカンフットボール	アメフト
ワードプロセッサー	ワープロ
パーソナルコンピューター	パソコン

　また、「sunglasses」を「**サングラス**」、「corned beef」を「**コーンビーフ**」といったように、複数形の「s」や「es」、過去分詞形の「ed」を省略する例、さらには「cardigan jacket」を「**カーディガン**」のように語そのものを省略する例も多い。

　海外から入ってきた言葉と日本にもともとあった言葉が融合して新しい言葉が生まれた例も多い。「**スクランブル交差点**」「**ネット配信**」「**意思決定プロセス**」など、例を挙げるとキリがないほどである。

4　外来語を使用するにあたっての注意事項

　外来語を使用するにあたって、外来語はあくまで日本独自の言葉であって「**外国語**」ではないため日本国内でしか通用しないということを認識しておくべきである。アメリカに行って、「テレビ」「コンビニ」「パソコン」「ファミレス」「カーナビ」などの単語を使用しても会話が成り立たない。

　言葉が通じないのはまだ良い方である。誤解されて伝わった場合、今後の人間関係に影響を及ぼす可能性もある。誤解される可能性があるのは、外来語と外国語で意味するものが違う場合である。例えば、食べ放題は、日本語で「**バイキング**」であるが、英語で「biking」は自転車に乗ることを指す言葉である。英語圏の友人をバイキングに誘おうと「Let's go biking on Sunday.」と話すと、サイクリングに誘われたものとしてとらえられてしまう。

5　現代における外来語

　では、なぜこのようにたくさんの外来語が使用されるようになったのか。なぜ漢字を使用した日本人の言葉にせず、カタカナ言葉なのか。まず、もともと日本になかった言葉を言い表すにはそのまま

3

用してしまえば一番手っ取り早いという、便宜上の理由が挙げられる。さらに、それに加えてやはりカタカナ言葉を使用することによって、かっこいい、新鮮味がある、インパクトがある、しゃれた感じがする、高級だ、といったようなプラスのイメージになることが多いからであろう。

　例えば、アパートやマンションを選ぶ場合、「〇〇荘」「**集合住宅**」「**長屋**」と書かれた建物よりも、カタカナ言葉で書かれた建物のほうが豪華で広い現代的なイメージを持ちやすい。最近では「**パレス（palace-宮殿）**」「**レジデンス（residence-宮殿）**」「**メゾン（maison-家）**」「**ハイム（Heim-家）**」「**カーサ（casa-家）**」と名称も多岐に渡り、それらの言葉の頭に「**ロイヤル**」「**ゴールデン**」「**グランド**」「**プリンス**」などを付け、さらに豪華さを加えようとしたものを多く見かける。

　また、政治の世界においても同様に、カタカナ言葉が多く使用されている。小泉元首相はカタカナ言葉の氾濫を嫌い、「**バックオフィス（内部管理事務）**」や「**アウトソーシング（民間委託）**」などの言葉は国民にとってわかりにくいと指摘した。一方、安倍元首相は第一次安倍内閣の所信表明演説において、「**セーフティーネット**」「**カントリー・アイデンティティー**」など109回、小泉元首相の時の4倍もの分量のカタカナ言葉を使用し、わかりにくいとの指摘を受けた。

　確かに、次々と増える外来語はわかりにくいものが多い。そこで、国立国語研究所を中心として、官報や新聞など、公共性の高い文書に使用される外来語についてわかりやすい言葉を作って言い換えようという動きもある。

6　まとめ

　このように、現代において外来語は日常の様々な場面で使用されており、我々は特に何かを意識することなく当然のものとして使用している。外来語は新鮮さやかっこよさなどのプラスのイメージを与えることが多いが、外来語が過剰に使用され、わかりにくさや混乱を招いていることも事実である。

　特に、企業や行政は専門知識を持たない一般消費者・国民に対し、伝えるべき情報をわかりやすく伝える義務があるのではなかろうか。外来語が氾濫する現代だからこそ、今一度本当に使用するべき言葉は一体何であるのか、考え直す必要がある。政府を中心とした今後の「**言い換え**」の動向に注目していきたい。

ᵃ 坪内逍遥（1885-1886）『当世書生気質』
ᵇ 木村早雲（1978）『日本語と外来語』
ᶜ 日本語・日本のことばの科学的研究機関。正式名称は「大学共同利用機関法人　人間文化研究機構　国立国語研究所」である。

4

問題（1）

①「…史論（ヒストリカル・エッセイ）を草する時には…」」の後ろにカーソルを移動します。

②《**参考資料**》タブ→《**脚注**》グループの（脚注の挿入）をクリックします。

③ページの最後にカーソルが表示されていることを確認し、「坪内逍遥（1885-1886）『**当世書生気質**』」と入力します。

問題（2）

①《**参考資料**》タブ→《**脚注**》グループの（脚注と文末脚注）をクリックします。

②《**変換**》をクリックします。

③《**脚注を文末脚注に変更する**》を⦿にします。

④《**OK**》をクリックします。

⑤《**閉じる**》をクリックします。

問題（3）

①文末脚注にカーソルを移動します。

※文末脚注内であればどこでもかまいません。

②《**参考資料**》タブ→《**脚注**》グループの（脚注と文末脚注）をクリックします。

③《**文末脚注**》が⦿になっていることを確認します。

④《**番号書式**》の∨をクリックし、一覧から《**a,b,c,…**》を選択します。

⑤《**適用**》をクリックします。

問題（4）

①テキストボックス内をクリックして、カーソルを表示します。

②《**参考資料**》タブ→《**目次**》グループの（目次）→《**組み込み**》の《**自動作成の目次1**》をクリックします。

問題（5）

①［Ctrl］を押しながら、「6　まとめ…4」をポイントします。

②マウスポインターの形が🖑に変わったら、クリックします。

●完成図

問題（1）

①「**星山大SBC**」の前にカーソルを移動します。

②《**挿入**》タブ→《**図**》グループの[アイコン]（アイコンの挿入）をクリックします。

③《**アイコン**》が選択されていることを確認します。

④《**自然とアウトドア**》をクリックします。

※表示されていない場合は、スクロールして調整します。

⑤黒い3つの星のアイコンをクリックします。

※完成図と同じアイコンが表示されない場合は、任意のアイコンを選択しましょう。

⑥《**挿入**》をクリックします。

⑦《**グラフィックス形式**》タブ→《**サイズ**》グループの[高さ:]（図形の高さ）を「**13mm**」に設定します。

⑧《**グラフィックス形式**》タブ→《**サイズ**》グループの[幅:]（図形の幅）が「**13mm**」になっていることを確認します。

問題（2）

①アイコンを選択します。

②《**グラフィックス形式**》タブ→《**グラフィックのスタイル**》グループの[▽]→《**塗りつぶし-アクセント6、枠線なし**》をクリックします。

※選択を解除しておきましょう。

求められるスキル

出題範囲1

出題範囲2

出題範囲3

出題範囲4

出題範囲5

出題範囲6

確認問題 標準解答

問題 (3)

① 文書の先頭にカーソルを移動します。

②《挿入》タブ→《図》グループの ▣ （画像を挿入します）→《このデバイス》をクリックします。

③ フォルダー「Lesson5-25」を開きます。

※《ドキュメント》→「MOS 365-Word（1）」→「Lesson5-25」を選択します。

④ 一覧から「バスケ」を選択します。

⑤《挿入》をクリックします。

問題 (4)

① 図を選択します。

② ▣ （レイアウトオプション）をクリックします。

③《文字列の折り返し》の《前面》をクリックします。

④《詳細表示》をクリックします。

⑤《位置》タブを選択します。

⑥《水平方向》の《右方向の距離》を ◉ にします。

⑦《基準》の ⋁ をクリックし、一覧から《ページ》を選択します。

⑧「120mm」に設定します。

⑨《垂直方向》の《下方向の距離》を ◉ にします。

⑩《基準》の ⋁ をクリックし、一覧から《ページ》を選択します。

⑪「20mm」に設定します。

⑫《OK》をクリックします。

問題 (5)

① 図を選択します。

②《図の形式》タブ→《アクセシビリティ》グループの ▣ （代替テキストウィンドウを表示します）をクリックします。

③《代替テキスト》作業ウィンドウのボックスに「バスケットボールの写真」と入力します。

※ 自動的に生成された説明が入力されている場合は、削除して入力します。

※《代替テキスト》作業ウィンドウを閉じておきましょう。

問題 (6)

①「緊急連絡網」の下の段落にカーソルを移動します。

②《挿入》タブ→《図》グループの ▣ SmartArt （SmartArtグラフィックの挿入）をクリックします。

③ 左側の一覧から《手順》を選択します。

④ 中央の一覧から《基本蛇行ステップ》を選択します。

⑤《OK》をクリックします。

⑥「部長　本田祐樹」から「090-1489-XXXX」までの段落を選択します。

⑦《ホーム》タブ→《クリップボード》グループの ✂ （切り取り）をクリックします。

⑧ SmartArtグラフィックを選択します。

⑨ テキストウィンドウの1行目をクリックして、カーソルを表示します。

※ テキストウィンドウが表示されていない場合は、表示しておきましょう。

⑩《ホーム》タブ→《クリップボード》グループの ▣ （貼り付け）をクリックします。

⑪ テキストウィンドウの「090-1489-XXXX」の後ろにカーソルが表示されていることを確認します。

⑫ [Delete] を4回押します。

問題 (7)

① SmartArtグラフィックを選択します。

②《書式》タブ→《サイズ》グループの ▣高さ: （図形の高さ）を「130mm」に設定します。

※《サイズ》グループが折りたたまれている場合は、展開して操作します。

③「部長　本田祐樹」の角丸四角形を選択します。

④ [Shift] を押しながら、残りの角丸四角形を選択します。

⑤《書式》タブ→《サイズ》グループの ▣高さ: （図形の高さ）を「20mm」に設定します。

⑥《書式》タブ→《サイズ》グループの ▣幅: （図形の幅）を「65mm」に設定します。

問題 (8)

① SmartArtグラフィックを選択します。

②《SmartArtのデザイン》タブ→《SmartArtのスタイル》グループの ▣ （色の変更）→《ベーシック》の《塗りつぶし-濃色2》をクリックします。

③《SmartArtのデザイン》タブ→《SmartArtのスタイル》グループの ▽ →《ドキュメントに最適なスタイル》の《光沢》をクリックします。

問題 (9)

① 図形を選択します。

②《図形の書式》タブ→《サイズ》グループの ▣ （図形の高さ）を「16mm」に設定します。

③《図形の書式》タブ→《サイズ》グループの ▣ （図形の幅）を「149mm」に設定します。

④ ▣ （レイアウトオプション）をクリックします。

⑤《文字列の折り返し》の《背面》をクリックします。

⑥《レイアウトオプション》の ✕ （閉じる）をクリックします。

問題 (10)

① バスケットボールのアイコンを選択します。

② ▣ （レイアウトオプション）をクリックします。

③《行内》をクリックします。

④《レイアウトオプション》の ✕ （閉じる）をクリックします。

●完成図

Nice·Life セミナー参加者募集

55 歳以上の方を対象に、定年後の生活設計や生きがいなどについて考えるための「Nice·Life セミナー」を開催します。

◆「Nice·Life セミナー」詳細

- ・日程□□□□：2023 年 12 月 16 日（土）～17 日（日）
- ・場所□□□□：ヴィラ伊豆研修所
- ・応募方法□□：総務部ホームページの中込フォーム
- ・スケジュール：

日程	時間	内容
1日目	10:00	開講式
	10:30	講演「ビジネスパーソンの生活と生きがい」
	12:00	昼食
	13:30	講座「実生活に役立つ年金」
	15:30	講座「実生活に役立つ健康保険と雇用保険」
	17:00	年金相談□※希望者のみ
	18:00	夕食・懇親会
2日目	8:00	朝食・ラジオ体操
	9:30	講座「これからの生活設計と経済プラン」
	12:00	昼食
	13:30	セミナーのまとめ・質疑応答
	15:00	閉講式・解散

◆参考：Nice·Life セミナーの概要

	Nice·Life セミナー	Nice·Life セミナー＜続編＞
セミナー内容	定年後の生活設計や生きがいについて	定年後の資産運用について
対象者	50 歳代 55 歳以上の正社員とその配偶者	Nice·Life セミナー受講済みの方
日程	1 泊 2 日	1 日
参加費（税込）	16,000 円／1 人（食費・宿泊費込）	5,000 円（食費込）

※Nice·Life セミナー＜続編＞は、2024 年 4 月頃を予定しています。

担当：総務部□高口

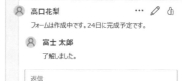

高口花梨　⋯　✎
フォームは作成中です。24日に完成予定です。

富士 太郎
了解しました。

返信

富士 太郎　⋯　✎
受講済みの方だけを対象にするか検討。

返信

求められるスキル

出題範囲1

出題範囲2

出題範囲3

出題範囲4

出題範囲5

出題範囲6

確認問題 標準解答

234

問題 (1)

①《校閲》タブ→《変更履歴》グループの シンプルな変更履歴/コ… （変更内容の表示）→《すべての変更履歴/コメント》をクリックします。

②《校閲》タブ→《変更履歴》グループの 変更履歴とコメントの表示 （変更履歴とコメントの表示）をクリックし、《挿入と削除》がオンになっていることを確認します。

③《校閲》タブ→《変更履歴》グループの 変更履歴とコメントの表示 （変更履歴とコメントの表示）→《書式設定》をクリックし、オフにします。

④《校閲》タブ→《変更箇所》グループの 承認 （承諾して次へ進む）の 承認 →《表示されたすべての変更を反映》をクリックします。

問題 (2)

①《校閲》タブ→《変更履歴》グループの 変更履歴とコメントの表示 （変更履歴とコメントの表示）→《書式設定》をクリックし、オンにします。

②《校閲》タブ→《変更履歴》グループの 変更履歴とコメントの表示 （変更履歴とコメントの表示）→《挿入と削除》をクリックし、オフにします。

③《校閲》タブ→《変更箇所》グループの （元に戻して次へ進む）の →《表示されたすべての変更を元に戻す》をクリックします。

問題 (3)

①「申込フォーム」に挿入されているコメントの《返信》をクリックします。

②「了解しました。」と入力します。

③ ▷ （返信を投稿する）をクリックします。

問題 (4)

①「セミナー内容を変更…」で始まるコメントを選択します。

②《校閲》タブ→《コメント》グループの 削除 （コメントの削除）をクリックします。

問題 (5)

①「前回より…」で始まるコメントの … （その他のスレッド操作）をクリックします。

②《スレッドを解決する》をクリックします。

問題 (6)

①「Nice Lifeセミナー受講済みの方」を選択します。

②《校閲》タブ→《コメント》グループの 新しいコメント （コメントの挿入）をクリックします。

③「受講済みの方だけを対象にするか検討。」と入力します。

④ ▷ （コメントを投稿する）をクリックします。

問題 (7)

①《校閲》タブ→《変更履歴》グループの （変更履歴の記録）をクリックして、オンにします。

②「50歳代」を「55歳以上」に修正します。

③《校閲》タブ→《変更履歴》グループの （変更履歴の記録）をクリックして、オフにします。

問題 (8)

①《校閲》タブ→《変更履歴》グループの 変更履歴の記録 （変更履歴の記録）の 変更履歴の記録 →《変更履歴のロック》をクリックします。

②《パスワードの入力》に「nice2023」と入力します。

③《パスワードの確認入力》に「nice2023」と入力します。

④《OK》をクリックします。

MOS Word 365

模擬試験プログラム
の使い方

模擬試験プログラムを起動しましょう。

※事前に模擬試験プログラムをインストールしておきましょう。模擬試験プログラムのダウンロード・インストールについては、P.6「5 模擬試験プログラムについて」を参照してください。

① すべてのアプリを終了します。

※アプリを起動していると、模擬試験プログラムが正しく動作しない場合があります。

② デスクトップを表示します。

③ ■（スタート）→《すべてのアプリ》→《MOS Word 365 模擬試験プログラム》をクリックします。

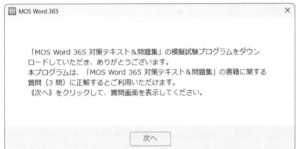

④ 模擬試験プログラムの利用に関するメッセージが表示されます。

※模擬試験プログラムを初めて起動したときに表示されます。以降の質問に正解すると、次回からは表示されません。

⑤ 《次へ》をクリックします。

⑥ 書籍に関する質問が表示されます。該当ページを参照して、答えを入力します。

※質問は3問表示されます。質問の内容はランダムに出題されます。

⑦ 模擬試験プログラムのスタートメニューが表示されます。

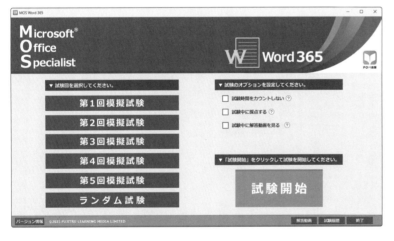

! Point

模擬試験プログラム利用時のおすすめ環境

模擬試験プログラムは、ディスプレイの解像度が1280×768ピクセル以上の環境でご利用いただけます。
ディスプレイの解像度と拡大率との組み合わせによっては、文字やボタンが小さかったり、逆に大きすぎてはみ出したりすることがあります。
そのような場合には、次の解像度と拡大率の組み合わせをお試しください。

ディスプレイの解像度	拡大率
1280×768ピクセル	100%
1920×1080ピクセル	125%または150%

※ディスプレイの解像度と拡大率を変更する方法は、P.2「Point ディスプレイの解像度と拡大率の設定」を参照してください。

本書に掲載しているボタンと
同じ状態で操作できる！

●解像度1280×768ピクセル・拡大率100%の場合

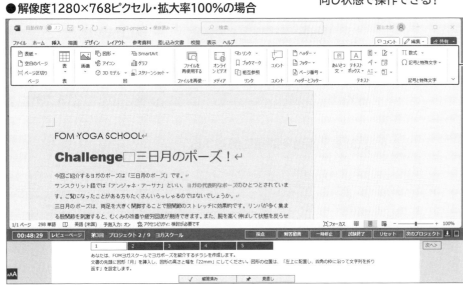

Wordウィンドウの作業領域が広くて
全体を見ながら操作できる！

●解像度1920×1080ピクセル・拡大率125%の場合

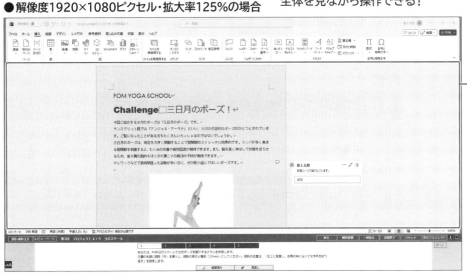

2 模擬試験プログラムを使った学習方法

模擬試験プログラムを使って、模擬試験を実施する流れを確認しましょう。

❶ スタートメニューで試験回とオプションを選択する

❷ 試験実施画面で問題に解答する

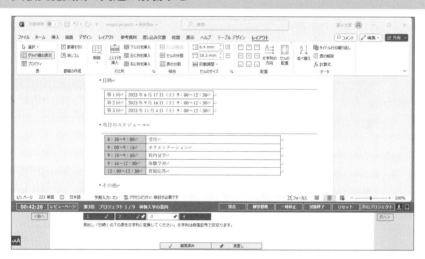

❸ 試験結果画面で採点結果や正答率を確認する

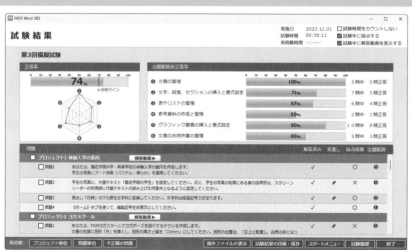

④ 解答動画で標準解答の操作を確認する

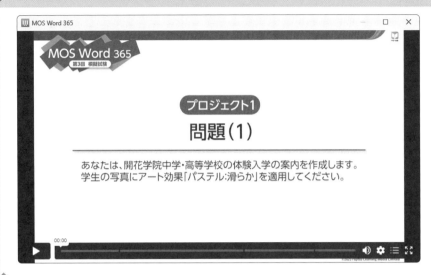

⑤ 間違えた問題に再挑戦する

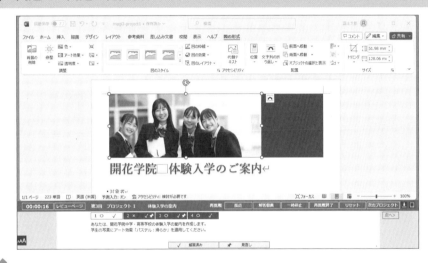

⑥ 試験履歴画面で過去の正答率を確認する

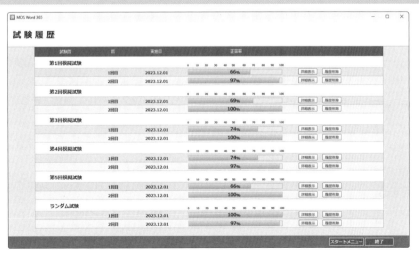

3 模擬試験プログラムの使い方

1 | スタートメニュー

模擬試験プログラムを起動すると、スタートメニューが表示されます。
スタートメニューから実施する試験回を選択します。

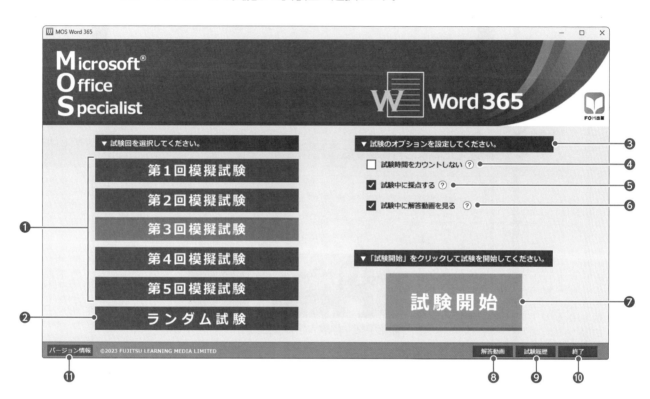

❶模擬試験
5回分の模擬試験から実施する試験を選択します。

❷ランダム試験
5回分の模擬試験のすべての問題の中からランダムに出題されます。

❸試験モードのオプション
試験モードのオプションを設定できます。⑦をポイントすると、説明が表示されます。

❹試験時間をカウントしない
✓にすると、試験時間をカウントしないで、試験を行うことができます。

❺試験中に採点する
✓にすると、試験中に問題ごとの採点結果を確認できます。

❻試験中に解答動画を見る
✓にすると、試験中に標準解答の動画を確認できます。

❼試験開始
選択した試験回、設定したオプションで試験を開始します。

❽解答動画
FOM出版のホームページを表示して、標準解答の動画を確認できます。模擬試験を行う前に、操作を確認したいときにご利用ください。
※インターネットに接続できる環境が必要です。

❾試験履歴
試験履歴画面を表示します。

❿終了
模擬試験プログラムを終了します。

⓫バージョン情報
模擬試験プログラムのバージョンを確認します。

Point

模擬試験プログラムのアップデート

模擬試験プログラムはアップデートする場合があります。模擬試験プログラムをアップデートするための更新プログラムの提供については、FOM出版のホームページでお知らせします。

《更新プログラムの確認》をクリックすると、FOM出版のホームページが表示され、更新プログラムに関する最新情報を確認できます。

※インターネットに接続できる環境が必要です。

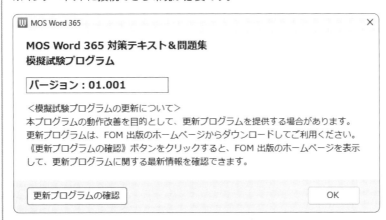

 Point

模擬試験の解答動画

模擬試験の解答動画は、FOM出版のホームページで見ることができます。スマートフォンやタブレットで解答動画を見ながらパソコンで操作したり、スマートフォンで操作手順を復習したりと活用範囲が広がります。

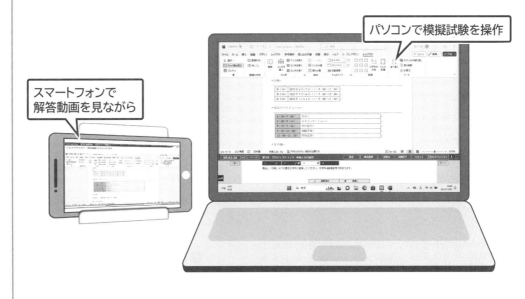

※スマートフォンやタブレットで解答動画を視聴する方法は、表紙の裏側を参照してください。

試験を開始すると、次のような画面が表示されます。

模擬試験プログラムの試験形式について
模擬試験プログラムの試験実施画面や試験形式は、FOM出版が独自に開発したもので、本試験とは異なります。

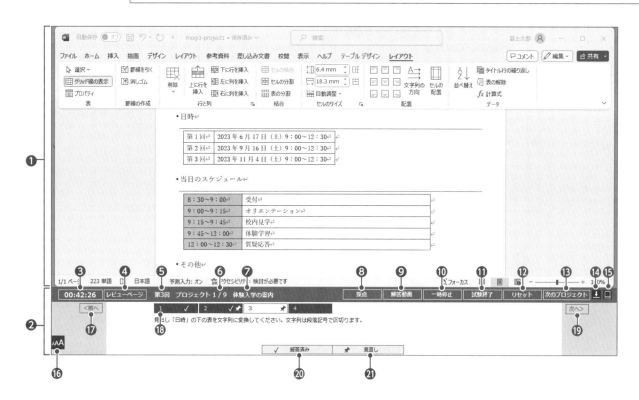

❶Wordウィンドウ

Wordが起動し、ファイルが開かれます。問題の指示に従って、解答操作を行います。

❷問題ウィンドウ

問題が表示されます。問題には、ファイルに対して行う具体的な指示が記述されています。複数の問題が用意されています。

❸タイマー

試験の残り時間が表示されます。試験時間を延長して実施した場合、超過した時間が赤字で表示されます。
※タイマーは、スタートメニューで《試験時間をカウントしない》を☑にすると表示されません。

❹レビューページ

レビューページを表示します。別のプロジェクトの問題に切り替えたり、試験を終了したりできます。
※レビューページについては、P.247を参照してください。

❺試験回

選択している試験回が表示されます。

❻プロジェクト番号／全体のプロジェクト数

表示されているプロジェクトの番号と全体のプロジェクト数が表示されます。
「プロジェクト」とは、操作を行うファイルのことです。複数のプロジェクトが用意されています。

❼プロジェクト名

表示されているプロジェクト名が表示されます。
※拡大率を「100%」より大きくしている場合、プロジェクト名の一部またはすべてが表示されないことがあります。

❽採点

表示されているプロジェクトの正誤を判定します。
試験中に採点結果を確認できます。
※《採点》ボタンは、スタートメニューで《試験中に採点する》を☑にすると表示されます。

❾解答動画

表示されているプロジェクトの標準解答の動画を表示します。

※インターネットに接続できる環境が必要です。

※解答動画については、P.248を参照してください。

※《解答動画》ボタンは、スタートメニューで《試験中に解答動画を見る》を✔にすると表示されます。

❿一時停止

タイマーが一時停止します。

※《再開》をクリックすると、一時停止が解除されます。

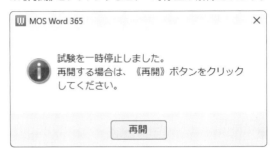

⓫試験終了

試験を終了します。

※《採点して終了》をクリックすると、試験を採点して終了し、試験結果画面が表示されます。《採点せずに終了》をクリックすると、試験を採点せずに終了し、スタートメニューに戻ります。採点せずに終了した場合は、試験結果は試験履歴に残りません。

⓬リセット

表示されているプロジェクトを初期の状態に戻します。プロジェクトは最初からやり直すことができますが、経過した試験時間は元に戻りません。

⓭次のプロジェクト

次のプロジェクトを表示します。

⓮ ⬇️

問題ウィンドウを折りたたんで、Wordウィンドウを大きく表示します。問題ウィンドウを折りたたむと、⬇️から⬆️に切り替わります。クリックすると、問題ウィンドウが元のサイズに戻ります。

⓯ 🔲

Wordウィンドウと問題ウィンドウのサイズを初期の状態に戻します。

⓰ AAA

問題の文字サイズを調整するスケールを表示します。《＋》や《－》をクリックしたり、📍をドラッグしたりして文字サイズを調整します。文字サイズは5段階で調整できます。

⓱前へ

プロジェクト内の前の問題に切り替えます。

⓲問題番号

問題を切り替えます。表示されている問題番号は、背景が白色で表示されます。

⓳次へ

プロジェクト内の次の問題に切り替えます。

⓴解答済み

問題番号の横に✓を表示します。解答済みにする場合などに使用します。マークの有無は、採点に影響しません。

㉑見直し

問題番号の横に📌を表示します。あとから見直す場合などに使用します。マークの有無は、採点に影響しません。

❗Point

試験時間の延長

試験時間の50分が経過すると、次のようなメッセージが表示されます。

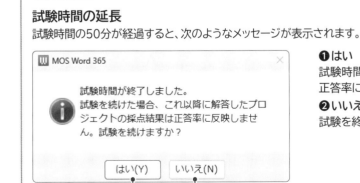

❶はい
試験時間を延長して、解答の操作を続けることができます。ただし、正答率に反映されるのは、時間内に解答したプロジェクトだけです。

❷いいえ
試験を終了します。

模擬試験プログラムの使い方

第1回模擬試験

第2回模擬試験

第3回模擬試験

第4回模擬試験

第5回模擬試験

🛈 Point

模擬試験プログラムの便利な機能

試験を快適に操作するための機能や、Wordの設定には、次のようなものがあります。

問題の文字のコピー

問題で下線が付いている文字は、クリックするだけでコピーできます。コピーした文字は、Wordウィンドウ内に貼り付けることができます。

正しい操作を行っていても、入力した文字が間違っていたら不正解になってしまいます。入力の手間を減らし、入力ミスを防ぐためにも、問題の文字のコピーを積極的に活用しましょう。

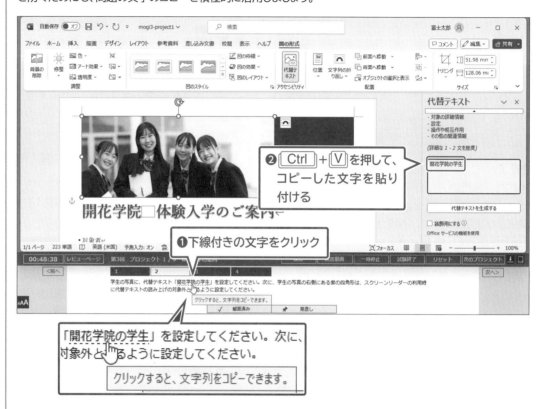

❷ Ctrl + V を押して、コピーした文字を貼り付ける

❶下線付きの文字をクリック

クリックすると、文字列をコピーできます。

「開花学院の学生」を設定してください。次に、対象外となるように設定してください。

クリックすると、文字列をコピーできます。

問題の文字サイズの調整

🔠 をクリックするとスケールが表示され、5段階で文字サイズを調整できます。また、問題ウィンドウがアクティブになっている場合は、 Ctrl + ⊞ または Ctrl + ⊟ を使っても文字サイズを調整できます。

文字を大きくすると、問題がすべて表示されない場合があります。その場合は、問題の右端に表示されるスクロールバーを使って、問題を表示します。

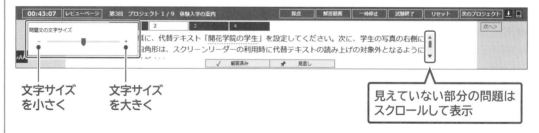

文字サイズ
を小さく

文字サイズ
を大きく

見えていない部分の問題は
スクロールして表示

リボンの折りたたみ

Wordのリボンを折りたたんで作業領域を広げることができます。リボンのタブをダブルクリックすると、タブだけの表示になります。折りたたまれたリボンは、タブをクリックすると表示されます。

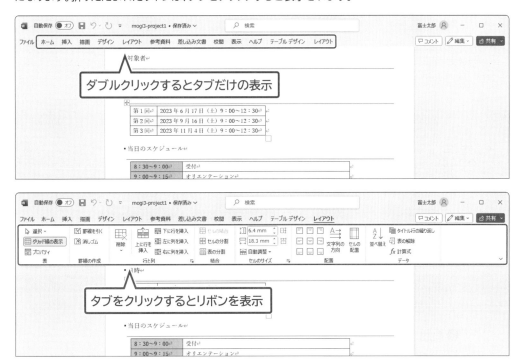

問題ウィンドウとWordウィンドウのサイズ変更

問題ウィンドウの上側やWordウィンドウの下側をドラッグすると、ウィンドウの高さを調整できます。
問題の文字が小さくて読みにくいときは、問題ウィンドウを広げて文字のサイズを大きくすると読みやすくなります。
また、作業領域が狭くて操作しにくいときは、Wordウィンドウを広げるとよいでしょう。
問題ウィンドウの ■ をクリックすると、問題ウィンドウとWordウィンドウのサイズを初期の状態に戻します。

3 レビューページ

試験実施画面の《レビューページ》ボタンをクリックすると、レビューページが表示されます。問題番号をクリックすると、試験実施画面が表示されます。

❶問題

プロジェクト番号と問題番号、問題の先頭の文章が表示されます。

問題番号をクリックすると、その問題の試験実施画面が表示され、解答の操作をやり直すことができます。

❷解答済み

試験中に解答済みマークを付けた問題に✔が表示されます。

❸見直し

試験中に見直しマークを付けた問題に📌が表示されます。

❹タイマー

試験の残り時間が表示されます。試験時間を延長して実施した場合、超過した時間が赤字で表示されます。

※タイマーは、スタートメニューで《試験時間をカウントしない》を☑にすると表示されません。

❺試験終了

試験を終了します。

※《採点して終了》をクリックすると、試験を採点して終了し、試験結果画面が表示されます。《採点せずに終了》をクリックすると、試験を採点せずに終了し、スタートメニューに戻ります。採点せずに終了した場合は、試験結果は試験履歴に残りません。

4 解答動画画面

各問題の標準解答の操作手順を動画で確認できます。動画はプロジェクト単位で表示されます。
動画の再生や問題の切り替えは、画面下側に表示されるコントローラーを使って操作します。コントローラーが表示されていない場合は、マウスを動かすと表示されます。
※動画を視聴するには、インターネットに接続できる環境が必要です。

模擬試験プログラム
の使い方

第1回模擬試験

第2回模擬試験

第3回模擬試験

第4回模擬試験

第5回模擬試験

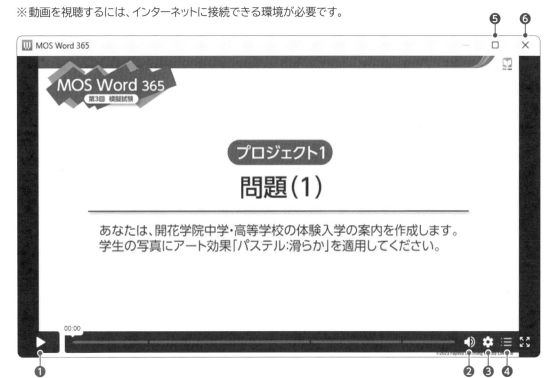

❶ ▶ （再生／一時停止）

動画を再生します。再生中は ❚❚ に変わります。 ❚❚ をクリックすると、動画が一時停止します。

❷ 🔊 （音声）

音量を調節します。ポイントすると、音量スライダーが表示されます。クリックすると、🔇になり、
音声をオフにできます。

❸ ⚙ （設定）

動画の画質とスピードを設定するコマンドを表示します。

❹ ☰ （チャプター）

問題番号の一覧を表示します。一覧から問題番号を選択すると、解答動画が切り替わります。

❺ ▢ （最大化）

解答動画画面を最大化します。最大化すると、▢ になります。

❻ ✕ （閉じる）

解答動画画面を終了します。

5 試験結果画面

試験を採点して終了すると、試験結果画面が表示されます。

模擬試験プログラムの採点方法について
模擬試験プログラムの採点方法は、FOM出版が独自に開発したもので、本試験とは異なります。採点の基準や配点は公開されていません。

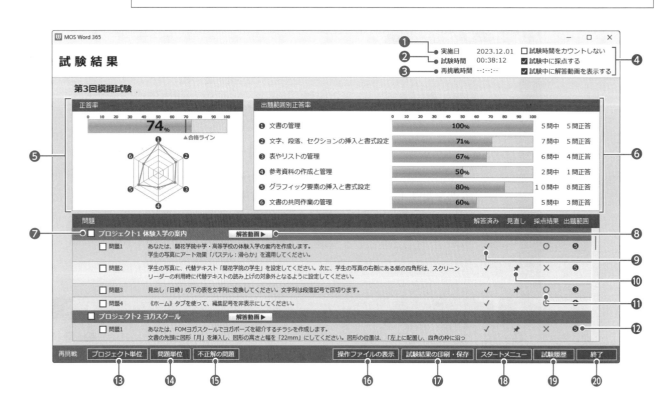

❶ 実施日
試験を実施した日付が表示されます。

❷ 試験時間
試験開始から試験終了までに要した時間が表示されます。

❸ 再挑戦時間
再挑戦に要した時間が表示されます。

❹ 試験モードのオプション
試験を実施するときに設定した試験モードのオプションが表示されます。

❺ 正答率
全体の正答率が%で表示されます。合格ラインの目安の70%を超えているかどうかを確認できます。
※試験時間を延長して解答した場合、時間内に解答したプロジェクトだけが正答率に反映されます。

❻ 出題範囲別正答率
出題範囲別の正答率が%で表示されます。
※試験時間を延長して解答した場合、時間内に解答したプロジェクトだけが正答率に反映されます。

❼ チェックボックス
クリックすると、☑と☐を切り替えることができます。
※プロジェクト番号の左側にあるチェックボックスをクリックすると、プロジェクト内のすべての問題をまとめて切り替えることができます。

❽ 解答動画
プロジェクトの標準解答の動画を表示します。
※解答動画については、P.248を参照してください。
※インターネットに接続できる環境が必要です。

❾ 解答済み
試験中に解答済みマークを付けた問題に✓が表示されます。

❿ 見直し
試験中に見直しマークを付けた問題に📌が表示されます。

⓫ 採点結果
採点結果が表示されます。
※試験時間を延長して解答した問題や再挑戦で解答した問題は、「○」や「×」が灰色で表示されます。

⓬ 出題範囲
問題に対応する出題範囲の番号が表示されます。

模擬試験プログラムの使い方

第1回模擬試験

第2回模擬試験

第3回模擬試験

第4回模擬試験

第5回模擬試験

再挑戦（⓭～⓯）

⓭プロジェクト単位

チェックボックスが ✓ になっているプロジェクト、または
チェックボックスが ✓ になっている問題を含むプロジェクトの再挑戦を開始します。

⓮問題単位

チェックボックスが ✓ になっている問題の再挑戦を開始します。

⓯不正解の問題

不正解の問題の再挑戦を開始します。

⓰操作ファイルの表示

試験中に自分で操作したファイルを表示します。

※試験を採点して終了した直後にだけ表示されます。試験履歴画面から試験結果画面を表示した場合は表示されません。

⓱試験結果の印刷・保存

試験結果レポートを印刷したり、PDFファイルとして保存したりします。また、試験結果をCSVファイルで保存します。

⓲スタートメニュー

スタートメニューを表示します。

⓳試験履歴

試験履歴画面を表示します。

⓴終了

模擬試験プログラムを終了します。

! Point

操作ファイルの表示

試験中に自分で操作したファイルが表示されます。試験中に表示しなかったプロジェクトや、問題と異なる名前で保存したファイルは、表示されません。

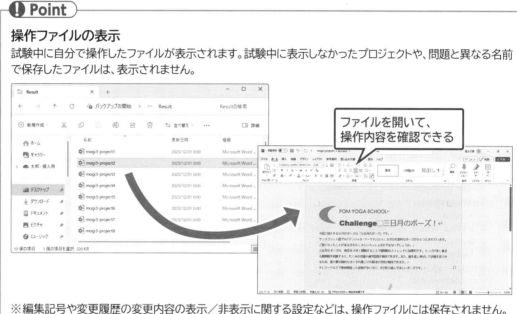

ファイルを開いて、操作内容を確認できる

※編集記号や変更履歴の変更内容の表示／非表示に関する設定などは、操作ファイルには保存されません。

※操作ファイルを開いていると、画面の切り替えや、模擬試験プログラムを終了できません。確認後、操作ファイルを閉じておきましょう。

! Point

操作ファイルの保存

試験履歴画面やスタートメニューなど別の画面に切り替えたり、模擬試験プログラムを終了したりすると、操作ファイルは削除されます。

操作ファイルを保存しておく場合は、試験結果画面が表示されたら、すぐに別のフォルダーなどにコピーしておきましょう。

Ctrl を押しながらドラッグして、ファイルをコピー

! Point

試験結果の印刷・保存

試験結果レポートやCSVファイルには、名前を入力できます。名前の入力を省略すると、空白になります。

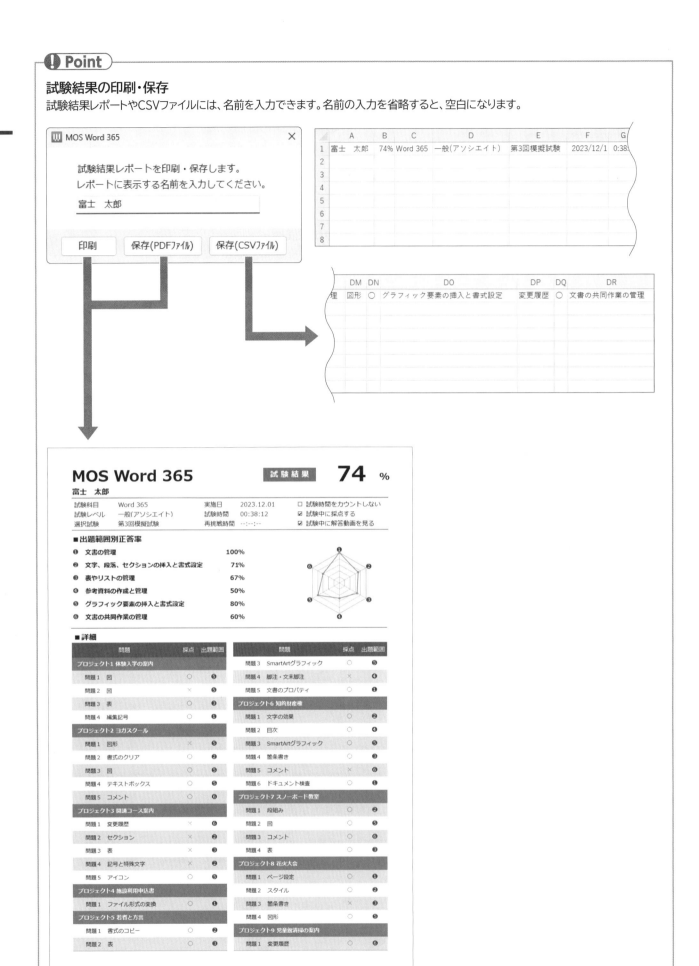

模擬試験プログラムの使い方

第1回模擬試験

第2回模擬試験

第3回模擬試験

第4回模擬試験

第5回模擬試験

6 再挑戦画面

試験結果画面の再挑戦の《**プロジェクト単位**》、《**問題単位**》、《**不正解の問題**》の各ボタンをクリックすると、問題に再挑戦できます。
再挑戦画面では、操作前のファイルが表示されます。

1 プロジェクト単位で再挑戦

《**プロジェクト単位**》ボタンをクリックすると、選択したプロジェクトに含まれるすべての問題に再挑戦できます。

❶再挑戦

再挑戦モードの場合、「**再挑戦**」と表示されます。

❷再挑戦終了

再挑戦を終了します。

※《採点して終了》をクリックすると、試験を採点して終了し、試験結果画面に戻ります。《採点せずに終了》をクリックすると、試験を採点せずに終了し、試験結果画面に戻ります。採点せずに終了した場合は、試験結果は試験結果画面に反映されません。

2 問題単位で再挑戦

《問題単位》ボタンをクリックすると、選択した問題に再挑戦できます。また、**《不正解の問題》**ボタンをクリックすると、採点結果が×の問題に再挑戦できます。

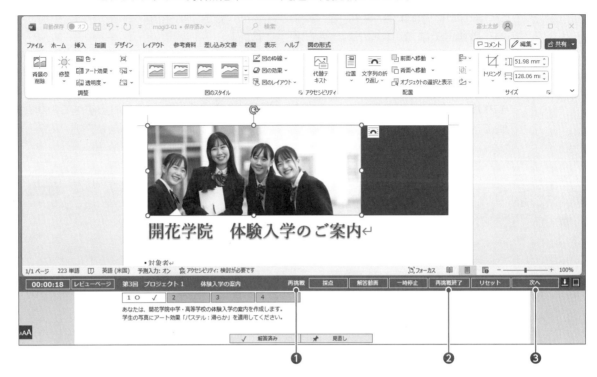

❶再挑戦

再挑戦モードの場合、「**再挑戦**」と表示されます。

❷再挑戦終了

再挑戦を終了します。

※**《採点して終了》**をクリックすると、試験を採点して終了し、試験結果画面に戻ります。**《採点せずに終了》**をクリックすると、試験を採点せずに終了し、試験結果画面に戻ります。採点せずに終了した場合は、試験結果は試験結果画面に反映されません。

❸次へ

次の問題を表示します。

❗ Point

問題単位で再挑戦中のレビューページ

問題単位で再挑戦しているときにレビューページを表示すると、選択した問題以外は灰色で表示されます。

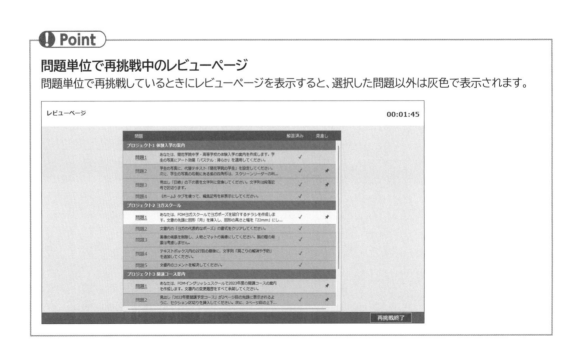

---

7 試験履歴画面

試験履歴画面では、実施した試験が一覧で表示されます。

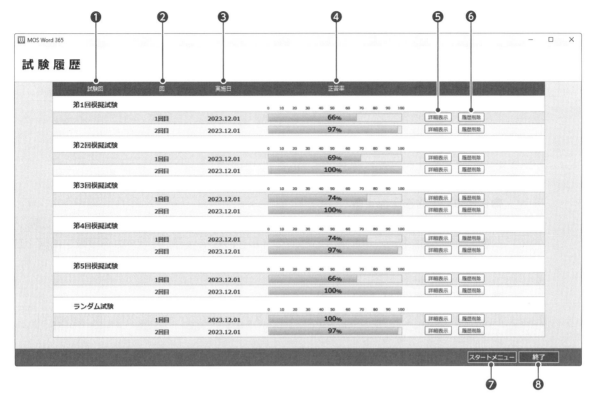

❶試験回
試験回が表示されます。

❷回
試験を実施した回数が表示されます。試験履歴として記録されるのは、最も新しい10回分です。
11回以上試験を実施した場合は、古いものから削除されます。

❸実施日
試験を実施した日付が表示されます。

❹正答率
試験の正答率が表示されます。

❺詳細表示
選択した試験の試験結果画面を表示します。

❻履歴削除
選択した試験の履歴を削除します。

❼スタートメニュー
スタートメニューを表示します。

❽終了
模擬試験プログラムを終了します。

模擬試験プログラムを使って学習する場合、次のような点に注意してください。

●ファイル操作

模擬試験で使用するファイルは、デスクトップのフォルダー「FOM Shuppan Documents」のフォルダー「MOS 365-Word(2)」に保存されています。このフォルダーは、模擬試験プログラムを起動すると自動的に作成されます。

●文字入力の操作

英数字を入力するときは、半角で入力します。

●こまめに上書き保存する

試験中の停電やフリーズに備えて、ファイルはこまめに上書き保存しましょう。模擬試験プログラムを強制終了した場合、再起動すると、ファイルを最後に保存した状態から試験を再開できます。
※強制終了については、P.309を参照してください。

●指示がない操作はしない

問題で指示されている内容だけを操作します。特に指示がない場合は、既定のままにしておきます。

●試験中の採点

問題の内容によっては、試験中に《採点》ボタンを押したあと、採点結果が表示されるまでに時間がかかる場合があります。採点は試験時間に含まれないため、試験結果が表示されるまで、しばらくお待ちください。

●ダイアログボックスは閉じて、試験を終了する

次の問題に切り替えたり、試験を終了したりする前に、必ずダイアログボックスを閉じてください。

●入力中のデータは確定して、試験を終了する

データを入力したら、必ず確定してください。確定せずに試験を終了すると、正しく動作しなくなる可能性があります。

●試験開始後、Windowsの設定を変更しない

模擬試験プログラムの起動中にWindowsの設定を変更しないでください。設定を変更すると、正しく動作しなくなる可能性があります。

MOS Word 365

模擬試験

第1回 模擬試験 問題

 プロジェクト1

理解度チェック		

☑☑☑☑☑ **問題(1)** あなたは、先日開催した給食試食会の報告書を作成します。
文書にスタイルセット「線（スタイリッシュ）」を適用してください。

☑☑☑☑☑ **問題(2)** 変更内容の表示を「すべての変更履歴/コメント」にしてください。次に、挿入と削除の変更履歴だけを表示し、表示したすべての変更を元に戻してください。

☑☑☑☑☑ **問題(3)** 表題「給食試食会のご報告」の下の3つの段落のすべての書式をクリアしてください。

☑☑☑☑☑ **問題(4)** 見出し「～献立・給食について～」の下の段落番号と連続した番号になるように、見出し「～試食会について～」の下の段落番号を振り直してください。

☑☑☑☑☑ **問題(5)** 文書中にある「?」のアイコンを、余白を基準として左揃え、余白を基準として下方向の距離「77mm」に配置してください。

 プロジェクト2

理解度チェック		

☑☑☑☑☑ **問題(1)** あなたは、防犯対策のチラシを作成します。
1ページ目の太陽の図形の右側に、雲の図形を挿入してください。次に、雲の図形の高さを「26mm」、幅を「45mm」に設定してください。

☑☑☑☑☑ **問題(2)** 文書内の2つ目の表に移動し、その表のすべての行の高さを「12mm」に設定してください。

☑☑☑☑☑ **問題(3)** 見出し「防犯講座を開催！」の下の「会場…」「受講資格…」「申込期間…」「講座プログラム」の段落に、行頭文字「◆」の箇条書きを設定してください。

☑☑☑☑☑ **問題(4)** 見出し「防犯講座を開催！」の講座プログラムの表と見出し「防犯カメラを設置します！」の間に、横書きテキストボックスを挿入してください。テキストボックスには、文字列「ぜひご応募ください」を入力し、フォントサイズを「20」に設定します。

☑☑☑☑☑ **問題(5)** 文書の最後に12行3列の表を作成し、1行目に左から「場所」「内容」「確認日」と入力してください。

プロジェクト3

理解度チェック		

☑☑☑☑☑ **問題(1)** あなたは、通信販売会社の新商品の案内を作成します。
「通信販売でおなじみの…」から「…ぜひ、お試しください。」までの段落の行間を「1.7」行に設定してください。

☑☑☑☑☑ **問題(2)** 「ホームページ」に設定されている書式を、「TEL」にコピーしてください。

| ☑☑☑☑ | 問題(3) | 「お申し込み先」「初回キャンペーン」の段落に箇条書きを設定してください。行頭文字は、フォント「Segoe UI」の文字コード「2665」(Black Heart Suit)にします。 |

| ☑☑☑☑ | 問題(4) | 文書内の変更履歴をすべて承諾してください。 |

模擬試験プログラムの使い方

第1回模擬試験

第2回模擬試験

第3回模擬試験

第4回模擬試験

第5回模擬試験

プロジェクト4

理解度チェック

| ☑☑☑☑☑ | 問題(1) | このプロジェクトの問題は1つです。あなたは、資産運用相談会の参加申込書を作成します。ドキュメント検査を行い、隠し文字をすべて削除してください。その他の項目は削除しないようにします。 |

プロジェクト5

理解度チェック

☑☑☑☑☑	問題(1)	あなたは、書籍の売上報告書を作成します。 「オータムフェア期間中」の後ろに脚注を挿入してください。脚注の内容は「2023年9月1日~2023年10月31日」とします。
☑☑☑☑☑	問題(2)	「ベスト6以降の売上表は別資料を参照してください。」を隠し文字に設定してください。
☑☑☑☑☑	問題(3)	表を合計金額の高い順に並べ替えてください。
☑☑☑☑☑	問題(4)	文書内の「新発売」を「新刊」にすべて置換してください。
☑☑☑☑☑	問題(5)	グラフの下にある吹き出しの図形に、文字列「かんたんクッキング大全集の売上が想定以上」を追加してください。

プロジェクト6

理解度チェック

☑☑☑☑☑	問題(1)	あなたは、料理教室の案内を作成します。 見出し「1.コース」の先頭に偶数ページから開始するセクション区切りを挿入してください。
☑☑☑☑☑	問題(2)	1ページ目にある「もみじ料理教室で料理の腕を上げてみませんか?」の下の罫線内に目次を挿入してください。書式は「エレガント」、見出し1までを表示します。
☑☑☑☑☑	問題(3)	見出し「4.無料体験レッスン」の下の炊き込みご飯の写真に、スタイル「対角を切り取った四角形、白」を適用してください。
☑☑☑☑☑	問題(4)	見出し「4.無料体験レッスン」の下の表を、5行目から分割して2つの表にしてください。
☑☑☑☑☑	問題(5)	文書のプロパティのサブタイトルに「教室案内」を設定してください。
☑☑☑☑☑	問題(6)	見出し「4.無料体験レッスン」の下の「<9月無料体験レッスン>」に、「時間を記載してください。」とコメントを挿入してください。

プロジェクト7

☑ ☑ ☑ ☑ ☑　問題(1)　このプロジェクトの問題は1つです。あなたは、キッズスイミング検定の案内を作成します。文書に「緑、アクセント6」「1.5pt」「影」のページ罫線を設定してください。次に、開かれている文書を最新のファイル形式に変換してください。メッセージが表示された場合は「OK」をクリックします。

プロジェクト8

☑ ☑ ☑ ☑ ☑　問題(1)　あなたは、冬休みの小学生向けイベントの案内を作成します。
文書の先頭にあるサイコロの3Dモデルの文字列の折り返しを、四角形に設定してください。次に、3Dモデルのビューを「左上背面」に変更してください。

☑ ☑ ☑ ☑ ☑　問題(2)　文書の左右の余白を「15mm」に設定してください。

☑ ☑ ☑ ☑ ☑　問題(3)　「2023年12月23日（土）」に、文字の効果「塗りつぶし：黒、文字色1；輪郭：白、背景色1；影（ぼかしなし）：白、背景色1」を設定してください。

☑ ☑ ☑ ☑ ☑　問題(4)　「わかばキッズプラザ　体育館」の右側にある葉のアイコンに、スタイル「淡色1の塗りつぶし、色付きの枠線-アクセント6」を適用してください。

プロジェクト9

☑ ☑ ☑ ☑ ☑　問題(1)　あなたは、エフオーエム海外旅行保険のチラシを作成します。
見出し「特徴」の下の表を、コンマで区切られた文字列に変換してください。

☑ ☑ ☑ ☑ ☑　問題(2)　文書内のすべてのコメントを削除してください。

☑ ☑ ☑ ☑ ☑　問題(3)　見出し「ご契約の流れ」の次の行に、SmartArtグラフィック「矢印と長方形のプロセス」を挿入してください。「矢印と長方形のプロセス」は「手順」に含まれます。テキストウィンドウの上から「申し込み」「弊社からの確認」「契約成立」と入力してください。次に、SmartArtグラフィック全体に、面取りの効果「丸」を適用してください。

☑ ☑ ☑ ☑ ☑　問題(4)　文書に「海外旅行保険」と名前を付けて、デスクトップのフォルダー「FOM Shuppan Documents」のフォルダー「MOS 365-Word（2）」にリッチテキスト形式として保存してください。

●解答は、標準的な操作手順で記載しています。
●📖は、問題を解くために必要な機能を解説しているページを示しています。
●操作をはじめる前に、次の設定を行いましょう。

> 編集記号の表示
>
> ◆《ホーム》タブ→《段落》グループの[編集記号の表示/非表示]をオン（濃い灰色の状態）にする

● プロジェクト1

問題 (1) 📖 P.31

①《デザイン》タブ→《ドキュメントの書式設定》グループの[▼]→《組み込み》の《線（スタイリッシュ）》をクリックします。

問題 (2) 📖 P.211,214

①《校閲》タブ→《変更履歴》グループの[シンプルな変更履歴/コ…▼]（変更内容の表示）の[▼]→《すべての変更履歴/コメント》をクリックします。
②《校閲》タブ→《変更履歴》グループの[変更履歴とコメントの表示▼]（変更履歴とコメントの表示）をクリックし、《挿入と削除》がオンになっていることを確認します。
③《校閲》タブ→《変更履歴》グループの[変更履歴とコメントの表示▼]（変更履歴とコメントの表示）→《書式設定》をクリックして、オフにします。
④《校閲》タブ→《変更箇所》グループの[🔄▼]（元に戻して次へ進む）の[▼]→《表示されたすべての変更を元に戻す》をクリックします。

問題 (3) 📖 P.88

①「秋晴れの候…」から「…ご覧ください。」までの段落を選択します。
②《ホーム》タブ→《フォント》グループの[A◇]（すべての書式をクリア）をクリックします。

問題 (4) 📖 P.131

①「給食の安全性を知ることができた。」の段落番号を右クリックします。
②《自動的に番号を振る》をクリックします。

問題 (5) 📖 P.194,195

①アイコンを選択します。

②《グラフィックス形式》タブ→《配置》グループの[▦]（オブジェクトの配置）→《その他のレイアウトオプション》をクリックします。
③《位置》タブを選択します。
④《水平方向》の《配置》を◉にします。
⑤《基準》の[▽]をクリックし、一覧から《余白》を選択します。
⑥《右揃え》の[▽]をクリックし、一覧から《左揃え》を選択します。
⑦《垂直方向》の《下方向の距離》を◉にします。
⑧《基準》の[▽]をクリックし、一覧から《余白》を選択します。
⑨「77mm」に設定します。
⑩《OK》をクリックします。

● プロジェクト2

問題 (1) 📖 P.149

①《挿入》タブ→《図》グループの[🔷 図形▼]（図形の作成）→《基本図形》の[☁]（雲）をクリックします。
②始点から終点までドラッグします。
③《図形の書式》タブ→《サイズ》グループの[↕]（図形の高さ）を「26mm」に設定します。
④《図形の書式》タブ→《サイズ》グループの[↔]（図形の幅）を「45mm」に設定します。

問題 (2) 📖 P.22,113

①文書の先頭にカーソルを移動します。
②《ホーム》タブ→《編集》グループの[🔍検索]（検索）をクリックします。
※《編集》グループが折りたたまれている場合は、展開して操作します。
③ナビゲーションウィンドウの[▽]（さらに検索）をクリックします。
④《検索》の《表》をクリックします。
※ナビゲーションウィンドウに検索結果が《1/2件》と表示されます。
⑤ナビゲーションウィンドウの[▽]をクリックします。
⑥2つ目の表全体が選択されていることを確認します。
⑦《レイアウト》タブ→《セルのサイズ》グループの[↕]（行の高さの設定）を「12mm」に設定します。
※ナビゲーションウィンドウを閉じておきましょう。

問題 (3) 📖 P.119

①「会場…」から「講座プログラム」までの段落を選択します。
②《ホーム》タブ→《段落》グループの[☰▼]（箇条書き）の[▼]→《行頭文字ライブラリ》の《◆》をクリックします。
※選択を解除しておきましょう。

問題 (4) 📖 P.153

①《挿入》タブ→《テキスト》グループの (テキストボックスの選択)→《横書きテキストボックスの描画》をクリックします。

②始点から終点までドラッグします。

③問題文の「ぜひご応募ください」をクリックして、コピーします。

④テキストボックスを選択します。

⑤ Ctrl + V を押して貼り付けます。

※テキストボックスに直接入力してもかまいません。

⑥テキストボックスを選択します。

⑦《ホーム》タブ→《フォント》グループの 16 (フォントサイズ)の →《20》をクリックします。

問題 (5) 📖 P.99

①文書の最後にカーソルを移動します。

②《挿入》タブ→《表》グループの (表の追加)→《表の挿入》をクリックします。

③《列数》を「3」に設定します。

④《行数》を「12」に設定します。

⑤《OK》をクリックします。

⑥問題文の「場所」をクリックして、コピーします。

⑦表の1行1列目のセルをクリックして、カーソルを表示します。

⑧ Ctrl + V を押して貼り付けます。

※セルに直接入力してもかまいません。

⑨同様に、「内容」と「確認日」を貼り付けます。

●プロジェクト3

問題 (1) 📖 P.81

①「通信販売でおなじみの…」から「…ぜひ、お試しください。」までの段落を選択します。

②《ホーム》タブ→《段落》グループの (行と段落の間隔)→《行間のオプション》をクリックします。

③《インデントと行間隔》タブを選択します。

④《行間》の をクリックし、一覧から《倍数》を選択します。

⑤問題文の「1.7」をクリックして、コピーします。

⑥《間隔》の値を選択します。

⑦ Ctrl + V を押して貼り付けます。

※《間隔》に直接入力してもかまいません。

⑧《OK》をクリックします。

問題 (2) 📖 P.85

①「ホームページ」を選択します。

②《ホーム》タブ→《クリップボード》グループの (書式のコピー/貼り付け)をクリックします。

③「TEL」を選択します。

問題 (3) 📖 P.123,124

①「お申し込み先」と「初回キャンペーン」の段落を選択します。

②《ホーム》タブ→《段落》グループの (箇条書き)の →《新しい行頭文字の定義》をクリックします。

③《記号》をクリックします。

④《フォント》の をクリックし、一覧から《Segoe UI》を選択します。

⑤問題文の「2665」をクリックして、コピーします。

⑥《文字コード》の文字列を選択します。

⑦ Ctrl + V を押して貼り付けます。

※《文字コード》に直接入力してもかまいません。

⑧《♥》(Black Heart Suit)が選択されていることを確認します。

⑨《OK》をクリックします。

⑩《OK》をクリックします。

問題 (4) 📖 P.214

①《校閲》タブ→《変更箇所》グループの (承諾して次へ進む)の →《すべての変更を反映》をクリックします。

●プロジェクト4

問題 (1) 📖 P.60

①《ファイル》タブを選択します。

②《情報》→《問題のチェック》→《ドキュメント検査》をクリックします。

※保存に関するメッセージが表示された場合は、《はい》をクリックしましょう。

③《隠し文字》が ✔ になっていることを確認します。

④《検査》をクリックします。

⑤《隠し文字》の《すべて削除》をクリックします。

⑥《閉じる》をクリックします。

●プロジェクト5

問題 (1) 📖 P.135

①「オータムフェア期間中」の後ろにカーソルを移動します。

②《参考資料》タブ→《脚注》グループの (脚注の挿入)をクリックします。

③問題文の「2023年9月1日～2023年10月31日」をクリックして、コピーします。

④脚注番号の後ろをクリックして、カーソルを表示します。

⑤ Ctrl + V を押して貼り付けます。

※脚注番号の後ろに直接入力してもかまいません。

問題 (2) 📖 P.25

①「ベスト6以降の売上表は別資料を参照してください。」を選択します。

②《ホーム》タブ→《フォント》グループの ⌐ (フォント) をクリックします。

③《フォント》タブを選択します。

④《隠し文字》を ✔ にします。

⑤《OK》をクリックします。

問題 (3)

P.104,105

①表内にカーソルを移動します。

※表内であれば、どこでもかまいません。

②《レイアウト》タブ→《データ》グループの ⌐ (並べ替え) をクリックします。

③《最優先されるキー》の ⌐ をクリックし、一覧から《合計金額》を選択します。

④《種類》が《数値》になっていることを確認します。

⑤《降順》を ◉ にします。

⑥《OK》をクリックします。

※選択を解除しておきましょう。

問題 (4)

P.74

①《ホーム》タブ→《編集》グループの ⌐ 置換 (置換) をクリックします。

※《編集》グループが折りたたまれている場合は、展開して操作します。

②《置換》タブを選択します。

③問題文の「新発売」をクリックして、コピーします。

④《検索する文字列》をクリックして、カーソルを表示します。

⑤ ⌐Ctrl + ⌐V を押して貼り付けます。

※《検索する文字列》に直接入力してもかまいません。

⑥問題文の「新刊」をクリックして、コピーします。

⑦《置換後の文字列》をクリックして、カーソルを表示します。

⑧ ⌐Ctrl + ⌐V を押して貼り付けます。

※《置換後の文字列》に直接入力してもかまいません。

⑨《すべて置換》をクリックします。

※2個の項目が置換されます。

⑩メッセージを確認し、《OK》をクリックします。

⑪《閉じる》をクリックします。

問題 (5)

P.185

①問題文の「かんたんクッキング大全集の売上が想定以上」をクリックして、コピーします。

②図形を選択します。

③ ⌐Ctrl + ⌐V を押して貼り付けます。

※図形に直接入力してもかまいません。

● プロジェクト6

問題 (1)

P.94

①「1.コース」の前にカーソルを移動します。

②《レイアウト》タブ→《ページ設定》グループの ⌐ 区切り▾ (ページ/セクション区切りの挿入)→《セクション区切り》の《偶数ページから開始》をクリックします。

問題 (2)

P.144,145

①罫線内にカーソルを移動します。

②《参考資料》タブ→《目次》グループの ⌐ (目次)→《ユーザー設定の目次》をクリックします。

③《目次》タブを選択します。

④《書式》の ⌐ をクリックし、一覧から《エレガント》を選択します。

⑤《アウトラインレベル》を「1」に設定します。

⑥《OK》をクリックします。

問題 (3)

P.170

①図を選択します。

②《図の形式》タブ→《図のスタイル》グループの ⌐ →《対角を切り取った四角形、白》をクリックします。

問題 (4)

P.117

①表の5行目にカーソルを移動します。

※表の5行目であれば、どこでもかまいません。

②《レイアウト》タブ→《結合》グループの ⌐ 表の分割 (表の分割) をクリックします。

問題 (5)

P.51

①《ファイル》タブを選択します。

②《情報》→《プロパティをすべて表示》をクリックします。

※表示されていない場合は、スクロールして調整します。

③問題文の「教室案内」をクリックして、コピーします。

④《サブタイトルの指定》をクリックして、カーソルを表示します。

⑤ ⌐Ctrl + ⌐V を押して貼り付けます。

※《サブタイトルの指定》に直接入力してもかまいません。

⑥《サブタイトルの指定》以外の場所をクリックします。

※文書の表示に戻しておきましょう。

問題 (6)

P.201

①「<9月無料体験レッスン>」を選択します。

②《校閲》タブ→《コメント》グループの ⌐ 新しいコメント (コメントの挿入) をクリックします。

③問題文の「時間を記載してください。」をクリックして、コピーします。

④コメントの《会話を始める》をクリックして、カーソルを表示します。

⑤ ⌐Ctrl + ⌐V を押して貼り付けます。

※コメントに直接入力してもかまいません。

⑥ ⌐▷ (コメントを投稿する) をクリックします。

模擬試験プログラムの使い方

第1回模擬試験

第2回模擬試験

第3回模擬試験

第4回模擬試験

第5回模擬試験

●プロジェクト7

問題(1)　📖 P.41,67

①《デザイン》タブ→《ページの背景》グループの □罫線（罫線と網掛け）をクリックします。

②《ページ罫線》タブを選択します。

③左側の《種類》の《影》をクリックします。

④《色》の ☑ をクリックし、一覧から《テーマの色》の《緑、アクセント6》を選択します。

⑤《線の太さ》の ☑ をクリックし、一覧から《1.5pt》を選択します。

⑥《設定対象》が《文書全体》になっていることを確認します。

⑦《OK》をクリックします。

⑧《ファイル》タブを選択します。

⑨《情報》→《変換》をクリックします。

⑩メッセージが表示された場合は《OK》をクリックします。

●プロジェクト8

問題(1)　📖 P.181,192

①3Dモデルを選択します。

② 🖼 (レイアウトオプション) をクリックします。

③《文字列の折り返し》の 🔲 (四角形) をクリックします。

④《レイアウトオプション》の × (閉じる) をクリックします。

⑤《3Dモデル》タブ→《3Dモデルビュー》グループの ☑→《左上背面》をクリックします。

※3Dモデルの選択を解除しておきましょう。

問題(2)　📖 P.28

①《レイアウト》タブ→《ページ設定》グループの 📄 (余白の調整) →《ユーザー設定の余白》をクリックします。

②《余白》タブを選択します。

③《余白》の《左》と《右》を「15mm」に設定します。

④《OK》をクリックします。

問題(3)　📖 P.79

①「2023年12月23日(土)」を選択します。

②《ホーム》タブ→《フォント》グループの A･ (文字の効果と体裁) →《塗りつぶし：黒、文字色1；輪郭：白、背景色1；影(ぼかしなし)：白、背景色1》をクリックします。

問題(4)　📖 P.175

①アイコンを選択します。

②《グラフィックス形式》タブ→《グラフィックのスタイル》グループの ☑→《淡色1の塗りつぶし、色付きの枠線-アクセント6》をクリックします。

●プロジェクト9

問題(1)　📖 P.103

①見出し「特徴」の下の表内にカーソルを移動します。

※表内であれば、どこでもかまいません。

②《レイアウト》タブ→《データ》グループの 🔲 表の解除 (表の解除) をクリックします。

③《コンマ》を ⦿ にします。

④《OK》をクリックします。

問題(2)　📖 P.207

①《校閲》タブ→《コメント》グループの 🗩 削除 ☑ (コメントの削除) の ☑→《ドキュメント内のすべてのコメントを削除》をクリックします。

問題(3)　📖 P.155,177

①「ご契約の流れ」の次の行にカーソルを移動します。

②《挿入》タブ→《図》グループの 📊 SmartArt (SmartArtグラフィックの挿入) をクリックします。

③左側の一覧から《手順》を選択します。

④中央の一覧から《矢印と長方形のプロセス》を選択します。

⑤《OK》をクリックします。

⑥問題文の「申し込み」をクリックして、コピーします。

⑦テキストウィンドウの1行目をクリックして、カーソルを表示します。

※テキストウィンドウが表示されていない場合は、表示しておきましょう。

⑧ Ctrl + V を押して貼り付けます。

※テキストウィンドウに直接入力してもかまいません。

⑨同様に、「弊社からの確認」と「契約成立」を貼り付けます。

⑩SmartArtグラフィックを選択します。

⑪《書式》タブ→《図形のスタイル》グループの 🔷 図形の効果 ☑ (図形の効果) →《面取り》→《面取り》の《丸》をクリックします。

問題(4)　📖 P.45

①《ファイル》タブを選択します。

②《エクスポート》→《ファイルの種類の変更》→《その他のファイルの種類》の《リッチテキスト形式(RTF)》→《名前を付けて保存》をクリックします。

③デスクトップのフォルダー「FOM Shuppan Documents」のフォルダー「MOS 365-Word(2)」を開きます。

④問題文の「海外旅行保険」をクリックして、コピーします。

⑤《ファイル名》の文字列を選択します。

⑥ Ctrl + V を押して貼り付けます。

※《ファイル名》に直接入力してもかまいません。

⑦《ファイルの種類》が《リッチテキスト形式(RTF)》になっていることを確認します。

⑧《保存》をクリックします。

プロジェクト1

☑☑☑☑☑ 問題(1) あなたは、掃除のコツと裏ワザに関する文書を作成します。
「毎日の掃除」に挿入されているコメントを解決してください。

☑☑☑☑☑ 問題(2) ジャンプを使ってブックマーク「窓ガラス」に移動し、移動先にスタイル「見出し2」を設定してください。

☑☑☑☑☑ 問題(3) 文書は2つのセクションに分かれています。2つ目のセクションの用紙サイズを「A5」、用紙の向きを横に設定してください。

☑☑☑☑☑ 問題(4) 2ページ目にある表の1行目「台所」の行と、5行目「洗面所」の行をそれぞれ結合してください。

 プロジェクト2

☑☑☑☑☑ 問題(1) このプロジェクトの問題は1つです。あなたは、職務経歴書を作成します。
文書内の「資格名」を検索して、検索した文字列を含む表の列の幅を、1列目「50mm」、2列目「120mm」に設定してください。

 プロジェクト3

☑☑☑☑☑ 問題(1) あなたは、もみじ中学校の施設利用予定表を作成します。
「●校庭」の表のタイトル行が次のページにも表示されるように設定してください。

☑☑☑☑☑ 問題(2) 「●体育館」の表を「月」「日」を基準に昇順で並べ替えてください。

☑☑☑☑☑ 問題(3) 「●2024年度利用許可団体」の表の右下にある図形の枠線の色を「オレンジ、アクセント2、黒+基本色50%」、太さを「1.5pt」に設定してください。次に、図形内のすべての段落を左揃えに設定してください。

☑☑☑☑☑ 問題(4) 文書に、透かし「サンプル1」を設定してください。次に、ページの色を「ベージュ、アクセント5、白+基本色80%」に設定してください。

☑☑☑☑☑ 問題(5) 文書に「利用予定表」という名前を付けてデスクトップのフォルダー「FOM Shuppan Documents」のフォルダー「MOS 365-Word(2)」に、PDF形式で保存してください。発行後にファイルは開かないようにします。

プロジェクト4

理解度チェック

☑☑☑☑☑ 問題(1) あなたは、保健センターが定期的に発行している文書を作成します。
「045-XXX-XXXX」の前に、電話の記号を挿入してください。挿入する記号は、フォント「Wingdings」の文字コード「41」(Wingdings：41)にします。

☑☑☑☑☑ 問題(2) 文書の先頭にある画像の背景を削除してください。5本の歯ブラシとコップ以外を削除します。

☑☑☑☑☑ 問題(3) 見出し「お口の中は健康ですか?」の下にある3つの段落の段落後の間隔を「0.5行」に設定してください。

☑☑☑☑☑ 問題(4) 見出し「歯周病の原因」から「●生活習慣を改善する」までの段落を、境界線のある2段組みに設定してください。

☑☑☑☑☑ 問題(5) 見出し「かえで市ブラッシング教室のご案内」の下の空白の行に、デスクトップのフォルダー「FOM Shuppan Documents」のフォルダー「MOS 365-Word(2)」の3Dモデル「tooth」を挿入してください。3Dモデルは、高さを「42mm」、文字列の折り返しを行内に設定します。

プロジェクト5

理解度チェック

☑☑☑☑☑ 問題(1) あなたは、パソコン利用時のマニュアルを作成します。
1ページ目の「このマニュアルでは…」の次の段落に、「自動作成の目次2」を挿入してください。

☑☑☑☑☑ 問題(2) 見出し「(1)パスワードの設定」の下のSmartArtグラフィックに、4つ目の項目を追加してください。レベル1の項目として「文字の種類を組み合わせる」、レベル2の項目として「英字の大文字や小文字、数字、記号などを組み合わせて複雑なものにします。」と入力します。

☑☑☑☑☑ 問題(3) 見出し「(1)侵入者対策」の罫線内にある「生体認証、社員証(IDカード)など…」の箇条書きのリストのレベルを、レベル3に設定してください。

☑☑☑☑☑ 問題(4) 見出し「(2)データのバックアップ」の文章内の太字「内蔵ストレージ」の後ろに、文末脚注を挿入してください。脚注番号は、半角の「1,2,3,…」とし、脚注の内容は「パソコン本体に含まれる記憶媒体。ハードディスクやSSDなど。」とします。

☑☑☑☑☑ 問題(5) 文書に「セマフォ」のフッターを挿入してください。

 プロジェクト6

理解度チェック

☑☑☑☑☑ 問題(1) あなたは、ダイビングクラブの会報誌を作成しています。
文書内に読みにくいテキストのコントラストがあるかをチェックし、修正してください。おすすめアクションから、フォントの色を「白、背景1」に変更します。

☑☑☑☑☑ 問題(2) 1ページ目の最後にある「…それに尽きます。」の後ろに、デスクトップのフォルダー「FOM Shuppan Documents」のフォルダー「MOS 365-Word（2）」の図「海」を挿入し、幅を「87mm」に設定してください。図の位置は、「右下に配置し、四角の枠に沿って文字列を折り返す」を設定します。

☑☑☑☑☑ 問題(3) 文書内の文末脚注を脚注に変換してください。

☑☑☑☑☑ 問題(4) 見出し「おすすめダイビングスポット」の下の「順位…」から「3位…」までの4つの段落を、文字列の幅に合わせて4行3列の表に変換してください。

☑☑☑☑☑ 問題(5) 挿入されているコメントに「掲載許可を取得しました。」と返信してください。

☑☑☑☑☑ 問題(6) 文書の先頭の「DIVING CLUB NEWS 2023年10月号」の段落に、スタイル「表題」を適用してください。

 プロジェクト7

理解度チェック

☑☑☑☑☑ 問題(1) あなたは、医療費控除についての資料を作成します。
見出し「（1）医療費控除額の算出方法」の下の文字列「医療費控除の対象」をクリックすると、見出し「2.医療費控除の対象になる支出」に移動するようにリンクを設定してください。

☑☑☑☑☑ 問題(2) 見出し「（1）医療費控除額の算出方法」の下のSmartArtグラフィックの色を「塗りつぶし-アクセント1」に変更してください。

☑☑☑☑☑ 問題(3) 見出し「（1）医療費控除の対象になるもの」の下の表のセルの余白を、上下それぞれ「1mm」に設定してください。

☑☑☑☑☑ 問題(4) 変更履歴の記録をロックしてください。パスワードは「abc」とします。

プロジェクト8

☑☑☑☑☑　問題（1）　あなたは、ブライダルサロンで開催するフェアのチラシを作成します。
文書の先頭の「Bridal Fair 2024」に、文字の輪郭「オレンジ、アクセント2」と反射の効果「反射（弱）：オフセットなし」を設定してください。

☑☑☑☑☑　問題（2）　「9：30〜12：00」と「14：00〜16：30」の段落に、「第1部、第2部」という番号書式の段落番号を設定してください。数字は半角にします。

☑☑☑☑☑　問題（3）　写真の文字列の折り返しを四角形に設定してください。余白を基準にして左揃え、余白を基準にして下方向の距離「145mm」に配置します。

☑☑☑☑☑　問題（4）　テキストボックス「〜内容（予定）〜」の4行目に、文字列「披露宴お料理試食」を追加してください。

プロジェクト9

☑☑☑☑☑　問題（1）　このプロジェクトの問題は1つです。あなたは、移住体験者を募るチラシを作成します。
変更履歴の記録を開始し、「1月31日（水）」のフォントの色を「青、アクセント1」に変更してください。変更後、変更履歴の記録を終了してください。

●プロジェクト1

問題 (1)　　　　　　　　　　　📖 P.206

①「毎日の掃除」に挿入されているコメントの ⋯ (その他のスレッド操作) をクリックします。

②《スレッドを解決する》をクリックします。

問題 (2)　　　　　　　　　　　📖 P.22,86

①《ホーム》タブ→《編集》グループの 🔍検索 ▾ (検索) の ▾ →《ジャンプ》をクリックします。
※《編集》グループが折りたたまれている場合は、展開して操作します。

②《ジャンプ》タブを選択します。

③《移動先》の一覧から《ブックマーク》を選択します。

④《ブックマーク名》の ▾ をクリックし、一覧から「窓ガラス」を選択します。

⑤《ジャンプ》をクリックします。

⑥《閉じる》をクリックします。

⑦「●窓ガラス」が選択されていることを確認します。

⑧《ホーム》タブ→《スタイル》グループの 🅰 (スタイル) →《見出し2》をクリックします。
※《スタイル》グループが展開されている場合は、▾→《見出し2》をクリックします。

問題 (3)　　　　　　　　　　　📖 P.28,94

①1ページ目の最後にセクション区切りが挿入されていることを確認します。

②「掃除の裏ワザ」の前にカーソルを移動します。
※セクション内であれば、どこでもかまいません。

③《レイアウト》タブ→《ページ設定》グループの ⌐ (ページ設定) をクリックします。

④《用紙》タブを選択します。

⑤《設定対象》が《このセクション》になっていることを確認します。

⑥《用紙サイズ》の ▾ をクリックし、一覧から《A5》を選択します。

⑦《余白》タブを選択します。

⑧《印刷の向き》の《横》をクリックします。

⑨《OK》をクリックします。

問題 (4)　　　　　　　　　　　📖 P.111

①表の1行目を選択します。

②《レイアウト》タブ→《結合》グループの ⊞ セルの結合 (セルの結合) をクリックします。

③表の5行目を選択します。

④ F4 を押します。

●プロジェクト2

問題 (1)　　　　　　　　　　　📖 P.17,113

①文書の先頭にカーソルを移動します。

②《ホーム》タブ→《編集》グループの 🔍検索 (検索) をクリックします。
※《編集》グループが折りたたまれている場合は、展開して操作します。

③問題文の「資格名」をクリックして、コピーします。

④ナビゲーションウィンドウの検索ボックスをクリックして、カーソルを表示します。

⑤ Ctrl + V を押して貼り付けます。
※検索ボックスに直接入力してもかまいません。
※ナビゲーションウィンドウに検索結果が《1件》と表示されます。
※表内の「資格名」が選択されます。

⑥表の1列目にカーソルを移動します。
※表の1列目であれば、どこでもかまいません。

⑦《レイアウト》タブ→《セルのサイズ》グループの ⟷ (列の幅の設定) を「50mm」に設定します。

⑧表の2列目にカーソルを移動します。
※表の2列目であれば、どこでもかまいません。

⑨《レイアウト》タブ→《セルのサイズ》グループの ⟷ (列の幅の設定) を「120mm」に設定します。
※ナビゲーションウィンドウを閉じておきましょう。

●プロジェクト3

問題 (1)　　　　　　　　　　　📖 P.118

①「●校庭」の表の1行目にカーソルを移動します。
※表の1行目であれば、どこでもかまいません。

②《レイアウト》タブ→《データ》グループの 🔲 タイトル行の繰り返し (タイトル行の繰り返し) をクリックして、オンにします。

模擬試験プログラムの使い方
第1回模擬試験
第2回模擬試験
第3回模擬試験
第4回模擬試験
第5回模擬試験

問題(2) 📖 P.104,105

①「●体育館」の表内にカーソルを移動します。

※表内であれば、どこでもかまいません。

②《レイアウト》タブ→《データ》グループの 並べ替えを クリックします。

③《最優先されるキー》の ∨ をクリックし、一覧から《月》を選 択します。

④《種類》が《数値》になっていることを確認します。

⑤《昇順》を ⦿ にします。

⑥《2番目に優先されるキー》の ∨ をクリックし、一覧から 《日》を選択します。

⑦《種類》が《数値》になっていることを確認します。

⑧《昇順》を ⦿ にします。

⑨《OK》をクリックします。

問題(3) 📖 P.173

①図形を選択します。

②《図形の書式》タブ→《図形のスタイル》グループの 図形の枠線 ∨ （図形の枠線）→《テーマの色》の《オレンジ、アクセント2、黒+ 基本色50%》をクリックします。

③《図形の書式》タブ→《図形のスタイル》グループの 図形の枠線 ∨ （図形の枠線）→《太さ》→《1.5pt》をクリックします。

④《ホーム》タブ→《段落》グループの ≡（左揃え）をクリック します。

問題(4) 📖 P.41

①《デザイン》タブ→《ページの背景》グループの [透かし]（透かし） →《注意》の《サンプル1》をクリックします。

②《デザイン》タブ→《ページの背景》グループの [ページの色]（ページの 色）→《テーマの色》の《ベージュ、アクセント5、白+基本色 80%》をクリックします。

問題(5) 📖 P.45,47

①《ファイル》タブを選択します。

②《エクスポート》→《PDF/XPSドキュメントの作成》→《PDF/ XPSの作成》をクリックします。

③デスクトップのフォルダー「FOM Shuppan Documents」 のフォルダー「MOS 365-Word（2）」を開きます。

④問題文の「利用予定表」をクリックして、コピーします。

⑤《ファイル名》の文字列を選択します。

⑥ Ctrl + V を押して貼り付けます。

※《ファイル名》に直接入力してもかまいません。

⑦《ファイルの種類》の ∨ をクリックし、一覧から《PDF》を選 択します。

⑧《発行後にファイルを開く》を □ にします。

⑨《発行》をクリックします。

● プロジェクト4

問題(1) 📖 P.71

①「045-XXX-XXXX」の前にカーソルを移動します。

②《挿入》タブ→《記号と特殊文字》グループの [Ω 記号と特殊文字 ∨] （記号の挿入）→《その他の記号》をクリックします。

③《記号と特殊文字》タブを選択します。

④《フォント》の ∨ をクリックし、一覧から《Wingdings》を選 択します。

⑤問題文の「41」をクリックして、コピーします。

⑥《文字コード》の文字列を選択します。

⑦ Ctrl + V を押して貼り付けます。

※《文字コード》に直接入力してもかまいません。

⑧《☺》（Wingdings：41）が選択されていることを確認し ます。

⑨《挿入》をクリックします。

⑩《閉じる》をクリックします。

問題(2) 📖 P.166

①図を選択します。

②《図の形式》タブ→《調整》グループの [背景の削除]（背景の削除）を クリックします。

※背景の保持する範囲や削除する範囲を調整する必要がある場合は、 《背景の削除》タブ→《設定し直す》グループのボタンを使います。

③《背景の削除》タブ→《閉じる》グループの [変更を保持]（背景の削除 を終了して、変更を保持する）をクリックします。

問題(3) 📖 P.81

①「歯に痛みはないのに…」から「…学習しましょう。」までの段 落を選択します。

②《レイアウト》タブ→《段落》グループの [後](後の間隔) を「0.5行」に設定します。

問題(4) 📖 P.91

①「歯周病の原因」から「●生活習慣を改善する」までの段落を 選択します。

②《レイアウト》タブ→《ページ設定》グループの [段組み]（段の追加 または削除）→《段組みの詳細設定》をクリックします。

③《2段》をクリックします。

④《境界線を引く》を ☑ にします。

⑤《OK》をクリックします。

問題(5) 📖 P.157,192

①「かえで市ブラッシング教室のご案内」の下の行にカーソル を移動します。

②《挿入》タブ→《図》グループの [3D モデル ∨]（3Dモデル） の ∨ →《このデバイス》をクリックします。

③デスクトップのフォルダー「FOM Shuppan Documents」のフォルダー「MOS 365-Word（2）」を開きます。

④一覧から「tooth」を選択します。

⑤《挿入》をクリックします。

⑥《3Dモデル》タブ→《サイズ》グループの ⬚ （高さ）を「42mm」に設定します。

⑦ ⬚ （レイアウトオプション）をクリックします。

⑧《行内》の ⬚ （行内）をクリックします。

⑨《レイアウトオプション》の × （閉じる）をクリックします。

●プロジェクト5

問題（1）　　　　　　　　　　　　　　📖 P.141

①「このマニュアルでは…」の次の段落にカーソルを移動します。

②《参考資料》タブ→《目次》グループの ⬚ （目次）→《組み込み》の《自動作成の目次2》をクリックします。

問題（2）　　　　　　　　　　　　　　📖 P.188

①「（1）パスワードの設定」の下のSmartArtグラフィックを選択します。

②テキストウィンドウの「…高くなります。」の後ろをクリックして、カーソルを表示します。
※テキストウィンドウが表示されていない場合は、表示しておきましょう。

③ Enter を押して改行します。

④《SmartArtのデザイン》タブ→《グラフィックの作成》グループの ← レベル上げ （選択対象のレベル上げ）をクリックします。

⑤問題文の「文字の種類を組み合わせる」をクリックして、コピーします。

⑥テキストウィンドウの追加した行をクリックして、カーソルを表示します。

⑦ Ctrl ＋ V を押して貼り付けます。
※テキストウィンドウに直接入力してもかまいません。

⑧ Enter を押して改行します。

⑨《SmartArtのデザイン》タブ→《グラフィックの作成》グループの → レベル下げ （選択対象のレベル下げ）をクリックします。

⑩問題文の「英字の大文字や小文字、数字、記号などを組み合わせて複雑なものにします。」をクリックして、コピーします。

⑪テキストウィンドウの追加した行をクリックして、カーソルを表示します。

⑫ Ctrl ＋ V を押して貼り付けます。
※テキストウィンドウに直接入力してもかまいません。

問題（3）　　　　　　　　　　　　　　📖 P.127

①「生体認証、社員証（IDカード）など…」の段落にカーソルを移動します。
※段落内であれば、どこでもかまいません。

②《ホーム》タブ→《段落》グループの ⬚ （箇条書き）の ⬚ →《リストのレベルの変更》→《レベル3》をクリックします。

問題（4）　　　　　　　　　　　　　📖 P.135,139

①「内蔵ストレージ」の後ろにカーソルを移動します。

②《参考資料》タブ→《脚注》グループの ⬚ （脚注と文末脚注）をクリックします。

③《文末脚注》を ⦿ にします。

④《番号書式》の ⬚ をクリックし、一覧から半角の《1,2,3,…》を選択します。

⑤《挿入》をクリックします。

⑥問題文の「パソコン本体に含まれる記憶媒体。ハードディスクやSSDなど。」をクリックして、コピーします。

⑦脚注番号の後ろをクリックして、カーソルを表示します。

⑧ Ctrl ＋ V を押して貼り付けます。
※脚注番号の後ろに直接入力してもかまいません。

問題（5）　　　　　　　　　　　　　　📖 P.33

①《挿入》タブ→《ヘッダーとフッター》グループの ⬚ フッター ∨ （フッターの追加）→《組み込み》の《セマフォ》をクリックします。

②《ヘッダーとフッター》タブ→《閉じる》グループの ⬚ （ヘッダーとフッターを閉じる）をクリックします。

●プロジェクト6

問題（1）　　　　　　　　　　　　　　📖 P.63

①《ファイル》タブを選択します。

②《情報》→《問題のチェック》→《アクセシビリティチェック》をクリックします。

③《警告》の《読みにくいテキストコントラスト》をクリックします。

④《発行日：2023年10月15日…》をクリックします。

⑤図形の文字列が選択されていることを確認します。

⑥《おすすめアクション》の《フォントの色》の ＞ →《テーマの色》の《白、背景1》をクリックします。
※《警告》が残る場合は、《発行所…》《URL…》についても同様に操作します。
※《アクセシビリティ》作業ウィンドウを閉じておきましょう。

問題（2）　　　　　　　　　　　　　📖 P.151,194

①「…それに尽きます。」の後ろにカーソルを移動します。

②《挿入》タブ→《図》グループの ⬚ （画像を挿入します）→《このデバイス》をクリックします。

③デスクトップのフォルダー「FOM Shuppan Documents」のフォルダー「MOS 365-Word（2）」を開きます。

④一覧から「海」を選択します。

⑤《挿入》をクリックします。

⑥《図の形式》タブ→《サイズ》グループの ⬚ （図形の幅）を「87mm」に設定します。

⑦《図の形式》タブ→《配置》グループの ⬚ （オブジェクトの配置）→《文字列の折り返し》の《右下に配置し、四角の枠に沿って文字列を折り返す》をクリックします。

問題 (3)　📖 P.138,139

①《参考資料》タブ→《脚注》グループの [🔽] (脚注と文末脚注) をクリックします。

②《変換》をクリックします。

③《文末脚注を脚注に変更する》を ⦿ にします。

④《OK》をクリックします。

⑤《閉じる》をクリックします。

問題 (4)　📖 P.101,102

①「順位…」から「3位…」までの段落を選択します。

②《挿入》タブ→《表》グループの [🔲] (表の追加) →《文字列を表にする》をクリックします。

③《列数》が「3」、《行数》が「4」になっていることを確認します。

④《文字列の幅に合わせる》を ⦿ にします。

⑤《OK》をクリックします。

問題 (5)　📖 P.203

①問題文の「掲載許可を取得しました。」をクリックして、コピーします。

②コメントの《返信》をクリックして、カーソルを表示します。

③ [Ctrl]＋[V] を押して貼り付けます。

※《返信》に直接入力してもかまいません。

④ [▷] (返信を投稿する) をクリックします。

問題 (6)　📖 P.86

①「DIVING CLUB NEWS 2023年10月号」の段落にカーソルを移動します。

※段落内であれば、どこでもかまいません。

②《ホーム》タブ→《スタイル》グループの [A] (スタイル) →《表題》をクリックします。

※《スタイル》グループが展開されている場合は、[▽]→《表題》をクリックします。

● プロジェクト7

問題 (1)　📖 P.19,21

①「医療費控除の対象」を選択します。

②《挿入》タブ→《リンク》グループの [🔗リンク] (リンク) をクリックします。

③《このドキュメント内》をクリックします。

④一覧から《見出し》の「医療費控除の対象になる支出」を選択します。

⑤《OK》をクリックします。

問題 (2)　📖 P.177

①SmartArtグラフィックを選択します。

②《SmartArtのデザイン》タブ→《SmartArtのスタイル》グループの [🎨] (色の変更) →《アクセント1》の《塗りつぶし-アクセント1》をクリックします。

問題 (3)　📖 P.107

①表内にカーソルを移動します。

※表内であれば、どこでもかまいません。

②《レイアウト》タブ→《配置》グループの [🔲] (セルの配置) をクリックします。

③《既定のセルの余白》の《上》と《下》を「1mm」に設定します。

④《OK》をクリックします。

問題 (4)　📖 P.219

①《校閲》タブ→《変更履歴》グループの [📝] (変更履歴の記録) の [変更履歴の記録▽]→《変更履歴のロック》をクリックします。

②問題文の「abc」をクリックして、コピーします。

③《パスワードの入力》をクリックして、カーソルを表示します。

④ [Ctrl]＋[V] を押して貼り付けます。

※《パスワードの入力》に直接入力してもかまいません。

⑤《パスワードの確認入力》にカーソルを移動します。

⑥ [Ctrl]＋[V] を押して貼り付けます。

※《パスワードの確認入力》に直接入力してもかまいません。

⑦《OK》をクリックします。

● プロジェクト8

問題 (1)　📖 P.79

①「Bridal Fair 2024」を選択します。

②《ホーム》タブ→《フォント》グループの [A▽] (文字の効果と体裁) →《文字の輪郭》→《テーマの色》の《オレンジ、アクセント2》をクリックします。

③《ホーム》タブ→《フォント》グループの [A▽] (文字の効果と体裁) →《反射》→《反射の種類》の《反射(弱)：オフセットなし》をクリックします。

問題 (2)　📖 P.123,126

①「9:30~12:00」と「14:00~16:30」の段落を選択します。

②《ホーム》タブ→《段落》グループの [≡▽] (段落番号) の [▽]→《新しい番号書式の定義》をクリックします。

③《番号の種類》が半角の「1,2,3,…」になっていることを確認します。

④《番号書式》を「第1部」に修正します。

※入力されている《1》は削除しないようにします。

⑤《OK》をクリックします。

問題（3）

📖 P.192,195

① 図を選択します。
② 🔲（レイアウトオプション）をクリックします。
③《文字列の折り返し》の 🔲（四角形）をクリックします。
④《詳細表示》をクリックします。
⑤《位置》タブを選択します。
⑥《水平方向》の《配置》を ⦿ にします。
⑦《基準》の ☑ をクリックし、一覧から《余白》を選択します。
⑧《左揃え》になっていることを確認します。
⑨《垂直方向》の《下方向の距離》を ⦿ にします。
⑩《基準》の ☑ をクリックし、一覧から《余白》を選択します。
⑪「145mm」に設定します。
⑫《OK》をクリックします。

問題（4）

📖 P.183

① 問題文の「**披露宴お料理試食**」をクリックして、コピーします。
② テキストボックスの4行目をクリックして、カーソルを表示します。
③ 〔Ctrl〕＋〔V〕を押して貼り付けます。
※テキストボックスに直接入力してもかまいません。

●プロジェクト9

問題（1）

📖 P.208

①《校閲》タブ→《変更履歴》グループの 📝（変更履歴の記録）をクリックして、オンにします。
②「1月31日（水）」を選択します。
③《ホーム》タブ→《フォント》グループの 🅰☑（フォントの色）の ☑ →《テーマの色》の《青、アクセント1》をクリックします。
④《校閲》タブ→《変更履歴》グループの 📝（変更履歴の記録）をクリックして、オフにします。

模擬試験プログラムの使い方
第1回模擬試験
第2回模擬試験
第3回模擬試験
第4回模擬試験
第5回模擬試験

第3回 模擬試験 問題

プロジェクト1

理解度チェック

☑☑☑☑☑ 問題(1) あなたは、開花学院中学・高等学校の体験入学の案内を作成します。
学生の写真にアート効果「パステル：滑らか」を適用してください。

☑☑☑☑☑ 問題(2) 学生の写真に、代替テキスト「開花学院の学生」を設定してください。次に、学生の写真の右側にある紫の四角形は、スクリーンリーダーの利用時に代替テキストの読み上げの対象外となるように設定してください。

☑☑☑☑☑ 問題(3) 見出し「日時」の下の表を文字列に変換してください。文字列は段落記号で区切ります。

☑☑☑☑☑ 問題(4) 《ホーム》タブを使って、編集記号を非表示にしてください。

プロジェクト2

理解度チェック

☑☑☑☑☑ 問題(1) あなたは、FOMヨガスクールでヨガポーズを紹介するチラシを作成します。
文書の先頭に図形「月」を挿入し、図形の高さと幅を「22mm」にしてください。図形の位置は、「左上に配置し、四角の枠に沿って文字列を折り返す」を設定します。

☑☑☑☑☑ 問題(2) 文書内の「ヨガの代表的なポーズ」の書式をクリアしてください。

☑☑☑☑☑ 問題(3) 画像の背景を削除し、人物とマットの画像にしてください。腕の間の背景は考慮しません。

☑☑☑☑☑ 問題(4) テキストボックス内の2行目の最後に、文字列「肩こりの解消や予防」を追加してください。

☑☑☑☑☑ 問題(5) 文書内のコメントを解決してください。

プロジェクト3

理解度チェック

☑☑☑☑☑ 問題(1) あなたは、FOMイングリッシュスクールで2023年度の開講コースの案内を作成します。
文書内の変更履歴をすべて承諾してください。

☑☑☑☑☑ 問題(2) 見出し「2023年度開講予定コース」が2ページ目の先頭に表示されるように、セクション区切りを挿入してください。次に、2ページ目の上下の余白を「15mm」に設定してください。

☑☑☑☑☑ 問題(3) 見出し「TOEIC・英検コース」の下の表を、「コースNo.」のJISコードの昇順に並べ替えてください。

☑☑☑☑☑ 問題(4) 文書内のすべての「TOEIC」の後ろに、「®」（登録商標）を挿入してください。

☑☑☑☑☑ 問題(5) 見出し「お申し込み・お問い合わせは…」の左側にあるアイコンに、スタイル「塗りつぶし-アクセント4、枠線なし」を適用してください。

プロジェクト4

問題(1) このプロジェクトの問題は1つです。あなたは、施設利用申込書を作成します。
用紙の向きを横に設定してください。次に、Wordテンプレートとして「施設利用申込書」という名前で保存してください。デスクトップのフォルダー「FOM Shuppan Documents」のフォルダー「MOS 365-Word(2)」に保存します。

プロジェクト5

問題(1) あなたは、若者における方言の認識についてのレポートを作成します。
見出し「調査方法」の下の「調査期間」に設定されている書式を、「被験者数」と「被験者の条件」にコピーしてください。

問題(2) 見出し「調査結果」の下の表の「●岡山全域で…」の行と「●特に備前地方で…」の行のそれぞれのセルを結合してください。次に、表のタイトル行が次のページにも表示されるように設定してください。

問題(3) 見出し「分析」の下のSmartArtグラフィックのレイアウトの左右を入れ替えてください。

問題(4) 文書内の文末脚注の脚注番号を「1,2,3,…」に変更してください。数字は半角にします。

問題(5) 文書のプロパティのタグに「岡山」を設定してください。

プロジェクト6

問題(1) あなたは、知的財産権についての勉強会資料を作成します。
文書の先頭の「知的財産権について」に、文字の輪郭「青、アクセント1」を適用してください。

問題(2) 「企業活動において…」の段落の次の空白の段落に、「自動作成の目次2」を挿入してください。

問題(3) 見出し「(1)著作者人格権」の下の「代表的な著作者人格権には…」の次の行に、SmartArtグラフィック「縦方向リスト」を挿入してください。「縦方向リスト」は「リスト」に含まれます。「公表権」から「著作物を勝手に改変されない権利」までの段落を切り取って、テキストウィンドウに貼り付けます。SmartArtグラフィックの不要な図形は削除し、階層のレベルは変更しないようにします。

問題(4) 見出し「(2)著作財産権」の下の「複製権」から「…貸与する権利」までの段落に箇条書きを設定してください。次に、箇条書きの2、4、6、8、10個目のリストのレベルを、レベル2に設定してください。

問題(5) 「管理部)大村」のコメントに「確認します。」と返信してください。

問題(6) ドキュメント検査を行い、インクをすべて削除してください。その他の項目は削除しないようにします。

プロジェクト7

理解度チェック

☑ ☑ ☑ ☑ ☑ 　問題(1)　あなたは、スノーボード教室の参加者募集の案内を作成します。
見出し「■詳細」から見出し「■教室日程」の「第5回：…」までの段落を、2段目が狭い2段組みに設定してください。

☑ ☑ ☑ ☑ ☑ 　問題(2)　見出し「■行程表」の表の下にある空白の行に、デスクトップのフォルダー「FOM Shuppan Documents」のフォルダー「MOS 365-Word(2)」の図「スノーボード」を挿入してください。次に、図にスタイル「回転、白」を適用してください。

☑ ☑ ☑ ☑ 　問題(3)　見出し「■申し込み方法」に「保護者説明会の実施を検討してください。」とコメントを挿入してください。

☑ ☑ ☑ ☑ 　問題(4)　文書の最後に5行2列の表を作成し、1列目の上から「参加者氏名」「学年」「保護者氏名」「住所」「電話番号」と入力してください。

プロジェクト8

理解度チェック

☑ ☑ ☑ ☑ ☑ 　問題(1)　あなたは、花火大会開催の案内を作成します。
用紙サイズを「A4」に設定してください。

☑ ☑ ☑ ☑ ☑ 　問題(2)　「第57回　承久花火大会」にスタイル「表題」を適用してください。

☑ ☑ ☑ ☑ ☑ 　問題(3)　「開催日…」「開催時間…」「開催場所…」の段落に箇条書きを設定してください。行頭文字は、デスクトップのフォルダー「FOM Shuppan Documents」のフォルダー「MOS 365-Word(2)」の図「マーク」にします。

☑ ☑ ☑ ☑ ☑ 　問題(4)　ページの下部にある図形に、文字列「駐車場はありませんので、臨時バスをご利用ください。」を追加してください。次に、図形にスタイル「透明、色付きの輪郭 - オレンジ、アクセント2」を適用してください。

プロジェクト9

理解度チェック

☑ ☑ ☑ ☑ ☑ 　問題(1)　このプロジェクトの問題は1つです。あなたは、児童館の清掃の案内を作成します。変更履歴の記録を開始し、「子どもたちの…」から「…お待ちしています。」までの段落の左インデントと右インデントを2字に設定してください。設定後、変更履歴の記録を終了してください。

●解答は、標準的な操作手順で記載しています。
●🔖は、問題を解くために必要な機能を解説しているページを示しています。
●操作をはじめる前に、次の設定を行いましょう。

編集記号の表示

◆《ホーム》タブ→《段落》グループの（編集記号の表示/非表示）をオン（濃い灰色の状態）にする

●プロジェクト1

問題(1) 🔖 P.163

①図を選択します。
②《図の形式》タブ→《調整》グループの アート効果 ▾ （アート効果）→《パステル：滑らか》をクリックします。

問題(2) 🔖 P.198

①図を選択します。
②《図の形式》タブ→《アクセシビリティ》グループの 代替テキスト （代替テキストウィンドウを表示します）をクリックします。
③問題文の「開花学院の学生」をクリックして、コピーします。
④《代替テキスト》作業ウィンドウのボックスをクリックして、カーソルを表示します。
⑤ Ctrl + V を押して貼り付けます。
※ボックスに直接入力してもかまいません。
⑥図形を選択します。
⑦《装飾用にする》を ✔ にします。
※《代替テキスト》作業ウィンドウを閉じておきましょう。

問題(3) 🔖 P.103

①表内にカーソルを移動します。
※表内であれば、どこでもかまいません。
②《レイアウト》タブ→《データ》グループの 表の解除 （表の解除）をクリックします。
③《段落記号》を ◉ にします。
④《OK》をクリックします。

問題(4) 🔖 P.25

①《ホーム》タブ→《段落》グループの （編集記号の表示/非表示）をクリックして、オフにします。

●プロジェクト2

問題(1) 🔖 P.149,194

①《挿入》タブ→《図》グループの 図形 ▾ （図形の作成）→《基本図形》の （月）をクリックします。
②始点から終点までドラッグします。
③《図形の書式》タブ→《サイズ》グループの （図形の高さ）を「22mm」に設定します。
④《図形の書式》タブ→《サイズ》グループの （図形の幅）を「22mm」に設定します。
⑤《図形の書式》タブ→《配置》グループの （オブジェクトの配置）→《文字列の折り返し》の《左上に配置し、四角の枠に沿って文字列を折り返す》をクリックします。

問題(2) 🔖 P.88

①「ヨガの代表的なポーズ」を選択します。
②《ホーム》タブ→《フォント》グループの （すべての書式をクリア）をクリックします。

問題(3) 🔖 P.166

①図を選択します。
②《図の形式》タブ→《調整》グループの （背景の削除）をクリックします。
※背景の保持する範囲や削除する範囲を調整する必要がある場合は、《背景の削除》タブ→《設定し直す》グループのボタンを使います。
③《背景の削除》タブ→《閉じる》グループの （背景の削除を終了して、変更を保持する）をクリックします。

問題(4) 🔖 P.183

①問題文の「肩こりの解消や予防」をクリックして、コピーします。
②「…疲労回復/」の後ろをクリックして、カーソルを表示します。
③ Ctrl + V を押して貼り付けます。
※テキストボックスに直接入力してもかまいません。

問題(5) 🔖 P.206

①コメントの … （その他のスレッド操作）をクリックします。
②《スレッドを解決する》をクリックします。

●プロジェクト3

問題(1)　📖 P.214

①《校閲》タブ→《変更箇所》グループの🗊(承諾して次へ進む)の[承諾▾]→《すべての変更を反映》をクリックします。

問題(2)　📖 P.28,94

①「2023年度開講予定コース」の前にカーソルを移動します。

②《レイアウト》タブ→《ページ設定》グループの[🖺区切り▾](ページ/セクション区切りの挿入)→《セクション区切り》の《次のページから開始》をクリックします。

③2ページ目にカーソルが表示されていることを確認します。

※「2023年度開講予定コース」から始まるセクション内であれば、どこでもかまいません。

④《レイアウト》タブ→《ページ設定》グループの[🖺余白](余白の調整)→《ユーザー設定の余白》をクリックします。

⑤《余白》タブを選択します。

⑥《設定対象》が《このセクション》になっていることを確認します。

⑦《余白》の《上》と《下》を「15mm」に設定します。

⑧《OK》をクリックします。

問題(3)　📖 P.104,105

①表内にカーソルを移動します。

※表内であれば、どこでもかまいません。

②《レイアウト》タブ→《データ》グループの[🔀](並べ替え)をクリックします。

③《最優先されるキー》の[▾]をクリックし、一覧から《コースNo.》を選択します。

④《種類》が《JISコード》になっていることを確認します。

⑤《昇順》を⦿にします。

⑥《OK》をクリックします。

問題(4)　📖 P.17,71

①文書の先頭にカーソルを移動します。

②《ホーム》タブ→《編集》グループの[🔍検索](検索)をクリックします。

※《編集》グループが折りたたまれている場合は、展開して操作します。

③問題文の「TOEIC」をクリックして、コピーします。

④ナビゲーションウィンドウの検索ボックスをクリックして、カーソルを表示します。

⑤[Ctrl]+[V]を押して貼り付けます。

※検索ボックスに直接入力してもかまいません。

※ナビゲーションウィンドウに検索結果が《6件》と表示されます。

⑥検索された「TOEIC」の後ろにカーソルを移動します。

⑦《挿入》タブ→《記号と特殊文字》グループの[Ω記号と特殊文字▾](記号の挿入)→《その他の記号》をクリックします。

⑧《特殊文字》タブを選択します。

⑨一覧から《®登録商標》を選択します。

⑩《挿入》をクリックします。

⑪ナビゲーションウィンドウの[∨]をクリックします。

⑫2件目の「TOEIC」の後ろにカーソルを移動します。

⑬《挿入》をクリックします。

⑭同様に、すべての「TOEIC」の後ろに「®」を挿入します。

⑮《閉じる》をクリックします。

※ナビゲーションウィンドウを閉じておきましょう。

問題(5)　📖 P.175

①アイコンを選択します。

②《グラフィックス形式》タブ→《グラフィックのスタイル》グループの[▾]→《塗りつぶし-アクセント4、枠線なし》をクリックします。

●プロジェクト4

問題(1)　📖 P.28,45

①《レイアウト》タブ→《ページ設定》グループの[🖺印刷の向き](ページの向きを変更)→《横》をクリックします。

※左側の《レイアウト》タブを選択します。

②《ファイル》タブを選択します。

③《エクスポート》→《ファイルの種類の変更》→《文書ファイルの種類》の《テンプレート》→《名前を付けて保存》をクリックします。

④デスクトップのフォルダー「FOM Shuppan Documents」のフォルダー「MOS 365-Word(2)」を開きます。

⑤問題文の「施設利用申込書」をクリックして、コピーします。

⑥《ファイル名》の文字列を選択します。

⑦[Ctrl]+[V]を押して貼り付けます。

※《ファイル名》に直接入力してもかまいません。

⑧《ファイルの種類》が《Wordテンプレート》になっていることを確認します。

⑨《保存》をクリックします。

●プロジェクト5

問題(1)　📖 P.85

①「調査期間」を選択します。

②《ホーム》タブ→《クリップボード》グループの[🖌](書式のコピー/貼り付け)をダブルクリックします。

③「被験者数」を選択します。

④「被験者の条件」を選択します。

⑤[Esc]を押します。

問題(2)　📖 P.111,118

①表の「●岡山全域で…」の行を選択します。

②《レイアウト》タブ→《結合》グループの[田セルの結合](セルの結合)をクリックします。

③表の「●特に備前地方で…」の行を選択します。

④F4 を押します。

⑤表の1行目にカーソルを移動します。

※表の1行目であれば、どこでもかまいません。

⑥《レイアウト》タブ→《データ》グループの タイトル行の繰り返し
（タイトル行の繰り返し）をクリックして、オンにします。

問題 (3) 📖 P.188

①SmartArtグラフィックを選択します。

②《SmartArtのデザイン》タブ→《グラフィックの作成》グルー
プの 右から左 （右から左）をクリックします。

問題 (4) 📖 P.138,139

①文末脚注にカーソルを移動します。

※文末脚注内であれば、どこでもかまいません。

②《参考資料》タブ→《脚注》グループの 🔽 （脚注と文末脚
注）をクリックします。

③《文末脚注》が ⦿ になっていることを確認します。

④《番号書式》の ✓ をクリックし、一覧から半角の《1,2,3,…》
を選択します。

⑤《適用》をクリックします。

問題 (5) 📖 P.51

①《ファイル》タブを選択します。

②《情報》をクリックします。

③問題文の「岡山」をクリックして、コピーします。

④《タグの追加》をクリックして、カーソルを表示します。

⑤ Ctrl ＋ V を押して貼り付けます。

※《タグの追加》に直接入力してもかまいません。

⑥《タグの追加》以外の場所をクリックします。

●プロジェクト6

問題 (1) 📖 P.79

①「知的財産権について」を選択します。

②《ホーム》タブ→《フォント》グループの A･ （文字の効果
と体裁）→《文字の輪郭》→《テーマの色》の《青、アクセント
1》をクリックします。

問題 (2) 📖 P.141

①「企業活動において…」の段落の次の行にカーソルを移動
します。

②《参考資料》タブ→《目次》グループの 目次 （目次）→《組み込
み》の《自動作成の目次2》をクリックします。

問題 (3) 📖 P.155

①「代表的な著作者人格権には…」の次の行にカーソルを移動
します。

②《挿入》タブ→《図》グループの SmartArt （SmartArtグラ
フィックの挿入）をクリックします。

③左側の一覧から《リスト》を選択します。

④中央の一覧から《縦方向リスト》を選択します。

⑤《OK》をクリックします。

⑥「公表権」から「著作物を勝手に改変されない権利」までの段
落を選択します。

⑦《ホーム》タブ→《クリップボード》グループの ✂ （切り取
り）をクリックします。

⑧SmartArtグラフィックを選択します。

⑨テキストウィンドウの1行目をクリックして、カーソルを表
示します。

※テキストウィンドウが表示されていない場合は、表示しておきましょう。

⑩《ホーム》タブ→《クリップボード》グループの 📋 （貼り付
け）をクリックします。

⑪テキストウィンドウの「著作物を勝手に改変されない権利」の
後ろにカーソルが表示されていることを確認します。

⑫ Delete を2回押します。

問題 (4) 📖 P.119,127

①「複製権」から「…貸与する権利」までの段落を選択します。

②《ホーム》タブ→《段落》グループの ☰ （箇条書き）をクリッ
クします。

③「コピー…」「放送により…」「映画の著作物を…」「映画以外の
著作物の…」「映画以外の著作物を…」の段落を選択します。

④《ホーム》タブ→《段落》グループの ☰･ （箇条書き）の ･
→《リストのレベルの変更》→《レベル2》をクリックします。

問題 (5) 📖 P.203

①問題文の「確認します。」をクリックして、コピーします。

②「管理部）大村」のコメントの《返信》をクリックして、カーソ
ルを表示します。

③ Ctrl ＋ V を押して貼り付けます。

※《返信》に直接入力してもかまいません。

④ ➤ （返信を投稿する）をクリックします。

問題 (6) 📖 P.60

①《ファイル》タブを選択します。

②《情報》→《問題のチェック》→《ドキュメント検査》をクリック
します。

③《はい》をクリックします。

④《インク》を ✓ にします。

⑤《検査》をクリックします。

⑥《インク》の《すべて削除》をクリックします。

⑦《閉じる》をクリックします。

模擬試験プログラム の使い方
第1回模擬試験
第2回模擬試験
第3回模擬試験
第4回模擬試験
第5回模擬試験

●プロジェクト7

問題(1)　📖 P.91

①「■詳細」から「第5回：…」までの段落を選択します。

②《レイアウト》タブ→《ページ設定》グループの（段の追加または削除）→《2段目を狭く》をクリックします。

問題(2)　📖 P.151,170

①「■行程表」の表の下にある空白行に、カーソルを移動します。

②《挿入》タブ→《図》グループの（画像を挿入します）→《このデバイス》をクリックします。

③デスクトップのフォルダー「FOM Shuppan Documents」のフォルダー「MOS 365-Word(2)」を開きます。

④一覧から「スノーボード」を選択します。

⑤《挿入》をクリックします。

⑥《図の形式》タブ→《図のスタイル》グループの→《回転、白》をクリックします。

問題(3)　📖 P.201

①「■申し込み方法」を選択します。

②《校閲》タブ→《コメント》グループの（新しいコメント）（コメントの挿入）をクリックします。

③問題文の「保護者説明会の実施を検討してください。」をクリックして、コピーします。

④コメントの《会話を始める》をクリックして、カーソルを表示します。

⑤ Ctrl + V を押して貼り付けます。
※コメントに直接入力してもかまいません。

⑥（コメントを投稿する）をクリックします。

問題(4)　📖 P.99

①文書の最後にカーソルを移動します。

②《挿入》タブ→《表》グループの（表の追加）をクリックします。

③下に5マス分、右に2マス分の位置をクリックします。

④問題文の「参加者氏名」をクリックして、コピーします。

⑤表の1行1列目のセルをクリックして、カーソルを表示します。

⑥ Ctrl + V を押して貼り付けます。
※セルに直接入力してもかまいません。

⑦同様に、「学年」「保護者氏名」「住所」「電話番号」を貼り付けます。

●プロジェクト8

問題(1)　📖 P.28

①《レイアウト》タブ→《ページ設定》グループの（ページサイズの選択）→《A4》をクリックします。

問題(2)　📖 P.86

①「第57回　承久花火大会」の段落にカーソルを移動します。
※段落内であれば、どこでもかまいません。

②《ホーム》タブ→《スタイル》グループの（スタイル）→《表題》をクリックします。

※《スタイル》グループが展開されている場合は、→《表題》をクリックします。

問題(3)　📖 P.123,124

①「開催日…」「開催時間…」「開催場所…」の段落を選択します。

②《ホーム》タブ→《段落》グループの（箇条書き）の→《新しい行頭文字の定義》をクリックします。

③《図》をクリックします。

④《ファイルから》をクリックします。

⑤デスクトップのフォルダー「FOM Shuppan Documents」のフォルダー「MOS 365-Word(2)」を開きます。

⑥一覧から「マーク」を選択します。

⑦《挿入》をクリックします。

⑧《OK》をクリックします。

問題(4)　📖 P.173,185

①問題文の「駐車場はありませんので、臨時バスをご利用ください。」をクリックして、コピーします。

②図形を選択します。

③ Ctrl + V を押して貼り付けます。
※図形に直接入力してもかまいません。

④《図形の書式》タブ→《図形のスタイル》グループの→《標準スタイル》の《透明、色付きの輪郭 - オレンジ、アクセント2》をクリックします。

●プロジェクト9

問題(1)　📖 P.83,84,208

①《校閲》タブ→《変更履歴》グループの（変更履歴の記録）をクリックして、オンにします。

②「子どもたちの…」から「…お待ちしています。」までを選択します。

③《レイアウト》タブ→《段落》グループの（左インデント）を「2字」に設定します。

④《レイアウト》タブ→《段落》グループの（右インデント）を「2字」に設定します。

⑤《校閲》タブ→《変更履歴》グループの（変更履歴の記録）をクリックして、オフにします。

プロジェクト1

理解度チェック

☑ ☑ ☑ ☑ ☑ | 問題(1) | あなたは、新築マンションの販売開始の案内を作成します。
文書にスタイルセット「影付き」を適用してください。

☑ ☑ ☑ ☑ ☑ | 問題(2) | 文書内にある斜体が設定されている文字列のフォントの色を「茶、アクセント6、黒+基本色50%」にすべて置換してください。

☑ ☑ ☑ ☑ ☑ | 問題(3) | 「お問い合わせ先…」から「[TEL] 0120-11-XXXX」までの段落を、横書きテキストボックスに変更してください。テキストボックスの位置は、「右上に配置し、四角の枠に沿って文字列を折り返す」を設定します。

☑ ☑ ☑ ☑ ☑ | 問題(4) | マンションの写真に、光彩の効果「光彩：8pt；茶、アクセントカラー5」を設定してください。

プロジェクト2

理解度チェック

☑ ☑ ☑ ☑ ☑ | 問題(1) | あなたは、会員向けセミナーの案内を作成します。
「近年…」から「…お申し込みください。」までの段落に、字下げインデント「1字」を設定してください。

☑ ☑ ☑ ☑ ☑ | 問題(2) | 記書きの「日時…」から「…南区民会館」までの段落に箇条書きを設定してください。行頭文字は、フォント「Segoe UI」の文字コード「2663」(Black Club Suit)にします。

☑ ☑ ☑ ☑ ☑ | 問題(3) | 「開催1週間前に…」で始まるコメントを削除してください。

☑ ☑ ☑ ☑ ☑ | 問題(4) | 会場地図の赤い四角形の右側に、図形「四角形：対角を丸める」を挿入し、文字列「南区民会館」を追加してください。図形は高さを「13mm」、幅を「26mm」に設定します。

☑ ☑ ☑ ☑ ☑ | 問題(5) | 文書に透かしを設定してください。表示する文字列は「原本」とし、フォントを「MS明朝」、色を「濃い赤」にします。

プロジェクト3

理解度チェック

☑ ☑ ☑ ☑ ☑ | 問題(1) | あなたは、中堅社員スキルアップ研修の案内を作成します。
文書内の「食事」を検索して、検索した文字列を含む段落に斜体を設定してください。

☑ ☑ ☑ ☑ ☑ | 問題(2) | 見出し「◆スケジュール◆」の下の表の5行2列目のセルを2列に分割し、右側のセルに「実習B」と入力してください。

	問題(3)	見出し「◆出席予定者一覧◆」の先頭に改ページを挿入してください。
☑☑☑☑☑	問題(4)	見出し「◆出席予定者一覧◆」の下の表を「受講日程」の昇順、受講日程が同じ場合は「所属」のJISコードの昇順に並べ替えてください。

プロジェクト4

理解度チェック

	問題(1)	あなたは、FOM健康センターの健康に関するチラシを作成します。 ヘッダーに「FOM健康センター」を挿入してください。ヘッダーは右にそろえて配置します。
☑☑☑☑☑	問題(2)	見出し「1日の塩分摂取量」の下の表を、「日本人の平均塩分摂取量」「厚生労働省が推奨する塩分摂取量」「WHOが推奨する塩分摂取量」が1行目になるように分割して3つの表にしてください。
☑☑☑☑☑	問題(3)	見出し「食生活相談」の下の「受付時間,…」から「方法,…」までのコンマで区切られた2つの段落を、文字列の幅に合わせて2行2列の表に変換してください。
☑☑☑☑☑	問題(4)	変更履歴の記録を開始し、見出し「食生活相談」の下の「アドバイス」を「相談」に修正してください。修正後、変更履歴の記録を終了してください。

プロジェクト5

理解度チェック

	問題(1)	あなたは、新しく開館した美術館の案内を作成します。 写真をテキストボックスの背面に移動してください。
☑☑☑☑☑	問題(2)	1ページ目の「藤城正孝」と「宮野里美」の後ろに、4分の1文字分のスペースをそれぞれ挿入してください。
☑☑☑☑☑	問題(3)	「休館日　月曜日」の後ろに脚注を挿入してください。脚注の内容は「祝日の場合は開館し、翌日休館します。」とします。
☑☑☑☑☑	問題(4)	「●入館料」の下の表のセルの間隔を「1mm」に設定してください。
☑☑☑☑☑	問題(5)	「ステンドグラス教室のご案内はこちら」の右側の三角形の図形をクリックすると、ブックマーク「ステンドグラス教室」に移動するようにリンクを設定してください。

プロジェクト6

理解度チェック

	問題(1)	あなたは、ファシリティーマネジメントの勉強会の資料を作成します。 見出し「1.ファシリティーマネジメントの目的と考え方」の下のSmartArtグラフィックの色を「枠線のみ-濃色2」に変更してください。
☑☑☑☑☑	問題(2)	見出し「2.施設や設備の管理」の下の「●施設や設備の運営コストを…」から「●電力量や排熱量を…」までの箇条書きの行頭文字を「◆」に変更してください。

☑☑☑☑☑	問題(3)	見出し「●セキュリティワイヤ」の下の段落にある「セキュリティワイヤ」の書式をクリアしてください。
☑☑☑☑☑	問題(4)	見出し「●入退室管理」の下のコメントに「了解しました。」と返信してください。
☑☑☑☑☑	問題(5)	文書の先頭に「自動作成の目次1」を挿入してください。次に、最後のページの見出し「4.環境対策」とその下の本文を削除し、目次を更新してください。
☑☑☑☑☑	問題(6)	ページの下部に、ページ番号「番号のみ2」を挿入してください。

 ## プロジェクト7

理解度チェック

☑☑☑☑☑	問題(1)	このプロジェクトの問題は1つです。あなたは、2分の1成人式の招待状を作成します。文書のプロパティのタイトルに「招待状」、コメントに「原紙」を設定してください。

 ## プロジェクト8

理解度チェック

☑☑☑☑☑	問題(1)	このプロジェクトの問題は1つです。あなたは、カルチャースクールのチラシを作成し、メンバー間で校閲します。変更履歴のロックを解除し、変更履歴の記録を終了してください。パスワードは「abc」です。

 ## プロジェクト9

理解度チェック

☑☑☑☑☑	問題(1)	あなたは、八ヶ岳にある保養所の案内を作成します。表題「清里高原荘のご案内」で始まるセクションの用紙の向きを縦に変更してください。
☑☑☑☑☑	問題(2)	見出し「ご予約の流れ」の下のSmartArtグラフィックの図形が、左から「予約フォームに入力して送信」→「予約センターから電話確認」→「予約完了」と表示されるように、順序を入れ替えてください。
☑☑☑☑☑	問題(3)	ジャンプを使ってブックマーク「お問い合わせ先」に移動し、移動先の次の行の「予約センター」の前に、文字列「清里高原荘」を追加してください。
☑☑☑☑☑	問題(4)	見出し「6月　空室情報」の下の表の行を、同じ高さにそろえてください。
☑☑☑☑☑	問題(5)	見出し「6月　空室情報」の下の「…空室なしです。」の後ろに、文末脚注を挿入してください。脚注番号は「a,b,c,…」とし、脚注の内容は「5月15日現在の空室状況です。」とします。

模擬試験プログラムの使い方

第1回模擬試験

第2回模擬試験

第3回模擬試験

第4回模擬試験

第5回模擬試験

●解答は、標準的な操作手順で記載しています。
●📖は、問題を解くために必要な機能を解説しているページを示しています。
●操作をはじめる前に、次の設定を行いましょう。

編集記号の表示

◆《ホーム》タブ→《段落》グループの[⏎]（編集記号の表示/非表示）をオン（濃い灰色の状態）にする

●プロジェクト1

問題(1) 📖 P.31

①《デザイン》タブ→《ドキュメントの書式設定》グループの[▽]→《組み込み》の《影付き》をクリックします。

問題(2) 📖 P.74

①《ホーム》タブ→《編集》グループの[🔄 置換]（置換）をクリックします。
※《編集》グループが折りたたまれている場合は、展開して操作します。
②《置換》タブを選択します。
③《検索する文字列》にカーソルを移動します。
④《オプション》をクリックします。
⑤《書式》をクリックします。
⑥《フォント》をクリックします。
⑦《フォント》タブを選択します。
⑧《スタイル》の一覧から《斜体》を選択します。
⑨《OK》をクリックします。
⑩《置換後の文字列》にカーソルを移動します。
⑪《書式》をクリックします。
⑫《フォント》をクリックします。
⑬《フォント》タブを選択します。
⑭《フォントの色》の[▽]をクリックし、一覧から《茶、アクセント6、黒+基本色50%》を選択します。
⑮《OK》をクリックします。
⑯《すべて置換》をクリックします。
※6個の項目が置換されます。
⑰メッセージを確認し、《OK》をクリックします。
⑱《閉じる》をクリックします。

問題(3) 📖 P.183,194

①「お問い合わせ先…」から「[TEL]0120-11-XXXX」までの段落を選択します。
②《挿入》タブ→《テキスト》グループの[🅰 テキストボックス]（テキストボックスの選択）→《横書きテキストボックスの描画》をクリックします。

③《図形の書式》タブ→《配置》グループの[🖼 位置]（オブジェクトの配置）→《文字列の折り返し》の《右上に配置し、四角の枠に沿って文字列を折り返す》をクリックします。

問題(4) 📖 P.169

①図を選択します。
②《図の形式》タブ→《図のスタイル》グループの[🖼 図の効果▼]（図の効果）→《光彩》→《光彩の種類》の《光彩：8pt；茶、アクセントカラー5》をクリックします。

●プロジェクト2

問題(1) 📖 P.83

①「近年…」から「…お申し込みください。」までの段落を選択します。
②《ホーム》タブ→《段落》グループの[↘]（段落の設定）をクリックします。
③《インデントと行間隔》タブを選択します。
④《最初の行》の[▽]をクリックし、一覧から《字下げ》を選択します。
⑤《幅》を「1字」に設定します。
⑥《OK》をクリックします。

問題(2) 📖 P.123,124

①「日時…」から「…南区民会館」までの段落を選択します。
②《ホーム》タブ→《段落》グループの[▤▼]（箇条書き）の[▼]→《新しい行頭文字の定義》をクリックします。
③《記号》をクリックします。
④《フォント》の[▽]をクリックし、一覧から《Segoe UI》を選択します。
⑤問題文の「2663」をクリックして、コピーします。
⑥《文字コード》の文字列を選択します。
⑦[Ctrl]+[V]を押して貼り付けます。
※《文字コード》に直接入力してもかまいません。
⑧《♣》（Black Club Suit）が選択されていることを確認します。
⑨《OK》をクリックします。
⑩《OK》をクリックします。

問題(3) 📖 P.207

①「開催1週間前に…」で始まるコメントを選択します。
②《校閲》タブ→《コメント》グループの[🗨 削除]（コメントの削除）をクリックします。

問題 (4) 📖 P.149,185

①《挿入》タブ→《図》グループの[🔳 図形 ▾](図形の作成）→《四角形》の□（四角形：対角を丸める）をクリックします。

②始点から終点までドラッグします。

③問題文の「**南区民会館**」をクリックして、コピーします。

④図形を選択します。

⑤[Ctrl]+[V]を押して貼り付けます。

※図形内に直接入力してもかまいません。

⑥《図形の書式》タブ→《サイズ》グループの[↕](図形の高さ）を「**13mm**」に設定します。

⑦《図形の書式》タブ→《サイズ》グループの[↔](図形の幅）を「**26mm**」に設定します。

問題 (5) 📖 P.41,44

①《デザイン》タブ→《ページの背景》グループの[透かし]（透かし）→《ユーザー設定の透かし》をクリックします。

②《テキスト》を⦿にします。

③《テキスト》の[∨]をクリックし、一覧から《**原本**》を選択します。

④《フォント》の[∨]をクリックし、一覧から《**MS明朝**》を選択します。

⑤《色》の[∨]をクリックし、一覧から《**標準の色**》の《**濃い赤**》を選択します。

⑥《OK》をクリックします。

●プロジェクト3

問題 (1) 📖 P.17

①文書の先頭にカーソルを移動します。

②《ホーム》タブ→《編集》グループの[🔍 検索]（検索）をクリックします。

※《編集》グループが折りたたまれている場合は、展開して操作します。

③問題文の「**食事**」をクリックして、コピーします。

④ナビゲーションウィンドウの検索ボックスをクリックして、カーソルを表示します。

⑤[Ctrl]+[V]を押して貼り付けます。

※検索ボックスに直接入力してもかまいません。

※ナビゲーションウィンドウに検索結果が《1件》と表示されます。

⑥検索された文字列を含む段落を選択します。

⑦《ホーム》タブ→《フォント》グループの[*I*]（斜体）をクリックします。

※ナビゲーションウィンドウを閉じておきましょう。

問題 (2) 📖 P.111

①表の5行2列目のセルにカーソルを移動します。

②《レイアウト》タブ→《結合》グループの[⊞ セルの分割]（セルの分割）をクリックします。

③《列数》を「**2**」、《行数》を「**1**」に設定します。

④《OK》をクリックします。

---

⑤問題文の「**実習B**」をクリックして、コピーします。

⑥分割した右側のセルをクリックして、カーソルを表示します。

⑦[Ctrl]+[V]を押して貼り付けます。

※セルに直接入力してもかまいません。

問題 (3) 📖 P.89

①「**◆出席予定者一覧◆**」の前にカーソルを移動します。

②《挿入》タブ→《ページ》グループの[⊟ ページ区切り]（ページ区切りの挿入）をクリックします。

問題 (4) 📖 P.104,105

①表内にカーソルを移動します。

※表内であれば、どこでもかまいません。

②《レイアウト》タブ→《データ》グループの[⁄↓]（並べ替え）をクリックします。

③《最優先されるキー》の[∨]をクリックし、一覧から《**受講日程**》を選択します。

④《種類》が《**日付**》になっていることを確認します。

⑤《昇順》を⦿にします。

⑥《2番目に優先されるキー》の[∨]をクリックし、一覧から《**所属**》を選択します。

⑦《種類》が《**JISコード**》になっていることを確認します。

⑧《昇順》を⦿にします。

⑨《OK》をクリックします。

●プロジェクト4

問題 (1) 📖 P.33

①《挿入》タブ→《ヘッダーとフッター》グループの[🔳 ヘッダー ▾]（ヘッダーの追加）→《ヘッダーの編集》をクリックします。

②問題文の「**FOM健康センター**」をクリックして、コピーします。

③ヘッダーをクリックして、カーソルを表示します。

④[Ctrl]+[V]を押して貼り付けます。

※ヘッダーに直接入力してもかまいません。

⑤ヘッダーの「**FOM健康センター**」の段落にカーソルが表示されていることを確認します。

※段落内であれば、どこでもかまいません。

⑥《ホーム》タブ→《段落》グループの[≡]（右揃え）をクリックします。

⑦《ヘッダーとフッター》タブ→《閉じる》グループの[❎]（ヘッダーとフッターを閉じる）をクリックします。

問題 (2) 📖 P.117

①「**厚生労働省が推奨する塩分摂取量**」の行にカーソルを移動します。

※表の4行目であれば、どこでもかまいません。

②《レイアウト》タブ→《結合》グループの[⊞ 表の分割]（表の分割）をクリックします。

模擬試験プログラムの使い方
第1回模擬試験
第2回模擬試験
第3回模擬試験
第4回模擬試験
第5回模擬試験

③「WHOが推奨する塩分摂取量」の行にカーソルを移動します。
※表の4行目であれば、どこでもかまいません。
④ F4 を押します。

問題 (3)　📖 P.101,102

①「受付時間,…」から「方法,…」までの段落を選択します。
②《挿入》タブ→《表》グループの ⊞（表の追加）→《文字列を表にする》をクリックします。
③《列数》が「2」、《行数》が「2」になっていることを確認します。
④《文字列の幅に合わせる》を ◉ にします。
⑤《コンマ》を ◉ にします。
⑥《OK》をクリックします。

問題 (4)　📖 P.208

①《校閲》タブ→《変更履歴》グループの 📝（変更履歴の記録）をクリックして、オンにします。
②問題文の「相談」をクリックして、コピーします。
③「アドバイス」を選択します。
④ Ctrl ＋ V を押して貼り付けます。
※直接入力してもかまいません。
⑤《校閲》タブ→《変更履歴》グループの 📝（変更履歴の記録）をクリックして、オフにします。

●プロジェクト5

問題 (1)　📖 P.194

①図を選択します。
②《図の形式》タブ→《配置》グループの [背面へ移動]（背面へ移動）をクリックします。

問題 (2)　📖 P.71

①1ページ目の「藤城正孝」の後ろにカーソルを移動します。
②《挿入》タブ→《記号と特殊文字》グループの [Ω 記号と特殊文字 ▾]（記号の挿入）→《その他の記号》をクリックします。
③《特殊文字》タブを選択します。
④一覧から《1/4スペース》を選択します。
⑤《挿入》をクリックします。
⑥1ページ目の「宮野里美」の後ろにカーソルを移動します。
⑦《挿入》をクリックします。
⑧《閉じる》をクリックします。

問題 (3)　📖 P.135

①「休館日　月曜日」の後ろにカーソルを移動します。
②《参考資料》タブ→《脚注》グループの [ab 挿入]（脚注の挿入）をクリックします。
③問題文の「祝日の場合は開館し、翌日休館します。」をクリックして、コピーします。

④脚注番号の後ろをクリックして、カーソルを移動します。
⑤ Ctrl ＋ V を押して貼り付けます。
※脚注番号の後ろに直接入力してもかまいません。

問題 (4)　📖 P.107

①表内にカーソルを移動します。
※表内であれば、どこでもかまいません。
②《レイアウト》タブ→《配置》グループの [セルの配置]（セルの配置）をクリックします。
③《セルの間隔を指定する》を ✔ にし、「1mm」に設定します。
④《OK》をクリックします。

問題 (5)　📖 P.19,21

①三角形の図形を選択します。
②《挿入》タブ→《リンク》グループの [🔗 リンク]（リンク）をクリックします。
③《このドキュメント内》をクリックします。
④一覧から《ブックマーク》の「ステンドグラス教室」を選択します。
⑤《OK》をクリックします。

●プロジェクト6

問題 (1)　📖 P.177

①SmartArtグラフィックを選択します。
②《SmartArtのデザイン》タブ→《SmartArtのスタイル》グループの 🎨（色の変更）→《ベーシック》の《枠線のみ-濃色2》をクリックします。

問題 (2)　📖 P.121

①「施設や設備の運営コストを…」から「電力量や排熱量を…」までの箇条書きを選択します。
②《ホーム》タブ→《段落》グループの [☰ ▾]（箇条書き）の ▾ →《行頭文字ライブラリ》の《◆》をクリックします。

問題 (3)　📖 P.88

①「セキュリティワイヤ」を選択します。
②《ホーム》タブ→《フォント》グループの [A◇]（すべての書式をクリア）をクリックします。

問題 (4)　📖 P.203

①問題文の「了解しました。」をクリックして、コピーします。
②見出し「●入退室管理」の下のコメントの《返信》をクリックして、カーソルを表示します。
③ Ctrl ＋ V を押して貼り付けます。
※《返信》に直接入力してもかまいません。
④ [➤]（返信を投稿する）をクリックします。

問題 (5)
📖 P.141

①文書の先頭にカーソルを移動します。

②《参考資料》タブ→《目次》グループの ▦ (目次) →《組み込み》の《自動作成の目次1》をクリックします。

③「4.環境対策」から「…削減につなげます。」までを選択します。

④ Delete を押します。

⑤《参考資料》タブ→《目次》グループの 🗐 目次の更新 (目次の更新) をクリックします。

問題 (6)
📖 P.39

①《挿入》タブ→《ヘッダーとフッター》グループの 🗐 ページ番号 ▾ (ページ番号の追加) →《ページの下部》→《シンプル》の《番号のみ2》をクリックします。

②《ヘッダーとフッター》タブ→《閉じる》グループの ⊠ ヘッダーとフッターを閉じる (ヘッダーとフッターを閉じる) をクリックします。

● プロジェクト7

問題 (1)
📖 P.51

①《ファイル》タブを選択します。

②《情報》をクリックします。

③問題文の「招待状」をクリックして、コピーします。

④《タイトルの追加》をクリックして、カーソルを表示します。

⑤ Ctrl + V を押して貼り付けます。
※《タイトルの追加》に直接入力してもかまいません。

⑥同様に、《コメントの追加》に「原紙」を貼り付けます。

⑦《コメントの追加》以外の場所をクリックします。

● プロジェクト8

問題 (1)
📖 P.208,219

①《校閲》タブ→《変更履歴》グループの 🗐 (変更履歴の記録) の 変更履歴の記録 ▾ →《変更履歴のロック》をクリックします。

②問題文の「abc」をクリックして、コピーします。

③《パスワード》をクリックして、カーソルを表示します。

④ Ctrl + V を押して貼り付けます。
※《パスワード》に直接入力してもかまいません。

⑤《OK》をクリックします。

⑥《校閲》タブ→《変更履歴》グループの 🗐 (変更履歴の記録) をクリックして、オフにします。

● プロジェクト9

問題 (1)
📖 P.28,94

①2ページ目の最後にセクション区切りが挿入されていることを確認します。

②表題「清里高原荘のご案内」で始まるセクション内にカーソルを移動します。
※セクション内であれば、どこでもかまいません。

③《レイアウト》タブ→《ページ設定》グループの 🗐 (ページの向きを変更) →《縦》をクリックします。

問題 (2)
📖 P.188

①SmartArtグラフィックを選択します。

②「予約完了」の図形を選択します。

③《SmartArtのデザイン》タブ→《グラフィックの作成》グループの ↓ 下へ移動 (選択したアイテムを下へ移動) を2回クリックします。

問題 (3)
📖 P.22

①《ホーム》タブ→《編集》グループの 🔎 検索 ▾ (検索) の ▾ →《ジャンプ》をクリックします。
※《編集》グループが折りたたまれている場合は、展開して操作します。

②《ジャンプ》タブを選択します。

③《移動先》の一覧から《ブックマーク》を選択します。

④《ブックマーク名》に《お問い合わせ先》と表示されていることを確認します。

⑤《ジャンプ》をクリックします。

⑥《閉じる》をクリックします。

⑦問題文の「清里高原荘」をクリックして、コピーします。

⑧「予約センター」の前をクリックして、カーソルを表示します。

⑨ Ctrl + V を押して貼り付けます。
※「予約センター」の前に直接入力してもかまいません。

問題 (4)
📖 P.113

①表内にカーソルを移動します。
※表内であれば、どこでもかまいません。

②《レイアウト》タブ→《セルのサイズ》グループの 🗐 高さを揃える (高さを揃える) をクリックします。

問題 (5)
📖 P.135,139

①「…は空室なしです。」の後ろにカーソルを移動します。

②《参考資料》タブ→《脚注》グループの 🗔 (脚注と文末脚注) をクリックします。

③《文末脚注》を ⦿ にします。

④《番号書式》の ▾ をクリックし、一覧から《a,b,c,…》を選択します。

⑤《挿入》をクリックします。

⑥問題文の「5月15日現在の空室状況です。」をクリックして、コピーします。

⑦脚注番号の後ろをクリックして、カーソルを移動します。

⑧ Ctrl + V を押して貼り付けます。
※脚注番号の後ろに直接入力してもかまいません。

模擬試験プログラムの使い方

第1回模擬試験

第2回模擬試験

第3回模擬試験

第4回模擬試験

第5回模擬試験

第5回 模擬試験 問題

 プロジェクト1

理解度チェック

☑☑☑☑☑ 問題（1）　このプロジェクトの問題は1つです。あなたは、宅配サービスの拡販用のチラシを作成します。
見出し「会社概要」の下にある4つの段落の段落前の間隔を「0行」に設定してください。
次に、ファイルの形式をWord文書に変更し、「宅配サービスのご案内」という名前で保存してください。デスクトップのフォルダー「FOM Shuppan Documents」のフォルダー「MOS 365-Word（2）」に保存します。保存の際に、設定されている読み取りパスワード「1234」を解除します。

 プロジェクト2

理解度チェック

☑☑☑☑☑ 問題（1）　あなたは、食と地域経済に関するレポートを作成します。
文書の上の余白を「20mm」、下の余白を「15mm」に設定してください。次に、行数を「40」に設定してください。

☑☑☑☑☑ 問題（2）　見出し「B-1グランプリが地域にもたらす経済効果」の下の「（ウ）B-1グランプリ開催地域…」の段落番号のリストのレベルを、レベル1に設定してください。

☑☑☑☑☑ 問題（3）　見出し「過去の開催結果」の下の「今までのB-1グランプリの開催結果は、次のとおりである。」に「新しく開催結果が公表されたら追加する。」とコメントを挿入してください。

☑☑☑☑☑ 問題（4）　アクセシビリティチェックを実行し、エラーを修正してください。おすすめアクションから、表の1行目をヘッダーとして使用するように設定します。

 プロジェクト3

理解度チェック

☑☑☑☑☑ 問題（1）　あなたは、セキュリティセミナーで使用する資料を作成します。
変更履歴をすべて拒否してください。

☑☑☑☑☑ 問題（2）　ページの下部に、ページ番号「細い線」を挿入してください。

☑☑☑☑☑ 問題（3）　見出し「個人情報とは何か」の下のSmartArtグラフィックに、代替テキスト「個人情報にあたるもの」を設定してください。

☑☑☑☑☑ 問題（4）　「自分の個人情報を守るには？」「他人の個人情報を尊重しているか？」に、スタイル「見出し1」を適用してください。

☑☑☑☑☑ 問題（5）　2ページ目にある表のセルの左側の余白を「1.5mm」に設定してください。

プロジェクト4

理解度チェック

☑ ☑ ☑ ☑ ☑ 　問題(1)　あなたは、横浜市沿線別住宅情報を作成します。
　　　　　　　　　　　　ヘッダーに「会社」のプレースホルダーを挿入し、右揃えで表示してください。

☑ ☑ ☑ ☑ ☑ 　問題(2)　「当社が自信をもって…」から「…ご案内いたします。」までの行間を「1.15」行に設定してください。

☑ ☑ ☑ ☑ ☑ 　問題(3)　「●おすすめ物件」の表が複数ページで構成された場合でも、タイトル行が次のページに表示されないように設定してください。

☑ ☑ ☑ ☑ ☑ 　問題(4)　「【補足】…」の段落を隠し文字に設定してください。

☑ ☑ ☑ ☑ ☑ 　問題(5)　「リクエストはこちらからお寄せください。」の下の表を、コンマで区切られた文字列に変換してください。

プロジェクト5

理解度チェック

☑ ☑ ☑ ☑ ☑ 　問題(1)　あなたは、労働組合主催の旅行のしおりを作成します。
　　　　　　　　　　　　「<CONTENTS>」の次の行に目次を挿入してください。書式は「シンプル」、見出し2までを表示し、ページ番号は表示しません。

☑ ☑ ☑ ☑ ☑ 　問題(2)　文書は2つのセクションに分かれています。見出し「秋の味覚を楽しむバスツアー」で始まるセクションの余白を「やや狭い」に設定してください。

☑ ☑ ☑ ☑ ☑ 　問題(3)　見出し「■旅程表」の下のSmartArtグラフィックに、ブックマーク「旅程表」を作成してください。

☑ ☑ ☑ ☑ ☑ 　問題(4)　見出し「■その他」の下の「トイレ休憩については…」から「…することがあります。」までの段落に「（ア）（イ）（ウ）」の段落番号を設定してください。

☑ ☑ ☑ ☑ ☑ 　問題(5)　文書の最後にデスクトップのフォルダー「FOM Shuppan Documents」のフォルダー「MOS 365-Word(2)」の3Dモデル「bus」を挿入してください。

プロジェクト6

理解度チェック

☑ ☑ ☑ ☑ ☑ 　問題(1)　あなたは、キーマ・カレーのレシピを作成します。
　　　　　　　　　　　　ページの色を「ゴールド、アクセント4、白+基本色80%」に設定してください。

☑ ☑ ☑ ☑ ☑ 　問題(2)　見出し「【材 料】…」内の「■カレーベース　50g」から「■塩　少々」までの段組みを3段に変更してください。

☑ ☑ ☑ ☑ ☑ 　問題(3)　見出し「【作り方】」内の「①厚手のなべに…」の開始番号が「③」から始まるように変更してください。次に、「①お好みで…」の開始番号が「⑩」から始まるように変更してください。

☑☑☑☑	問題(4)	カレーの写真に、影の効果「オフセット：右下」を設定し、段を基準にして右揃え、余白を基準にして下方向の距離「120mm」に配置してください。
☑☑☑☑	問題(5)	脚注のレイアウトを2段、番号書式を「A,B,C,…」に変更してください。変更の対象は文書全体とします。
☑☑☑☑	問題(6)	文書中のすべての変更履歴を表示してください。次に、変更箇所の1つ目と2つ目は拒否し、3つ目は承諾してください。

プロジェクト7

理解度チェック

☑☑☑☑	問題(1)	あなたは、ランチメニューのチラシを作成します。 図形「10月」の文字列を「11月」に変更してください。
☑☑☑☑	問題(2)	文書内の「ラストオーダー」を検索して、検索した文字列を含む段落のフォントサイズを「10.5」に変更してください。
☑☑☑☑	問題(3)	「13日（月）」の行から表を分割してください。分割した表の間の行に、「Next Week Lunch」と入力し、「This Week Lunch」の書式をコピーしてください。
☑☑☑☑	問題(4)	地図の位置を、「中央下に配置し、四角の枠に沿って文字列を折り返す」に設定してください。

プロジェクト8

理解度チェック

☑☑☑☑	問題(1)	あなたは、顧客へ送付するニュースレターを作成します。 タイトルの下のテキストボックスに、面取りの効果「二段」を適用してください。
☑☑☑☑	問題(2)	見出し「三陸海洋深層水…」の下の箇条書き「■内容量…」「■特別価格…」と、見出し「海洋深層水で作った…」の下の箇条書き「■内容量…」「■特別価格…」の行頭文字を「●」に変更してください。
☑☑☑☑	問題(3)	文書内の全角のスペースをすべて削除してください。
☑☑☑☑	問題(4)	豆腐の写真の明るさを「＋40％」、コントラストを「＋20％」に設定してください。

プロジェクト9

理解度チェック

| ☑☑☑☑ | 問題(1) | このプロジェクトの問題は1つです。あなたは、レストランのパーティープランの案内を作成します。
表の2列目と3列目の段落番号が、1から始まるように修正してください。 |

- ●解答は、標準的な操作手順で記載しています。
- ●📖は、問題を解くために必要な機能を解説しているページを示しています。
- ●操作をはじめる前に、次の設定を行いましょう。

| 編集記号の表示 |

◆《ホーム》タブ→《段落》グループの 📄 (編集記号の表示/非表示)をオン(濃い灰色の状態)にする

●プロジェクト1

問題(1) 📖 P.45,46,81

①「社名 株式会社 FOM…」から「…(2023年2月現在)」までの段落を選択します。

②《レイアウト》タブ→《段落》グループの ↕三前: (前の間隔)を「0行」に設定します。

③《ファイル》タブを選択します。

④《エクスポート》→《ファイルの種類の変更》→《文書ファイルの種類》の《文書》→《名前を付けて保存》をクリックします。

⑤デスクトップのフォルダー「FOM Shuppan Documents」のフォルダー「MOS 365-Word(2)」を開きます。

⑥問題文の「宅配サービスのご案内」をクリックして、コピーします。

⑦《ファイル名》の文字列を選択します。

⑧ Ctrl + V を押して貼り付けます。
※《ファイル名》に直接入力してもかまいません。

⑨《ファイルの種類》が《Word文書》になっていることを確認します。

⑩《ツール》をクリックします。

⑪《全般オプション》をクリックします。

⑫《読み取りパスワード》に表示されている「＊＊＊＊」を削除します。

⑬《OK》をクリックします。

⑭《保存》をクリックします。

●プロジェクト2

問題(1) 📖 P.28

①《レイアウト》タブ→《ページ設定》グループの 🔲 (ページ設定)をクリックします。

②《余白》タブを選択します。

③《余白》の《上》を「20mm」に設定します。

④《余白》の《下》を「15mm」に設定します。

⑤《文字数と行数》タブを選択します。

⑥《行数》を「40」に設定します。

⑦《OK》をクリックします。

問題(2) 📖 P.127

①「(ウ)B-1グランプリ開催地域…」の段落にカーソルを移動します。
※段落内であれば、どこでもかまいません。

②《ホーム》タブ→《段落》グループの 🔢 (段落番号)の →《リストのレベルの変更》→《レベル1》をクリックします。

問題(3) 📖 P.201

①「今までのB-1グランプリの開催結果は、次のとおりである。」を選択します。

②《校閲》タブ→《コメント》グループの 🗨 新しいコメント (コメントの挿入)をクリックします。

③問題文の「新しく開催結果が公表されたら追加する。」をクリックして、コピーします。

④コメントの《会話を始める》をクリックして、カーソルを表示します。

⑤ Ctrl + V を押して貼り付けます。
※コメントに直接入力してもかまいません。

⑥ ▷ (コメントを投稿する)をクリックします。

問題(4) 📖 P.63

①《ファイル》タブを選択します。

②《情報》→《問題のチェック》→《アクセシビリティチェック》をクリックします。

③《エラー》の《テーブルヘッダーがありません》をクリックします。

④《表》をクリックします。

⑤表のタイトル行が選択されていることを確認します。

⑥《おすすめアクション》の《最初の行をヘッダーとして使用》をクリックします。
※《アクセシビリティ》作業ウィンドウを閉じておきましょう。

●プロジェクト3

問題(1) 📖 P.214

①《校閲》タブ→《変更箇所》グループの 📄 (元に戻して次へ進む)の →《すべての変更を元に戻す》をクリックします。

問題(2) 📖 P.39

①《挿入》タブ→《ヘッダーとフッター》グループの 📄 ページ番号 ▾ (ページ番号の追加)→《ページの下部》→《番号のみ》の《細い線》をクリックします。

②《ヘッダーとフッター》タブ→《閉じる》グループの 🔲 (ヘッダーとフッターを閉じる)をクリックします。

問題(3) 📖 P.198

① SmartArtグラフィックを選択します。

②《書式》タブ→《アクセシビリティ》グループの （代替テキストウィンドウを表示します）をクリックします。

③ 問題文の「個人情報にあたるもの」をクリックして、コピーします。

④《代替テキスト》作業ウィンドウのボックスをクリックして、カーソルを表示します。

⑤ Ctrl + V を押して貼り付けます。

※ ボックスに直接入力してもかまいません。
※《代替テキスト》作業ウィンドウを閉じておきましょう。

問題(4) 📖 P.86

① 2ページ目の「自分の個人情報を守るには？」の段落にカーソルを移動します。

※ 段落内であれば、どこでもかまいません。

②《ホーム》タブ→《スタイル》グループの （スタイル）→《見出し1》をクリックします。

※《スタイル》グループが展開されている場合は、《見出し1》をクリックします。

③ 同様に、3ページ目の「他人の個人情報を尊重しているか？」に《見出し1》を設定します。

問題(5) 📖 P.107

① 2ページ目の表内にカーソルを移動します。

※ 表内であれば、どこでもかまいません。

②《レイアウト》タブ→《配置》グループの （セルの配置）をクリックします。

③《既定のセルの余白》の《左》を「1.5mm」に設定します。

④《OK》をクリックします。

● プロジェクト4

問題(1) 📖 P.33,36

①《挿入》タブ→《ヘッダーとフッター》グループの（ヘッダーの追加）→《ヘッダーの編集》をクリックします。

②《ヘッダーとフッター》タブ→《挿入》グループの （ドキュメント情報）→《文書のプロパティ》→《会社》をクリックします。

③《ホーム》タブ→《段落》グループの （右揃え）をクリックします。

④《ヘッダーとフッター》タブ→《閉じる》グループの （ヘッダーとフッターを閉じる）をクリックします。

問題(2) 📖 P.81

①「当社が自信をもって…」から「…ご案内いたします。」までを選択します。

②《ホーム》タブ→《段落》グループの （行と段落の間隔）→《1.15》をクリックします。

問題(3) 📖 P.118

① 表の1行目にカーソルを移動します。

※ 表の1行目であれば、どこでもかまいません。

②《レイアウト》タブ→《データ》グループの タイトル行の繰り返し （タイトル行の繰り返し）をクリックして、オフにします。

※ ボタンの色が元の色に戻ります。

問題(4) 📖 P.25

①「【補足】…」の段落を選択します。

②《ホーム》タブ→《フォント》グループの （フォント）をクリックします。

③《フォント》タブを選択します。

④《隠し文字》を ✔ にします。

⑤《OK》をクリックします。

問題(5) 📖 P.103

① 表内にカーソルを移動します。

※ 表内であれば、どこでもかまいません。

②《レイアウト》タブ→《データ》グループの 表の解除 （表の解除）をクリックします。

③《コンマ》を ⦿ にします。

④《OK》をクリックします。

● プロジェクト5

問題(1) 📖 P.144,145

①「<CONTENTS>」の次の行にカーソルを移動します。

②《参考資料》タブ→《目次》グループの （目次）→《ユーザー設定の目次》をクリックします。

③《目次》タブを選択します。

④《書式》の ⌄ をクリックし、一覧から《シンプル》を選択します。

⑤《アウトラインレベル》を「2」に設定します。

⑥《ページ番号を表示する》を □ にします。

⑦《OK》をクリックします。

問題(2) 📖 P.28,94

① 1ページ目の最後にセクション区切りが挿入されていることを確認します。

② 見出し「秋の味覚を楽しむバスツアー」で始まるセクション内にカーソルを移動します。

※ 2ページ目以降であれば、どこでもかまいません。

③《レイアウト》タブ→《ページ設定》グループの （余白の調整）→《やや狭い》をクリックします。

問題（3） 📖 P.19

①SmartArtグラフィックを選択します。

②《挿入》タブ→《リンク》グループの [🔖 ブックマーク]（ブックマークの挿入）をクリックします。

③問題文の「旅程表」をクリックして、コピーします。

④《ブックマーク名》をクリックして、カーソルを表示します。

⑤ [Ctrl] ＋ [V] を押して貼り付けます。

※《ブックマーク名》に直接入力してもかまいません。

⑥《追加》をクリックします。

問題（4） 📖 P.119

①「トイレ休憩については…」から「…することがあります。」までの段落を選択します。

②《ホーム》タブ→《段落》グループの [☰▾]（段落番号）の [▾]→《番号ライブラリ》の《（ア）（イ）（ウ）》をクリックします。

問題（5） 📖 P.157

①文書の最後にカーソルを移動します。

②《挿入》タブ→《図》グループの [📦 3D モデル ▾]（3Dモデル）の [▾]→《このデバイス》をクリックします。

③デスクトップのフォルダー「FOM Shuppan Documents」のフォルダー「MOS 365-Word（2）」を開きます。

④一覧から「bus」を選択します。

⑤《挿入》をクリックします。

●プロジェクト6

問題（1） 📖 P.41

①《デザイン》タブ→《ページの背景》グループの [🎨 ページ の色]（ページの色）→《テーマの色》の《ゴールド、アクセント4、白＋基本色80%》をクリックします。

問題（2） 📖 P.91

①段組みが設定されているセクション内にカーソルを移動します。

※セクション内であれば、どこでもかまいません。

②《レイアウト》タブ→《ページ設定》グループの [📄]（段の追加または削除）→《3段》をクリックします。

問題（3） 📖 P.129,130

①「①厚手のなべに…」の段落にカーソルを移動します。

②《ホーム》タブ→《段落》グループの [☰▾]（段落番号）の [▾]→《番号の設定》をクリックします。

③《開始番号》を「③」に設定します。

④《OK》をクリックします。

⑤同様に、「①お好みで…」の開始番号を「⑩」に変更します。

問題（4） 📖 P.169,194,195

①図を選択します。

②《図の形式》タブ→《図のスタイル》グループの [🖼 図の効果 ▾]（図の効果）→《影》→《外側》の《オフセット：右下》をクリックします。

③《図の形式》タブ→《配置》グループの [📄]（オブジェクトの配置）→《その他のレイアウトオプション》をクリックします。

④《位置》タブを選択します。

⑤《水平方向》の《配置》を [◉] にします。

⑥《基準》の [▾] をクリックし、一覧から《段》を選択します。

⑦《左揃え》の [▾] をクリックし、一覧から《右揃え》を選択します。

⑧《垂直方向》の《下方向の距離》を [◉] にします。

⑨《基準》の [▾] をクリックし、一覧から《余白》を選択します。

⑩「120mm」に設定します。

⑪《OK》をクリックします。

問題（5） 📖 P.138,139

①脚注内にカーソルを移動します。

※脚注内であれば、どこでもかまいません。

②《参考資料》タブ→《脚注》グループの [⤢]（脚注と文末脚注）をクリックします。

③《脚注》が [◉] になっていることを確認します。

④《列》の [▾] をクリックし、一覧から《2段》を選択します。

⑤《番号書式》の [▾] をクリックし、一覧から《A,B,C,…》を選択します。

⑥《変更の対象》の [▾] をクリックし、一覧から《文書全体》を選択します。

⑦《適用》をクリックします。

問題（6） 📖 P.211,214

①文書の先頭にカーソルを移動します。

②《校閲》タブ→《変更履歴》グループの [シンプルな変更履歴/コ… ▾]（変更内容の表示）の [▾]→《すべての変更履歴/コメント》をクリックします。

③《校閲》タブ→《変更箇所》グループの [📄]（次の変更箇所）をクリックします。

④《校閲》タブ→《変更箇所》グループの [📄]（元に戻して次へ進む）をクリックします。

⑤《校閲》タブ→《変更箇所》グループの [📄]（元に戻して次へ進む）をクリックします。

⑥《校閲》タブ→《変更箇所》グループの [📄]（承諾して次へ進む）をクリックします。

⑦メッセージを確認し、《OK》をクリックします。

● プロジェクト7

問題（1）　　　📖 P.185

①問題文の「11月」をクリックして、コピーします。
②図形を選択します。
③ [Ctrl] + [V] を押して貼り付けます。
※図形に直接入力してもかまいません。

問題（2）　　　📖 P.17

①文書の先頭にカーソルを移動します。
②《ホーム》タブ→《編集》グループの [🔍検索]（検索）をクリックします。
※《編集》グループが折りたたまれている場合は、展開して操作します。
③問題文の「ラストオーダー」をクリックして、コピーします。
④ナビゲーションウィンドウの検索ボックスをクリックして、カーソルを表示します。
⑤ [Ctrl] + [V] を押して貼り付けます。
※検索ボックスに直接入力してもかまいません。
※ナビゲーションウィンドウに検索結果が《1件》と表示されます。
⑥検索された文字列を含む段落を選択します。
⑦《ホーム》タブ→《フォント》グループの [11 ▾]（フォントサイズ）の [▾]→《10.5》をクリックします。
※ナビゲーションウィンドウを閉じておきましょう。

問題（3）　　　📖 P.85,117

①表の6行目にカーソルを移動します。
※表の6行目であれば、どこでもかまいません。
②《レイアウト》タブ→《結合》グループの [⊞ 表の分割]（表の分割）をクリックします。
③問題文の「Next Week Lunch」をクリックして、コピーします。
④分割した表の間の行をクリックして、カーソルを表示します。
⑤ [Ctrl] + [V] を押して貼り付けます。
※行に直接入力してもかまいません。
⑥「This Week Lunch」の段落を選択します。
⑦《ホーム》タブ→《クリップボード》グループの [🖌]（書式のコピー/貼り付け）をクリックします。
⑧「Next Week Lunch」の段落を選択します。

問題（4）　　　📖 P.194

①図を選択します。
②《図の形式》タブ→《配置》グループの [🖼]（オブジェクトの配置）→《文字列の折り返し》の《**中央下に配置し、四角の枠に沿って文字列を折り返す**》をクリックします。

● プロジェクト8

問題（1）　　　📖 P.173

①テキストボックスを選択します。
②《図形の書式》タブ→《図形のスタイル》グループの [🔷 図形の効果 ▾]（図形の効果）→《面取り》→《面取り》の《**二段**》をクリックします。

問題（2）　　　📖 P.121

①見出し「三陸海洋深層水…」の下の「■内容量…」「■特別価格…」、見出し「海洋深層水で作った…」の下の「■内容量…」「■特別価格…」の段落を選択します。
②《ホーム》タブ→《段落》グループの [≡▾]（箇条書き）の [▾]→《行頭文字ライブラリ》の《●》をクリックします。
※選択を解除しておきましょう。

問題（3）　　　📖 P.74,78

①《ホーム》タブ→《編集》グループの [ᵇⁱᵃᶜ 置換]（置換）をクリックします。
※《編集》グループが折りたたまれている場合は、展開して操作します。
②《置換》タブを選択します。
③《検索する文字列》に全角のスペースを入力します。
④《オプション》をクリックします。
⑤《あいまい検索(日)》を [　] にします。
⑥《半角と全角を区別する》を [✓] にします。
⑦《すべて置換》をクリックします。
※18個の項目が置換されます。
⑧メッセージを確認し、《OK》をクリックします。
⑨《閉じる》をクリックします。

問題（4）　　　📖 P.171

①図を選択します。
②《図の形式》タブ→《調整》グループの [📷]（修整）→《明るさ/コントラスト》の《**明るさ：＋40% コントラスト：＋20%**》をクリックします。

● プロジェクト9

問題（1）　　　📖 P.131

①表の2列目の「8. サーモンマリネ」の段落番号を右クリックします。
②《1から再開》をクリックします。
③表の3列目の「10. 赤、白ワイン」の段落番号を右クリックします。
④《1から再開》をクリックします。

MOS Word 365

MOS 365
攻略ポイント

1 | MOS 365の試験形式

Wordの機能や操作方法をマスターするだけでなく、試験そのものについても理解を深めておきましょう。

1 マルチプロジェクト形式とは

MOS 365は、「**マルチプロジェクト形式**」という試験形式で実施されます。
このマルチプロジェクト形式を図解で表現すると、次のようになります。

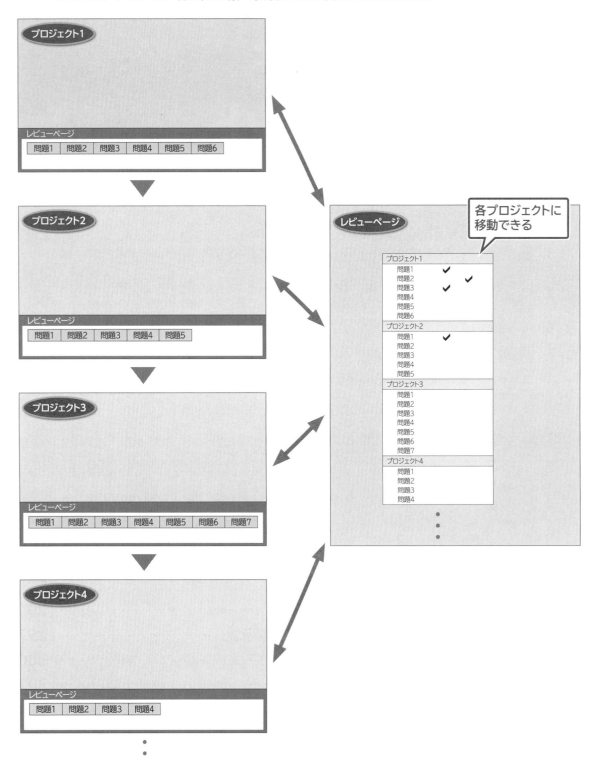

■プロジェクト

「マルチプロジェクト」の「マルチ」は“複数”という意味で、「プロジェクト」は“操作すべきファイル”を指しています。マルチプロジェクトは、言い換えると、“操作すべき複数のファイル”となります。複数のファイルを操作して、すべて完成させていく試験、それがMOS 365の試験形式です。1回の試験で出題されるプロジェクト数、つまりファイル数は、5～10個程度です。各プロジェクトはそれぞれ独立しており、1つ目のプロジェクトで行った操作が、2つ目以降のプロジェクトに影響することはありません。

「プロジェクト=ファイル」
と考えると、いいんだね！

また、1つのプロジェクトには、1～7個程度の問題（タスク）が用意されています。問題には、ファイルに対してどのような操作を行うのか、具体的な指示が記述されています。

■レビューページ

すべてのプロジェクトから、「レビューページ」と呼ばれるプロジェクトの一覧に移動できます。レビューページから、未解答の問題や見直したい問題に戻ることができます。

レビューページから
見直しができるんだね！

2 | MOS 365の画面構成と試験環境

本試験の画面構成や試験環境について、受験前に不安や疑問を解消しておきましょう。

1 | 本試験の画面構成を確認しよう

MOS 365の試験画面については、模擬試験プログラムと異なる部分を確認しましょう。
本試験は、次のような画面で行われます。

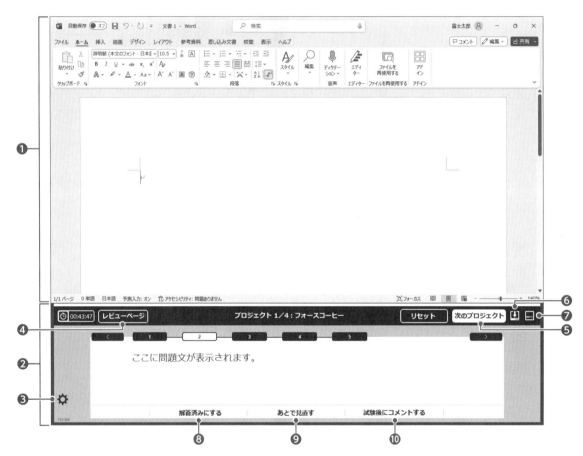

（株式会社オデッセイコミュニケーションズ提供）

❶アプリケーションウィンドウ
実際のアプリケーションが起動するウィンドウです。開いたファイルに対して操作を行います。
アプリケーションウィンドウは、サイズ変更や移動が可能です。

❷試験パネル
解答に必要な指示事項が記載されたウィンドウです。試験パネルは、サイズ変更が可能です。

❸ ⚙
試験パネルの文字のサイズの変更や、電卓を表示できます。
※文字のサイズは、キーボードからも変更できます。
※模擬試験プログラムでは電卓は表示できません。

❹レビューページ
レビューページに移動できます。
※レビューページに移動する前に確認のメッセージが表示されます。

❺ **次のプロジェクト**

次のプロジェクトに移動できます。

※次のプロジェクトに移動する前に確認のメッセージが表示されます。

❻ 🔽

試験パネルを最小化します。

❼ 🖥

アプリケーションウィンドウや試験パネルをサイズ変更したり移動したりした場合に、ウィンドウの配置を元に戻します。

❽ **解答済みにする**

解答済みの問題にマークを付けることができます。レビューページで、マークの有無を確認できます。

❾ **あとで見直す**

わからない問題や解答に自信がない問題に、マークを付けることができます。レビューページで、マークの有無を確認できるので、見直す際の目印になります。

❿ **試験後にコメントする**

コメントを残したい問題に、マークを付けることができます。試験中に気になる問題があれば、マークを付けておき、試験後にその問題に対するコメントを入力できます。試験主幹元のMicrosoftにコメントが配信されます。

※模擬試験プログラムには、この機能がありません。

本試験の画面について

本試験の画面は、試験システムの変更などで、予告なく変更される可能性があります。本試験を開始すると、問題が出題される前に試験に関する注意事項（チュートリアル）が表示されます。注意事項には、試験画面の操作方法や諸注意などが記載されているので、よく読んで不明な点があれば試験会場の試験官に確認しましょう。

本試験の最新情報については、MOS公式サイト（https://mos.odyssey-com.co.jp/）をご確認ください。

2　本試験の実施環境を確認しよう

普段使い慣れている自分のパソコン環境と、試験のパソコン環境がどれくらい違うのか、受験前に確認しておきましょう。

●コンピューター

本試験では、原則的にデスクトップ型のパソコンが使われます。ノートブック型のパソコンは使われないので、普段ノートブック型を使っている人は注意が必要です。デスクトップ型とノートブック型では、矢印キーや Delete など一部のキーの配列が異なるので、慣れていないと使いにくいと感じるかもしれません。普段から本試験と同じ型のキーボードで練習するとよいでしょう。

●日本語入力システム

本試験の日本語入力システムは、「**Microsoft IME**」が使われます。Windowsには、Microsoft IMEが標準で搭載されているため、多くの人が意識せずにMicrosoft IMEを使い、その入力方法に慣れているはずです。しかし、ATOKなどその他の日本語入力システムを使っている人は、入力方法が異なるので注意が必要です。普段から本試験と同じ日本語入力システムで練習するとよいでしょう。

●キーボード

本試験では、「**109型**」または「**106型**」のキーボードが使われます。自分のキーボードと比べて確認しておきましょう。

109型キーボード

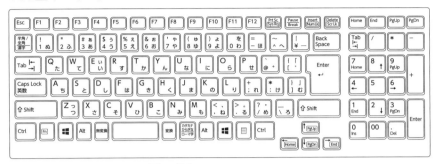

※「106型キーボード」には、⊞ と 🗐 のキーがありません。

●ディスプレイ

本試験では、17インチ以上、「**1280×1024ピクセル**」以上の解像度のディスプレイが使われます。ディスプレイの解像度によって変わるのは、リボン内のボタンのサイズや配置です。例えば、「**1280×768ピクセル**」と「**1920×1080ピクセル**」で比較すると、次のようにボタンのサイズや配置が異なります。

1280×768ピクセル

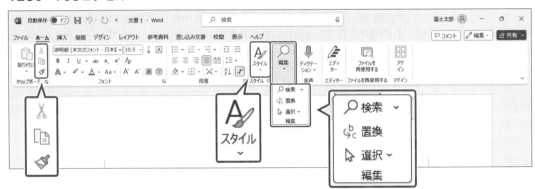

1920×1080ピクセル

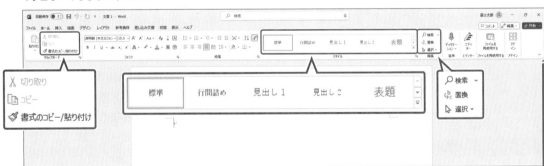

自分のパソコンと試験会場のパソコンのディスプレイの解像度が異なっても、ボタンの配置に大きな変わりはありません。ボタンのサイズが変わっても対処できるように、ボタンの大体の配置を覚えておくようにしましょう。

3 | MOS 365の攻略ポイント

本試験に取り組む際に、どうすれば効果的に解答できるのか、どうすればうっかりミスをなくすことができるのかなど、気を付けたいポイントを確認しましょう。

1 | 全体のプロジェクト数と問題数を確認しよう

試験が始まったら、まず、全体のプロジェクト数と問題数を確認しましょう。
出題されるプロジェクト数は5〜10個程度で、試験パターンによって変わります。また、レビューページを表示すると、プロジェクト内の問題数も確認できます。

2 | 時間配分を考えよう

全体のプロジェクト数を確認したら、適切な時間配分を考えましょう。
タイマーにときどき目をやり、進み具合と残り時間を確認しながら進めましょう。

終盤の問題で焦らないために、40分前後ですべての問題に解答できるようにトレーニングしておくとよいでしょう。残った時間を見直しに充てるようにすると、気持ちが楽になります。

【例】
全体のプロジェクト数が6個の場合

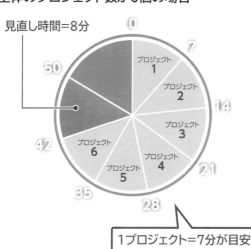

1プロジェクト＝7分が目安

【例】
全体のプロジェクト数が8個の場合

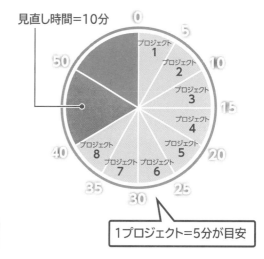

1プロジェクト＝5分が目安

3 問題をよく読もう

問題をよく読み、指示されている操作だけを行います。

操作に精通していると過信している人は、問題をよく読まずに先走ったり、指示されている以上の操作までしてしまったり、という過ちをおかしがちです。指示されていない余分な操作をしてはいけません。

また、コマンド名が明示されていない問題も出題されます。問題をしっかり読んでどのコマンドを使うのか判断しましょう。

4 問題の文字をコピーしよう

問題の一部には下線の付いた文字があります。この文字はクリックするとコピーされ、アプリケーションウィンドウ内に貼り付けることができます。

操作が正しくても、入力した文字が間違っていたら不正解になります。

入力ミスを防ぎ、効率よく解答するためにも、問題の文字のコピーを利用しましょう。

5 ナビゲーションウィンドウを活用しよう

Wordの文書は複数のページで構成されるため、操作対象の箇所が見つけにくい場合があります。そのような場合は、ナビゲーションウィンドウを利用するとよいでしょう。ナビゲーションウィンドウには文書内の見出しが一覧で表示されるため、問題で指示されている箇所が探しやすくなります。

6 レビューページを活用しよう

試験パネルには《レビューページ》のボタンがあり、クリックするとレビューページに移動できます。

また、最後のプロジェクトで《次のプロジェクト》をクリックしても、レビューページが表示されます。

例えば、「プロジェクト1」から「プロジェクト2」に移動したあとで、「プロジェクト1」の操作ミスに気付いたときなどに、レビューページを使って「プロジェクト1」に戻り、操作をやり直すことが可能です。

レビューページから前のプロジェクトに戻ると、自分の解答済みのファイルが保持されています。

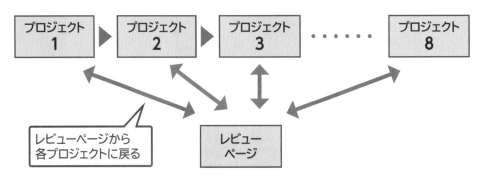

7 わかる問題から解答しよう

レビューページから各プロジェクトに戻ることができるので、わからない問題にはあとから取り組むようにしましょう。前半でわからない問題に時間をかけすぎると、後半で時間不足に陥ってしまいます。時間がなくなると、焦ってしまい、冷静に考えれば解ける問題にも対処できなくなります。わかる問題をひととおり解いて確実に得点を積み上げましょう。

解答できなかった問題には《あとで見直す》のマークを付けておき、見直す際の目印にしましょう。

8 リセットに注意しよう

《リセット》をクリックすると、現在表示されているプロジェクトのファイルが初期状態に戻ります。プロジェクトに対して行ったすべての操作がクリアされるので、注意しましょう。

例えば、問題1と問題2を解答し、問題3で操作ミスをしてリセットすると、問題1や問題2の結果もクリアされます。問題1や問題2の結果を残しておきたい場合には、リセットしてはいけません。

直前の操作を取り消したい場合には、Wordの［元に戻す］（元に戻す）を使うとよいでしょう。ただし、元に戻らない機能もあるので、頼りすぎるのは禁物です。

9 次のプロジェクトに進む前に選択を解除しよう

オブジェクトに文字を入力・編集中の状態や、オブジェクトを選択している状態で次のプロジェクトに進もうとすると、注意を促すメッセージが表示される場合があります。メッセージが表示されている間も試験のタイマーは止まりません。

試験時間を有効に使うためにも、オブジェクトが入力・編集中でないことや選択されていないことを確認してから、《次のプロジェクト》をクリックするとよいでしょう。

4 試験当日の心構え

本試験で緊張したり焦ったりして、本来の実力が発揮できなかった、という話がときどき聞かれます。本試験ではシーンと静まり返った会場に、キーボードをたたく音だけが響き渡り、思った以上に緊張したり焦ったりするものです。ここでは、試験当日に落ち着いて試験に臨むための心構えを解説します。

1 自分のペースで解答しよう

試験会場にはほかの受験者もいますが、他人のことは気にせず自分のペースで解答しましょう。
受験者の中にはキー入力がとても速い人、早々に試験を終えて退出する人など様々な人がいますが、他人のスピードで焦ることはありません。30分で試験を終了しても、50分で試験を終了しても採点結果に差はありません。自分のペースを大切にして、試験時間50分を上手に使いましょう。

2 試験日に合わせて体調を整えよう

試験日の体調には、くれぐれも注意しましょう。体の調子が悪くて受験できなかったり、体調不良のまま受験しなければならなかったりすると、それまでの努力が水の泡になってしまいます。試験を受け直すとしても、費用が再度発生してしまいます。試験に向けて無理をせず、計画的に学習を進めましょう。また、前日には十分な睡眠を取り、当日は食事も十分に摂りましょう。

3 早めに試験会場に行こう

事前に試験会場までの行き方や所要時間は調べておき、試験当日に焦ることのないようにしましょう。
受付時間を過ぎると入室禁止になるので、ギリギリの行動はよくありません。早めに試験会場に行って、受付の待合室で復習するくらいの時間的な余裕をみて行動しましょう。

MOS Word 365

困ったときには

困ったときには

Q&A 模擬試験プログラムのアップデート

1 WindowsやOfficeがアップデートされた場合などに、模擬試験プログラムの内容は変更されますか?

模擬試験プログラムはアップデートする可能性があります。最新情報については、FOM出版のホームページをご確認ください。
※FOM出版のホームページへのアクセスについては、P.11を参照してください。

また、模擬試験プログラムから、FOM出版のホームページを表示して、更新プログラムに関する最新情報を確認することもできます。
模擬試験プログラムから更新プログラムに関する最新情報を確認する方法は、次のとおりです。
※インターネットに接続できる環境が必要です。

① 模擬試験プログラムを起動します。
② スタートメニューの《バージョン情報》をクリックします。
③ 《更新プログラムの確認》をクリックします。
④ ブラウザーが起動し、FOM出版の更新プログラムに関するホームページが表示されます。

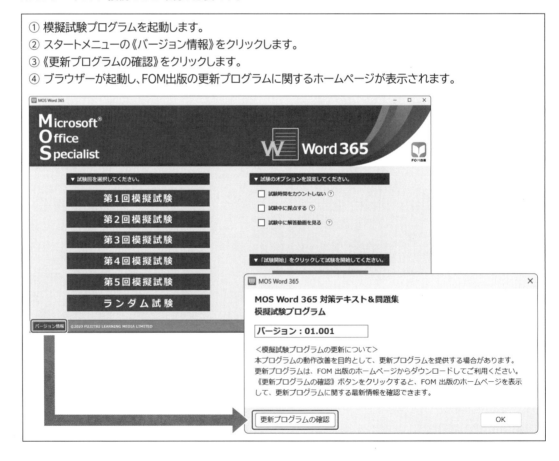

2 模擬試験を開始しようとすると、メッセージが表示され、模擬試験プログラムが起動しません。どうしたらいいですか？

各メッセージと対処方法は次のとおりです。

メッセージ	対処方法
「MOS Word 365対策テキスト&問題集」の模擬試験プログラムをダウンロードしていただき、ありがとうございます。 本プログラムは、「MOS Word 365対策テキスト&問題集」の書籍に関する質問（3問）に正解するとご利用いただけます。 《次へ》をクリックして、質問画面を表示してください。	模擬試験プログラムを初めて起動する場合に、このメッセージが表示されます。2回目以降に起動する際には表示されません。 ※模擬試験プログラムの起動方法については、P.237を参照してください。
Excelが起動している場合、模擬試験を起動できません。 Excelを終了してから模擬試験プログラムを起動してください。	模擬試験プログラムを終了して、Excelを終了してください。 Excelが起動している場合、模擬試験プログラムを起動できません。
OneDriveと同期していると、模擬試験プログラムが正常に動作しない可能性があります。 OneDriveの同期を一時停止してから模擬試験プログラムを起動してください。	デスクトップとOneDriveが同期している環境で、模擬試験プログラムを起動しようとすると、このメッセージが表示されます。OneDriveの同期を一時停止してから模擬試験プログラムを起動してください。 一時停止中もメッセージは表示されますが、《OK》をクリックして、模擬試験プログラムをご利用ください。 ※OneDriveとの同期を一時停止する方法については、Q&A21を参照してください。
PowerPointが起動している場合、模擬試験を起動できません。 PowerPointを終了してから模擬試験プログラムを起動してください。	模擬試験プログラムを終了して、PowerPointを終了してください。 PowerPointが起動している場合、模擬試験プログラムを起動できません。
Wordが起動している場合、模擬試験を起動できません。 Wordを終了してから模擬試験プログラムを起動してください。	模擬試験プログラムを終了して、Wordを終了してください。 Wordが起動している場合、模擬試験プログラムを起動できません。
ディスプレイの解像度が動作環境（1280×768px）より小さいためプログラムを起動できません。 ディスプレイの解像度を変更してから模擬試験プログラムを起動してください。	模擬試験プログラムを終了して、ディスプレイの解像度を「1280×768ピクセル」以上に設定してください。 ※ディスプレイの解像度については、Q&A18を参照してください。
パソコンにMicrosoft 365がインストールされていないため、模擬試験を開始できません。プログラムを一旦終了して、パソコンにインストールしてください。	模擬試験プログラムを終了して、Microsoft 365をインストールしてください。 模擬試験を行うためには、Microsoft 365がパソコンにインストールされている必要があります。ほかのバージョンのWordでは模擬試験を行うことはできません。 また、Microsoft 365のライセンス認証を済ませておく必要があります。 ※Microsoft 365がインストールされていないパソコンでも模擬試験プログラムの解答動画は確認できます。動画の視聴には、インターネットに接続できる環境が必要です。
他のアプリケーションソフトが起動しています。模擬試験プログラムを起動できますが、正常に動作しない可能性があります。 このまま処理を続けますか？	任意のアプリケーションが起動している状態で、模擬試験プログラムを起動しようとすると、このメッセージが表示されます。また、セキュリティソフトなどの監視プログラムが常に動作している状態でも、このメッセージが表示されることがあります。 《はい》をクリックすると、アプリケーション起動中でも模擬試験プログラムを起動できます。ただし、その場合には模擬試験プログラムが正しく動作しない可能性がありますので、ご注意ください。 《いいえ》をクリックして、アプリケーションをすべて終了してから、模擬試験プログラムを起動することを推奨します。

メッセージ	対処方法
保持していた認証コードが異なります。再認証してください。	初めて模擬試験プログラムを起動したときと、お使いのパソコンが異なる場合に表示される可能性があります。認証コードを再入力してください。 ※再入力しても起動しない場合は、認証コードを削除してください。認証コードの削除については、Q&A15を参照してください。
模擬試験プログラムは、すでに起動しています。模擬試験プログラムが起動していないか、または別のユーザーがサインインして模擬試験プログラムを起動していないかを確認してください。	すでに模擬試験プログラムを起動している場合に、このメッセージが表示されます。模擬試験プログラムが起動していないか、または別のユーザーがサインインして模擬試験プログラムを起動していないかを確認してください。1台のパソコンで同時に複数の模擬試験プログラムを起動することはできません。

※メッセージは五十音順に記載しています。

Q&A　模擬試験中のトラブル

3 模擬試験中にダイアログボックスを表示すると、問題ウィンドウのボタンや問題が隠れて見えなくなります。どうしたらいいですか?

ディスプレイの解像度によって、問題ウィンドウのボタンや問題が見えなくなる場合があります。ダイアログボックスのサイズや位置を変更して調整してください。

4 模擬試験の解答動画を表示すると、「接続に失敗しました。ネットワーク環境を確認してください。」と表示されました。どうしたらいいですか?

解答動画を視聴するには、インターネットに接続した環境が必要です。インターネットに接続した状態で、再度、解答動画を表示してください。

5 模擬試験の解答動画で音声が聞こえません。どうしたらいいですか?

次の内容を確認してください。

●音声ボタンがオフになっていませんか?
解答動画の音声が 🔇 になっている場合は、クリックして 🔊 にします。

●音量がミュートになっていませんか?
タスクバーの音量を確認し、ミュートになっていないか確認します。

●スピーカーまたはヘッドホンが正しく接続されていますか?
音声を聞くには、スピーカーまたはヘッドホンが必要です。接続や電源を確認します。

6 模擬試験中に解答動画を表示すると、Wordウィンドウで操作ができません。どうしたらいいですか?

模擬試験中に解答動画を表示すると、Wordウィンドウで操作を行うことはできません。解答動画を終了してから、操作を行ってください。
解答動画を見ながら操作したい場合は、スマートフォンやタブレットで解答動画を表示してください。
※スマートフォンやタブレットで解答動画を表示する方法は、表紙の裏側の「特典のご利用方法」を参照してください。

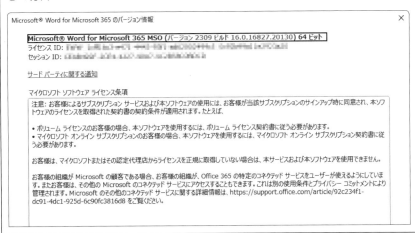

7 標準解答どおりに操作しても正解にならない箇所があります。なぜですか？

模擬試験プログラムの動作は、2023年11月時点の次の環境で確認しております。
・Windows 11（バージョン23H2　ビルド22631.2715）
・Microsoft 365（バージョン2310　ビルド16.0.16924.20054）

今後のWindowsやMicrosoft 365のアップデートによって機能が更新された場合には、模擬試験プログラムの採点が正しく行われない可能性があります。
※本書の最新情報については、P.11に記載されているFOM出版のホームページにアクセスして確認してください。

Windows 11のバージョンは、次の手順で確認します。

---

① ▦（スタート）をクリックします。
②《設定》をクリックします。
③ 左側の一覧から《システム》を選択します。
※ウィンドウを最大化しておきましょう。
④《バージョン情報》をクリックします。

Microsoft 365のバージョンは、次の手順で確認します。

---

① Wordを起動し、文書を表示します。
②《ファイル》タブを選択します。
③《アカウント》をクリックします。
④《Wordのバージョン情報》をクリックします。
⑤ 1行目の「Microsoft Word for Microsoft 365 MSO」の後ろに続く括弧内の数字を確認します。

---

8 模擬試験中に画面が動かなくなりました。どうしたらいいですか?

模擬試験プログラムとWordを次の手順で強制終了します。

---
① [Ctrl]+[Alt]+[Delete]を押します。
②《タスクマネージャー》をクリックします。
③《アプリ》の一覧から《MOS Word 365 模擬試験プログラム》を選択します。
④《タスクを終了する》をクリックします。
※終了に時間がかかる場合があります。一覧から消えたことを確認してから、次の操作に進んでください。
⑤《アプリ》の一覧から《Microsoft Word》を選択します。
⑥《タスクを終了する》をクリックします。

強制終了後、模擬試験プログラムを再起動すると、次のようなメッセージが表示されます。
《復元して起動》をクリックすると、ファイルを最後に上書き保存したときの状態から試験を再開できます。また、試験の残り時間は、強制終了した時点からカウントが再開されます。
※ファイルを保存したタイミングや操作していた内容によっては、すべての内容が復元されない場合があります。
　その場合は、再度、模擬試験を実施してください。

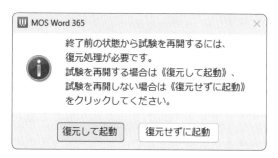

9 模擬試験プログラムを強制終了したら、デスクトップにフォルダー「FOM Shuppan Documents」が作成されていました。このフォルダーは何ですか?

模擬試験プログラムを起動すると、デスクトップに「**FOM Shuppan Documents**」というフォルダーが作成されます。模擬試験中は、そのフォルダーにファイルを保存したり、そのフォルダーからファイルを挿入したりします。模擬試験プログラムを終了すると、自動的にフォルダーは削除されますが、終了時にトラブルがあった場合や強制終了した場合などに、フォルダーを削除する処理が行われないことがあります。
このような場合は、模擬試験プログラムを一旦起動してから再度終了してください。

10 用紙サイズを設定する問題で、標準解答どおりに操作できません。標準解答どおりに操作しても正解になりません。どうしたらいいですか?

プリンターの種類によって印刷できる用紙サイズが異なるため、標準解答どおりに操作できなかったり、正解にならなかったりする場合があります。そのような場合には、「**Microsoft Print to PDF**」を通常使うプリンターに設定して操作してください。

次の手順で操作します。

---
① ■ (スタート)をクリックします。
②《設定》をクリックします。
③ 左側の一覧から《Bluetoothとデバイス》を選択します。
※ウィンドウを最大化しておきましょう。
④《プリンターとスキャナー》をクリックします。
⑤《Windowsで通常使うプリンターを管理する》をオフにします。
⑥ 一覧から《Microsoft Print to PDF》を選択します。
⑦《既定として設定する》をクリックします。
---

11 操作ファイルを確認しようとしたら、試験結果画面に《操作ファイルの表示》のボタンがありません。どうしてですか？

試験結果画面に《操作ファイルの表示》のボタンが表示されるのは、試験を採点して終了した直後だけです。

試験履歴画面やスタートメニューなど別の画面に切り替えたり、模擬試験プログラムを終了したりすると、操作ファイルは削除され、《操作ファイルの表示》のボタンも表示されなくなります。

また、試験履歴画面から過去に実施した試験結果を表示した場合も《操作ファイルの表示》のボタンは表示されません。

操作ファイルを保存しておく場合は、試験を採点して試験結果画面が表示されたら、別の画面に切り替える前に、別のフォルダーなどにコピーしておきましょう。

※操作ファイルの保存については、P.250を参照してください。

12 試験結果画面からスタートメニューに切り替えようとしたら、次のメッセージが表示されました。どうしたらいいですか？

操作ファイルを開いたままでは、試験結果画面からスタートメニューや試験履歴画面に切り替えたり、模擬試験プログラムを終了したりすることができません。

《OK》をクリックして試験結果画面に戻り、開いているファイルを閉じてから、再度スタートメニューに切り替えましょう。

Q&A 模擬試験プログラムのアンインストール

13 **模擬試験プログラムをアンインストールするには、どうしたらいいですか？**

模擬試験プログラムは、次の手順でアンインストールします。

> ① ■ (スタート)をクリックします。
> ② 《設定》をクリックします。
> ③ 左側の一覧から《アプリ》を選択します。
> ※ウィンドウを最大化しておきましょう。
> ④ 《インストールされているアプリ》をクリックします。
> ⑤ 一覧から《MOS Word 365 模擬試験プログラム》を選択します。
> ⑥ 右端の … をクリックします。
> ⑦ 《アンインストール》をクリックします。
> ⑧ 《アンインストール》をクリックします。
> ⑨ メッセージに従って操作します。

模擬試験プログラムを使用すると、プログラム以外に次のファイルも作成されます。
これらのファイルは模擬試験プログラムをアンインストールしても削除されないため、手動で削除します。

その他のファイル	参照Q&A
模擬試験の履歴	14
認証コード	15

Q&A ファイルの削除

14 **模擬試験の履歴を削除するにはどうしたらいいですか？**

パソコンに保存されている模擬試験の履歴は、次の手順で削除します。
模擬試験の履歴を管理しているフォルダーは、隠しフォルダーになっています。削除する前に隠しフォルダーを表示しておく必要があります。

> ① タスクバーの ■ (エクスプローラー)をクリックします。
> ② (レイアウトとビューのオプション)→《表示》→《隠しファイル》をクリックします。
> ※《隠しファイル》がオンの状態にします。
> ③ 左側の一覧から《PC》をクリックします。
> ④ 《ローカルディスク(C:)》をダブルクリックします。
> ⑤ 《ユーザー》をダブルクリックします。
> ⑥ ユーザー名のフォルダーをダブルクリックします。
> ⑦ 《AppData》をダブルクリックします。
> ⑧ 《Roaming》をダブルクリックします。
> ⑨ 《FOM Shuppan History》をダブルクリックします。
> ⑩ フォルダー「MOS 365-Word」を右クリックします。
> ⑪ ⬚ (削除)をクリックします。

※フォルダーを削除したあと、隠しフォルダーの表示を元の設定に戻しておきましょう。

15 模擬試験プログラムの認証コードを削除するにはどうしたらいいですか？

パソコンに保存されている模擬試験プログラムの認証コードは、次の手順で削除します。
模擬試験プログラムの認証コードを管理しているファイルは、隠しファイルになっています。削除する前に隠しファイルを表示しておく必要があります。

---

① タスクバーの ▣ (エクスプローラー)をクリックします。
② ▤ 表示 (レイアウトとビューのオプション)→《表示》→《隠しファイル》をクリックします。
※《隠しファイル》がオンの状態にします。
③ 左側の一覧から《PC》をクリックします。
④《ローカルディスク(C:)》をダブルクリックします。
⑤《ProgramData》をダブルクリックします。
⑥《FOM Shuppan Auth》をダブルクリックします。
⑦ フォルダー「MOS 365-Word」を右クリックします。
⑧ 🗑 (削除)をクリックします。

※ファイルを削除したあと、隠しファイルの表示を元の設定に戻しておきましょう。

16 「出題範囲1」から「出題範囲6」の各Lessonと模擬試験の学習ファイルを削除するにはどうしたらいいですか？

次の手順で削除します。

---

① タスクバーの ▣ (エクスプローラー)をクリックします。
②《ドキュメント》を表示します。
※《ドキュメント》以外の場所に保存した場合は、フォルダーを読み替えてください。
③ フォルダー「MOS 365-Word(1)」を右クリックします。
④ 🗑 (削除)をクリックします。
⑤ フォルダー「MOS 365-Word(2)」を右クリックします。
⑥ 🗑 (削除)をクリックします。

Q&A　パソコンの環境について

17 Windows 11とMicrosoft 365を使っていますが、本書に記載されている操作手順のとおりに操作できない箇所や画面の表示が異なる箇所があります。なぜですか？

Windows 11やMicrosoft 365は自動アップデートによって、定期的に不具合が修正され、機能が向上する仕様となっています。そのため、アップデート後に、コマンドの名称が変更されたり、リボンに新しいボタンが追加されたりといった現象が発生する可能性があります。
本書に記載されている操作方法や模擬試験プログラムの動作は、2023年11月時点の次の環境で確認しております。
・Windows 11 (バージョン23H2　ビルド22631.2715)
・Microsoft 365 (バージョン2310　ビルド16.0.16924.20054)

WindowsやMicrosoft 365のアップデートによって機能が更新された場合には、模擬試験プログラムの採点が正しく行われない可能性があります。
※Windows 11とMicrosoft 365のバージョンの確認については、Q&A7を参照してください。

18 ディスプレイの解像度と拡大率はどうやって変更したらいいですか？

ディスプレイの解像度と拡大率は、次の手順で変更します。

---
① デスクトップの空き領域を右クリックします。
②《ディスプレイ設定》をクリックします。
③《ディスプレイの解像度》の ⌄ をクリックし、一覧から選択します。
④《拡大/縮小》の ⌄ をクリックし、一覧から選択します。
---

19 パソコンにプリンターが接続されていません。このテキストを使って学習するのに何か支障がありますか？

パソコンにプリンターが物理的に接続されていなくてもかまいませんが、Windows上でプリンターが設定されている必要があります。接続するプリンターがない場合は、「**Microsoft Print to PDF**」を通常使うプリンターに設定して操作してください。

---
① ⊞（スタート）をクリックします。
②《設定》をクリックします。
③ 左側の一覧から《Bluetoothとデバイス》を選択します。
※ウィンドウを最大化しておきましょう。
④《プリンターとスキャナー》をクリックします。
⑤《Windowsで通常使うプリンターを管理する》をオフにします。
⑥ 一覧から《Microsoft Print to PDF》を選択します。
⑦《既定として設定する》をクリックします。
---

20 パソコンに複数のバージョンのOfficeがインストールされています。模擬試験プログラムを使って学習するのに何か支障がありますか？

複数のバージョンのOfficeが同じパソコンにインストールされている環境では、模擬試験プログラムが正しく動作しない場合があります。Microsft 365以外のOfficeをアンインストールしてMicrosoft 365だけの環境にして模擬試験プログラムをご利用ください。

21 OneDriveの同期を一時停止するにはどうしたらいいですか？

OneDriveの同期を一時停止するには、次の手順で操作します。

---
① 通知領域の ☁（OneDrive）をクリックします。
② ⚙（ヘルプと設定）→《同期の一時停止》をクリックします。
③ 一覧から停止する時間を選択します。

MOS Word 365

索引

Index 索引

索引

よくわかるマスター
Microsoft® Office Specialist
Word 365 対策テキスト&問題集
（FPT2302）

2024年1月10日　初版発行

著作／制作：株式会社富士通ラーニングメディア

発行者：青山　昌裕

発行所：FOM出版 (株式会社富士通ラーニングメディア)
　　　　〒212-0014 神奈川県川崎市幸区大宮町1番地5　JR川崎タワー
　　　　https://www.fom.fujitsu.com/goods/

印刷／製本：株式会社広済堂ネクスト

W6TG&B3D